U0303518

北京自然故事

李湘涛　杨红珍　黄满荣
杨　静　徐景先　毕海燕　著

2019年·北京

献给热爱大自然的你

序

本书既不是北京的动植物志书，也不是指导大家识别动植物的野外手册，而是由一些讲述北京的动物、植物及其自然栖息地的若干饶有趣味的小品文所组成的集合。笔者希望通过书中的文字和图片，与读者一起发现并体验北京自然的美丽，分享大自然的恩赐。如果你能在阅读本书的过程中对北京的自然环境有所了解、有所感悟，本书的写作目的就达到了。如果当你在居住的小区、附近的公园散步时，或者在郊外游览的时候，能对遇见的野生动植物有所关注，甚至能与书中所描述的内容产生共鸣，那就是格外的惊喜了。

提到北京，人们首先想到的是鳞次栉比的高楼大厦、车水马龙的闹市人群。其实不然。北京西北一带群山连绵，占全市面积的五分之三，西部山地称西山，属太行山脉，北部称为军都山，属燕山山脉。这里山峰耸立，沟谷纵横，山地森林由天然次生林和人工林构成，植物分布表现出垂直变化的特征，在海拔 1600 米以上的山顶或近山顶的“夷平面”上还有着一片片亚高山草甸。北京的东南方是一片缓慢向渤海倾斜的平原，主要由永定河、潮白河、温榆河、拒马河和汤河以及 200 多条大小不等的支流冲洪淤积而成，其间还分布有库塘、沼泽、滩涂、水塘、水田和湿地草甸等多种类型的湿地，而在城市化程度较高的市区之内，亦密布着众多的公园、林地、绿地等环境，吸引着各种各样的适应了城市生活的生物栖息。北京的自然不仅不逊色于其他城市，而且还是华北地区物种较为丰富的地段。从动物地理的角度来说，北京的动植物组成主要是北方种类（古北界物种），也有不少南方种类（东洋界物种）的成分，甚至还有某些喜马拉雅山物种的渗透。虽然城市的发展和人类活动的加剧给这里的动植物带来了特殊的影响，但北京的自然依然有她的风采。此外，皇城脚下独特的文化，更赋予了生活在这里的动植物别样的韵味。带儿化音的北京话特点鲜明，对鸟兽虫鱼和花草树木都有独特而生动的叫法，这些俗称常把我们带回童年的美好时光。

生活在这个大都市的人们都在为实现自己的梦想而不断加快生活的脚步。但有时候，只要我们稍微放慢一下节奏，便能看到绮丽的风景。有些生物在很多人看来，可能并不起眼，但热爱自然的人总有一双善于发现的眼睛。只要留心观察、细致聆听，你就会发现，身边原来有着如此众多的可爱生灵；抑或在不经意时，忽然忆起，曾经与某种野生动物或植物偶然邂逅或数次谋面却不知其名的有趣瞬间。因此，我们希望借助书中的文字和图片，为你展现出一个多姿多彩的北京自然世界。当千千万万的人成为自然爱好者，一起去关注身边的生灵万物的时候，人们才能真正成为大自然的朋友。

目录

001 城区

郊区 101

209 山区

湿地 303

城　区

白皮松

“白袍将军”

去北海公园游玩的游客也许会注意到，竖立在各个位置的示意图中有“白袍将军”和“遮荫侯”这两个景点。也许有人看到后，会以为它们是两位历史名人的雕像。如果真是这样想的话，那就大错特错了。“遮荫侯”我们暂且不表，先在本文中聊聊“白袍将军”。

顺着公园的指示牌，我们很快就可以来到位于公园南门西侧的团城，进去后再来到承光殿，“白袍将军”即位于此侧。但是当我们停下来寻找的时候，却无法找到想象中的将军。再仔细看看“白袍将军”的介绍，才恍然大悟：原来这与那些威武的将军们八竿子都打不着，而是矗立在承光殿东南侧的一棵白皮松。这棵白皮松就像一位威武的将军守卫着承光殿，据说乾隆爷曾在树下纳凉，所以将其御封为“白袍将军”并有相应诗句咏之。这棵白皮松乃金人所植，距今已800多年，树高达30多米，人们远远地就可以看到它银白色的雄姿。

不仅北海有白皮松，北京的许多其他公园和绿地也栽有大量白皮松。北京戒台寺山门前的一棵白皮松，树冠高18米，有九条银白色树干，故名九龙松。据记载这棵树是唐代武德年间（即唐高祖李渊在位年间，公元618 ~ 626）种植，迄今将近1400年。

白皮松因其成年植株的树皮为白色而得名，又名白骨松、白果松、虎皮松、蟠龙松等。白皮松的叶子为针状，叶鞘脱落，三针一束，故又名三针松。松针绿色，表面光滑；球果呈卵圆形或圆锥状卵圆形，初长成时为淡绿色，成熟后呈淡黄褐色；花期为4 ~ 5月，但是球果要到次年10 ~ 11月才能成熟。其种子靠星鸦等鸟类散播。

白皮松的树皮一开始的时候并不是白色的，而是像其他许多植物一样为绿色的。但是随着树龄的增长，树皮呈不规则的薄块状脱落，露出淡黄绿色的新皮；至成熟后树皮呈淡褐灰色或灰白色，并裂成不规则的鳞状块片继续脱落，露出粉白色的内皮，白褐相间，呈斑鳞状。

1831年，德裔俄国人亚历山大·冯·本格（Alexander von Bunge）博士在北京附近的寺庙中发现了白皮松并采集了标本，后来植物学家就以本格博士的名字为其命名（白皮松的学名种加词为*bungeana*）。随后植物学家威尔逊（E.H. Wilson）在华中地区也发现了中国古人栽种的白皮松。事实上，中国人早在本格博士之前就已经发现了这种植物，并因其树形优美及树干颜色独特而将其广泛种植在寺庙及墓地周围。但是这些发现并没有标本支撑和学术文献记载，因此只能将发现权拱手相让。1846年，白皮松被引进到欧洲和北美洲。现在，国外许多植物园中栽有白皮松，在公园中也可以偶尔见到。

文◎ 黄满荣

斑衣蜡蝉

成 虫

能被北京人亲切地称为“花姑娘”，可见斑衣蜡蝉的长相是多么俏丽可爱；再加上它的若虫和成虫都喜欢蹦蹦跳跳的，所以也有人叫它们“花蹦蹦儿”。

不过，刚孵化出来的若虫并不是很漂亮，而是有点庄严，从头到脚全身黑色，只是点缀着一些白色的小点；蜕两次皮以后，除了腿脚之外，它的身体都穿上了红底并镶嵌白点和黑纹的小花衣；等到羽翼丰满发育为成虫时，它就会穿上蓝灰色的外衣（这是它的前翅），内衬是镶有黑点的鲜艳的红色，飞起来时便会露出艳丽的后翅，甚是美丽。

斑衣蜡蝉不蹦跳的时候总是翘首垂尾，像一只昂首啼叫的公鸡，所以它还有一个俗名叫“樗鸡”。“樗”是臭椿树的别称，可见斑衣蜡蝉最喜欢的寄主植物就是臭椿树。它翘首垂尾不是为了美丽，而是不得不这样。因为它有一根长长的刺吸式的口器向下伸出，又不能弯曲，所以只有把头抬起来，口器才能伸入树皮，取食植物汁液。

斑衣蜡蝉喜欢燥热的地方，可见北京的夏日是多么适合它。它们常居住在臭椿、榆和洋槐等树上，而这些树木恰好是北京城区的行道树以及园林植物。在闲暇的时候沿着道路两侧遛弯，或者周末在公园里散步时，也许就会在树干上或者树下看见美丽的“花姑娘”。

过去，在北京的四合院附近，臭椿是常见的树种。4月底，人们就有可能见到“庄严肃穆”的花姑娘若虫了，那时候它们刚刚孵化出来。大家会在臭椿树上看见花蹦蹦儿跳来跳去，因此又叫它“跳棋子儿”。孩子们喜欢捉花蹦蹦儿玩，比赛谁的花蹦蹦儿跳得远；一个人的时候就会追赶它们，或者自己跟它们比赛跳远。

斑衣蜡蝉拥有艳丽的后翅并不是为了让人赏心悦目，而是一种自我保护的手段。遇到敌害侵犯时，它会突然张开前翅，露出鲜艳的红色，吓对方一跳。趁着敌害愣神的时候，它便迅速逃离，扑闪着翅膀飞走了。不过这一招可吓不到孩子们，反而让他们觉得很新奇。

斑衣蜡蝉的生活周期相对比较长，一年只发生一代。每年4月中下旬，越冬卵开始孵化，5月上旬为孵化盛期，若虫经过3次蜕皮后羽化为成虫。在若虫期斑衣蜡蝉就会蹦跳了，只要受到惊吓，它们就会蹦跳着离开。6月中下旬陆续出现成虫，雌雄成虫开始寻觅心仪的伴侣。恋爱的过程中，它们的身体会披上一层蜡质，涂脂抹粉，更显妖娆。8月中下旬，恋爱双方成功进入甜蜜的婚姻，雌雄成虫开始交尾，之后雌成虫会在树干上产下一连串的卵宝宝。为了保障卵宝宝能够顺利越冬，雌成虫产卵后，还会排出大量的黏液覆盖在卵粒上，可见斑衣蜡蝉妈妈的良苦用心。经历了漫长的冬季以后，到了第二年的四五月份卵宝宝开始孵化，又一个新的世代开始了。

文◎ 杨红珍

低龄若虫

高龄若虫

北京动物园

北京动物园是我国开放最早、饲养动物种类最多的动物园。清光绪三十二年（1906年）这里建立了农事试验场，用于栽培各种植物和驯养观赏动物；第二年对外开放，称万生园（也叫万牲园）。有趣的是，男女需分开参观，星期一、三、五为男士参观时间，二、四、六为女士参观时间。当时的门票为20枚铜圆，相当于10个烧饼的价钱，小孩儿、跟役减半。

北京动物园展出大熊猫、东北虎、金丝猴等我国珍稀动物以及来自世界各地的代表性动物，共计490余种，总数近5000头。但这些并不是北京动物园中的全部动物，因为还有很多没有上“户口”的野生动物也非常喜欢这个地方。原因嘛，自然可以罗列出很多，但最主要的只有一条：这里提供免费的“大餐”。动物园饲养员为笼养动物准备的美食每天都吸引着这些“外来户”，当这里的“业主”们吃饱之后，“外来户”便乘虚而入，你一嘴我一口将剩余的“营养套餐”一扫而光。有这样好的条件，“外来户”们自然就“乐不思蜀”，把这儿当成了自己的家了。

虽然有些“外来户”不仅偷吃偷喝、又吵又闹，还制造大量粪便，给动物园的清洁工作带来了很大的麻烦，但是，人们并不伤害它们，反而一味“纵容”。于是，“外来户”的队伍不断壮大，种类也越来越多。

就连动物园的麻雀都比其他地方的同类长得更肥更圆，圆滚滚的身材，再加上栗色的头顶、黑色的脸蛋，有一种莫名的喜感。再看那些成群结队的乌鸦，有时在树梢上空盘旋，聒噪之声不绝于耳；有时又静静地站在树梢上，如同列阵的士兵，一派肃杀的气氛。

吸引鸟儿的，还有柿子树。暮秋时节，柿叶落尽，橙红色的果实如同一个个小红灯笼挂在枝头，在风中摇曳。正如汉朝文人司马相如所言："色胜金衣美，甘逾玉液清。"于是，喜鹊们便不请自来，聚集在鸵鸟馆外的柿子树上"开宴会"，气得不会飞的鸵鸟只好干瞪眼！

喜欢在柿子树上"偷嘴"的鸟儿，还有喜鹊的"小兄弟"——灰喜鹊。它们品味佳肴的本领一点也不输给它的"堂兄"，也给秋日的动物园平添了温馨的一景。

灰喜鹊有黑色的头顶、白色的领圈、一身灰色的羽毛以及天蓝色的翅膀和尾羽，还有白色的尾端。它们几乎出现在北京所有的公园中，常常十余只为一群，飞行于林地间。除了果实、种子外，它们还喜欢吃昆虫，尤其以善于取食松毛虫而著称。松毛虫是松树的主要害虫，常给林业生产带来严重的损失。而一只灰喜鹊成鸟在一年中可以吃掉15,000多条松毛虫，对松毛虫的危害有很好的抑制作用。

羽毛漂亮的野生"稀客"也有不少。翠鸟在动物园鸟苑西侧人工湿地中央的孤岛上搭起了新房，生儿育女。岛上植被丰富，岸边丛生的芦苇正好把从旁经过的游人隔开，避免了干扰。当北京野生水域的水体封冻后，留在北京的鸳鸯就会集中到北京动物园越冬，因为这里不但有不封冻的水面，而且能提供营养丰富的颗粒饲料。它们一般每天早晚到露天的圈养禽类采食点取食一次，其他时间就隐藏在鸟岛周围的灌丛下休息，等待着春天的来临。动物园还通过在修剪树枝时保留树洞以及在树上悬挂人工巢箱等方法，让这些鸳鸯的队伍不断壮大。

作为北京城区内的一片绿洲，北京动物园已是越来越多野生鸟类的迁徙停歇地和栖息的乐园。

文◎ 李湘涛

灰喜鹊

大嘴乌鸦

戴 胜

北京雨燕

老北京人都记得，早年在正阳门附近，有数量相当多的燕子上下翻飞，划出一道道优美的弧线。它们在空中互相追逐、绕梁盘旋、细语低吟的情景，与雄伟的古建筑交相辉映，成为当时京城的一个标志性景观。难怪老北京人都把这些燕子看作是北京城的“魂”。

这种燕子就是北京雨燕，北京人更是亲切地称它们“京燕”，与北京的古称“燕京”相互呼应。它承载着历史和文化，不仅是名字被冠以“北京”二字的少数几种野生动物之一，以其为原型的“妮妮”还当选了第29届奥林匹克运动会的吉祥物之一。

北京雨燕看上去跟家燕差不多，只是体型稍大。身体的羽毛都是黑褐色，喉部灰白色，头顶、翅膀和尾羽具铜绿色金属光泽，非常美丽。它的喙短而圆，眼睛很大，一对狭长的翅膀在飞行时向后弯曲，犹如一把镰刀。

不过，雨燕和家燕实际上大不相同。它们喙的许多细节，以及飞羽和尾羽的数量和形态都不一样，脚的差别尤其明显：家燕脚上的四趾为三趾向前、一趾向后，便于抓握，所以能够在电线上栖息，也能在地面行走；而雨燕脚上的四趾则均向前，所以它们在停歇时，不能抓住树枝、电线等物体，也不能在地面行走，只能用弯曲成钩子一样的四趾将身体挂在城楼、庙宇、宫殿等建筑物的墙壁上或岩石的垂直面上。它们必须采用跌落到半空中再滑翔的方式，才能起飞。另外，家燕和雨燕之间的亲缘关系也比较远，在分类学上属于完全不同的两个类群：家燕隶属于雀形

目，雨燕隶属于雨燕目。

北京雨燕是北京的夏候鸟，每年三四月份姗姗而来，七八月份就匆匆踏上归途，在北京的居留期仅有130天左右。从前，鸟类学家一直试图通过环志——在它们的腿上套上一个标有唯一编码的金属环后放飞的方法——来了解它们的迁徙路线和越冬地，但一直未能获得相关的信息。直到一种具有重量较轻、续航时间长、记录数据多等特性的新型追踪器——光敏地理定位仪出现，才使这项研究取得了突破性进展。以其中一个定位仪的分析结果为例，佩戴它的北京雨燕于2014年7月23日离开颐和园，开始南迁，飞越天山山脉和红海，10月27日到达南非纳米比亚越冬。翌年2月2日，它启程返回，并于4月15日又回到颐和园。一年间，它仅迁徙途中的飞行距离就超过了2.6万公里！很难想象，这种体重仅有40克的小鸟，竟然有如此超远程迁徙的能力！

北京雨燕也叫楼燕，因其常在楼阁或古建筑物缝隙中营巢而得名。随着北京的古城墙以及一些庙宇、古塔等建筑由于各种原因被拆除，剩余的高大古建筑物外面也大多安装了一层致密的防鸟网，北京雨燕的正常繁衍受到了严重影响。它们的种群数量锐减，在城区仅剩下3000只左右，残存在颐和园、雍和宫、前门、天坛、历代帝王庙等地。在北京许多地方，雨燕漫天飞舞的景象已经成为人们的追忆。

这座城市飞速建起了林立的高楼大厦，但那些用玻璃和钢筋水泥搭起的现代建筑，却没有给北京雨燕留下任何居住的空间。只有在少数留存的城门楼下，以及少数没有被防鸟网封闭的高塔和楼宇下，北京雨燕还在继续繁衍生息。幸运的是，有一些北京雨燕充分发挥了自己的"聪明才智"，在新建的立交桥的桥洞缝隙以及部分老式居民楼的房檐等地方，开辟出了新的栖息地。

在很多有识之士的呼吁下，一座高20米、两米见方、拥有2240个巢穴的雨燕塔在奥林匹克公园北区拔地而起。但很遗憾，由于建塔时并没有完全按照科学方案实施，导致雨燕塔最终沦落为"麻雀塔"，至今尚无北京雨燕问津。尽管如此，大家并没有停下为保护北京雨燕而奔走的脚步。

文◎ 李湘涛

蝉

蝉声是盛夏酷暑的象征，越是炎热难耐，蝉的叫声越响亮。从早到晚，它们一直在那儿拼命地唱啊唱，你都有听累的时候，但它们却没有唱累的时候！显然，它们不是唱给你听的。难道是在发泄不满？还是看见炽烈的太阳兴奋过度？都不是。蝉只有成虫期才会看见阳光，一年、几年乃至十几年的漫漫幼虫期，它们都生活在暗无天日的地底下。这是蝉的生活规律，谁也无法改变。它们不会因为黑暗抱怨，也不会因为阳光兴奋，但它们的确是在兴奋地歌唱，想通过歌声在唯一一个看得见阳光的夏季找到自己的伴侣。这是一种典型的雄性炫耀行为，哪只雄蝉的歌声能够最快赢得雌蝉的青睐，它就能最先找到自己的另一半。蝉的成虫期太短了，往往只有一个月，必须抓紧时间赢得“新娘”的芳心，才能尽快为自己传宗接代。

过去，在老北京的四合院里，一到夏天，市民总喜欢在门口的老槐树或者老杨树下乘凉。树枝上的蝉鸣声便是他们爱听的催眠曲。午饭后，躺在树荫下的凉椅上，或者坐在小凳子上，一边扇着蒲扇，一边听着蝉鸣声闭目养神，真是神仙过的日子。尽管蝉声是那么的嘈杂，但因为只有蝉鸣声，没有其他任何声音，还是让人感觉世界是那么的安静。要是没有了蝉鸣声，还觉得少了点儿什么呢！小孩子好动不爱睡午觉，到了中午便三三两两地去捉“季鸟儿”。北京人管蝉叫“季鸟儿”，大概是因为它是一种随季节而生、叽叽喳喳、像鸟儿那么大的昆虫吧！

蝉属于半翅目头喙亚目蝉科。北京共有十几种蝉，最常见的有四种：最早出

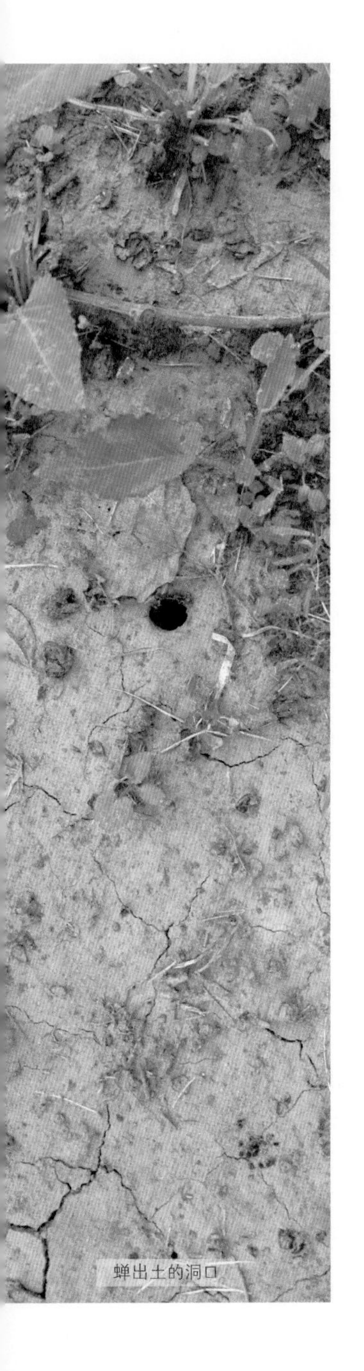
蝉出土的洞口

现的蟪蛄（北京话：小热热儿），盛夏时期最多的蚱蝉（北京话：唧鸟猴儿），三伏天最多的蒙古寒蝉（北京话：伏天儿），以及晚秋时节还能听见鸣声的鸣鸣蝉（北京话：乌英哇）。

蚱蝉是个头最大的蝉，基本上会落在高处的树枝上。它的歌声高亢而嘈杂，并有群鸣的习性。往往一只蝉叫起来，其他的蝉也跟着凑热闹，这样一带十、十带百，一时间恨不得万蝉大合唱；如果有一只蝉的歌声停下来，其他的蝉也会慢慢地停下来，演唱会也进入中场休息阶段。老北京管蚱蝉叫"唧鸟猴儿"，是说蚱蝉的幼虫佝偻着身子，很像猴子蹲着的时候弯腰驼背的样子；更有手艺人将蝉蜕粘上毛做成了惟妙惟肖的小猴子形象。

北京还有一种体形比较小的蝉，名叫蟪蛄。一般五六月份蟪蛄就开始鸣叫了。蟪蛄的鸣声没有蚱蝉那么高亢洪亮，可能是因为它个头小的原因吧。因为个头小，所以它的发音器就比较小，发出的声音自然也要小一些。蟪蛄喜欢居住在离地面比较近的树干上，不像蚱蝉爬那么高。不过蟪蛄的数量要比蚱蝉少得多，不太容易见到。此外，蟪蛄还具有非常完美的保护色，无论是它的身体还是翅膀都跟树皮的颜色和纹理非常接近，粗心的人是绝对发现不了它的。

蝉的幼虫在地底下生活，而成虫却在树上生活。那么蝉是怎么从地底下跑到树上的呢？原来，蝉的幼虫到了成熟期，会在地下凿出一条直达地面的通道，到了黄昏的时候，它就会慢慢悠悠地从洞里爬出来，爬到离自己最近的树干上，再蜕掉最后一层皮（蝉蜕），伸开翅膀，完成华丽的转型。

文◎ 杨红珍

长耳鸮

20年前，我和几个朋友发现了在天坛公园里集群越冬的长耳鸮。经过整整一个冬天的踏查和统计，我们确认了两个主要群体的位置：一个小一些的群体栖息于祈年殿和月季园之间的一处用铁栏围成的长方形柏树林中，约20～30只；另一个群体相当大，栖息于回音壁东侧、神库北侧的仓库大院中的柏树上，有80只左右。

这些长耳鸮喜欢栖息于十余米高的桧柏和侧柏上，白天静立于茂密的树枝顶端，偶尔睁开一只眼看看外面纷扰的世界，一般人很难察觉到它们的存在。只有受到较大的惊扰时，它们才会飞起来，但惊扰过后又回到原来栖息的树上。由于柏树林冬季枝叶较密，一棵树上最多仅有十余只长耳鸮，而从前在其他地方曾发现在一棵落叶树上栖息数十只的现象。它们每日的活动极有规律，日出前从觅食地陆续返回林中，日落后又分别向各个方向飞出觅食。飞离前，它们还要展展翅，完成一段短距离的飞行，很像运动之前的热身活动。

这两群长耳鸮的发现具有重要意义。它们于当年11月初迁来，到翌年4月才飞离，也就是说，它们在北京度过了整个冬天。自此，长耳鸮在北京的身份从旅鸟正式变为了冬候鸟。

长耳鸮堪称长相标准的猫头鹰：一对明亮的大眼睛和周边辐射状的羽毛构成了猫一样的脸盘，从而能够表现出其他鸟类所没有的丰富表情。它的标志性特征，是在头的上方有两束能活动的耳羽簇，竖直如耳，并因此得名。其实，这对耳羽簇对它的听觉并没多大帮助，却与它的颜值关系重大，是不可或缺的装饰品。长耳鸮体型中等，但充满杀气：小巧而尖锐的钩嘴深埋在脸盘上的羽毛之中，一双利爪隐藏在棕黄色的体羽之下。有趣的是，它的脚趾属于"转趾型"，外侧的脚趾可以随时转到后方，使脚趾变成两前两后，便于抓牢物体。

北京人管猫头鹰叫"夜猫子""大眼儿贼"，门头沟斋堂一带还叫它"呱呱鸟"，大概与其低沉而单调的叫声有关。民间有"夜猫子进宅，无事不来""不怕夜猫子叫，就怕夜猫子笑"等俗语，把猫头鹰当作"不祥之鸟"。但在中华文明的早期，即新石器时代到殷商时期，人们对猫头鹰曾有过狂热的崇拜。例如商朝有很多猫头鹰形象的青铜器，不仅种类繁多，而且制作精良，艺术水平高超。其中，出土于山西省石楼县、现藏于山西博物院的一件尽显萌态的青铜鸮卣，被戏称为古代版"愤怒的小鸟"。

至于后来猫头鹰寓意的转变，可能有下面几个原因。一是由于跟其他鸟类相比，猫头鹰的长相奇特而威猛；二是它们在黑夜中的叫声像鬼魂一样阴森凄凉，古时被称为"恶声鸟"；三是它们昼伏夜出，飞时像幽灵一样飘忽无声，常常只见黑影一闪。凡此种种，都会使对其行为不甚了解的人们产生可怕的联想。

现在，猫头鹰是鼠类的天敌已是人人皆知的事情了。长耳鸮的视力是如此敏锐，即使在相当于一个足球场里只点燃一根蜡烛的光线条件下，它也能确定一只静止不动的老鼠的位置。它那灵活的头部甚至可以转动270°。把猎物囫囵吞下后，它会把不能消化的骨骼、皮毛等食物残块以"食丸"的形式吐出来。我们当年在天坛公园长耳鸮栖息的树下收集了大量食丸，其中大部分都是鼠类的骨骼残骸。

当年也正是北京提出建立"无鼠害城市"这一重要战略目标的时候。因此，我们通过各种渠道宣传了长耳鸮对于控制鼠害、保护古建筑等方面的积极作用，呼吁大家对天坛公园越冬的长耳鸮加以保护。不过，公园内毕竟游人众多，环境相对嘈杂，许多人不断前往围观、摄影和录像等，都会干扰它们的正常栖息，使种群数量也逐渐减少。两年后，我的同事再次调查时，整个公园内越冬长耳鸮的数量仅为50只左右。而近几年，这个数字已经下降到个位数了。

文◎ 李湘涛

臭椿

春天来了，市场上开始有人陆续在卖香椿。香椿嫩芽的香味浓厚，的确有人好这一口。不过有香椿就有臭椿，所以有人就会担心了：我会不会在市场上被人骗了，把臭椿买回家呢？

有人或许对这个问题不屑一顾：香椿香，臭椿臭，闻一闻不就得了吗？但是事实却是，如果两者没有同时在场作为对照，很多人是闻不出来的。那么究竟该怎么办呢？

香椿古时称椿，臭椿称樗，两者都是多年生乔木，但却是不同的类群。前者属于楝科，而后者属于苦木科，故此两者肯定有所区别。首先，复叶不同，香椿为偶数羽状复叶，而臭椿为奇数羽状复叶；其次，花果不同，香椿为两性花，结蒴果，臭椿花杂性，结翅果；另外，两者的树皮亦有差异，香椿老树皮暗红色而开裂，臭椿的树皮则是黑褐色，坚实不开裂。相传古代一位皇帝微服私访，一农家以香椿炒鸡蛋招待之。皇帝尝后连连叫好，遂决定御封香椿并亲自去挂牌匾。哪知在香椿旁边长了一株臭椿，皇帝又不是植物学家，哪里认得香椿和臭椿，在他看来都是一样的，所以他就鬼使神差地把牌匾挂在了臭椿树干上。香椿这下气坏了，

臭椿的花序

以至于它的树皮都裂了，所以后来的香椿都成了这个样子。

臭椿捡了一个便宜，但它仍然被称为臭椿，而且它在其他方面的名声也不好。因为臭椿的材质较为疏松，故而不适宜将其用于制作家具。庄子对此评价曰："吾有大树，人谓之樗，其大木臃肿，不中绳墨，小枝曲拳，不中规矩，匠者不顾……"另外，古人用"樗栎庸材"来形容平庸无用之人，其中的"樗"我们已经知道指的就是臭椿，它与栎一样被视为劣材。更有甚者，《诗经·小雅·我行其野》描写了一位妇人，因在回家的路上看到了臭椿，就开始抱怨，似乎她那不幸的婚姻都是这些臭椿造成的——臭椿在古人心目中的地位由此可见一斑。

历史翻到了今天这一页，随着社会的进步，人们不再戴着有色眼镜看待各种事物，臭椿也有了翻身的希望。臭椿适应能力极强，非常适宜于山地造林和盐碱地的土壤改良。它的树干耸直，是良好的园林绿化树种，尤其适合做行道树。在美洲，臭椿更是获得了"天堂木"的美称，相形之下，香椿在那里反而不太受欢迎。此外，臭椿的果实还作为翅果的典型进入了学生的课本。

臭椿叶基部两侧各具1或2个粗锯齿，齿背有腺体1个，叶面深绿色。其圆锥花序长为10 ~ 30厘米，花期6 ~ 7月，果期8 ~ 10月。臭椿在北京分布很普遍，既有野生的，也有人工栽培的，可见于山坡、田野、路旁及村庄和住宅附近。记住，千万别把它当作香椿采回去招待客人，否则就会出丑了。

按理说，我应当就此打住不再啰唆了。但是肯定有些有心的读者还会问：嘿，你还没告诉我究竟如何确保自己不会买到臭椿呢！其实答案就在前面一段，臭椿的叶片基部有粗锯齿，背面有腺体，而香椿是没有这些特点的。

文◎ 黄满荣

刺槐

在世界文化遗产之一、最大的祭天建筑群——天坛公园里面，生长着许多参天古树。这些古树不仅见证了天坛的历史，更是天坛祭祀文化的重要组成部分。天坛地域宽广，气势宏大，建筑集中，苍翠的古树环绕着主祭坛，让人一进入天坛，便置身于庄严肃穆的氛围之中，厚重的历史感油然而生。

天坛的古树主要以柏树为主，另外还有一些其他的长寿树种，如槐树。从西门进去，就可以看到道路两旁高大挺拔的槐树，列队迎接游客的来访。但是天坛公园有两种槐树，占多数的是国槐，分布在公园各处；另外一种是刺槐，也称为洋槐，主要分布在公园西门及西北角。

国槐和刺槐在分类上都属于豆科。两者都是高大落叶乔木，树皮均为灰褐色，具有纵向裂纹，枝多叶密，树冠呈半球形，羽状复叶长度可达20多厘米。它们虽然有这么多共同点，但是却分别隶属槐属和刺槐属。那么如何区分国槐和刺槐呢？总体上国槐要稍高一些，但这种优势并不明显，因此不能作为区别它们的主要特征。简单说来，它们主要的不同点有以下几个：首先，国槐新长的枝条上不会有刺，而刺槐新长的枝条上则有托叶刺。不过这些刺在树长大后会脱落，这也是引起不少人疑惑的原因。

此外，国槐的叶片先端是尖的，而刺槐的叶片先端圆或稍凹，颜色也较浅；国槐具圆锥花序，顶生，花期7～8月，而刺槐具总状花序，腋生，花期较早，为4～6月；国槐的果实是念珠状的荚果，而刺槐则是扁平的荚果。因此，除了光秃秃的冬季，我们基本上可以很容易地辨认出身边的槐树是国槐还是刺槐。

刺槐有许多优良的特点。它们的木材坚固耐用，不易腐烂，非常适合作为建筑用材和家具用材，而且也是上好的燃烧材料。

在涵养水土上，刺槐的作用不可小觑。据报道，一棵树龄14年的刺槐，可截流降水量的28%～37%，其根系可固土2～3立方米；通过共生固氮作用，可改良土壤，增加土壤有机质和团粒结构，每亩刺槐每年可固定土壤中的氮素3.3～13.3千克。但是刺槐有一个短板，就是根系很浅，容易被风刮倒。因此在风大的地方，并不适宜种植它们。

大面积的刺槐林还会带来额外的好处。刺槐靠昆虫传粉，这意味着它们会提供花蜜给帮助传粉的昆虫。事实上，刺槐是罕见的大花量树种，它们分泌的花蜜不仅量大，而且质优，因此在市场上经常可以看到有洋槐蜂蜜出售，且售价比其他蜜源的蜂蜜要贵出不少。此外，刺槐的花还可以吃。在饥荒的年代，漫山遍野的刺槐花曾经是救命的食物。

刺槐还有一个优点，就是它们能与一类被称为固氮菌的细菌共生，以此固定大气中游离的氮，从而减少对化肥的依赖。这是绝大多数豆科植物的共性，可惜的是国槐缺少这种能力。因此我国以前曾大面积地种植刺槐。在北京潮白河一带，有成片的槐树林以及槐树与加杨的混交林，它们都是20世纪70年代种植的。这种固氮树种和非固氮树种组成的混交林，可以实现养分互补，从而提高生产力和生态协调能力，被证明是华北沙地造林的成功方式。

文◎ 黄满荣

刺 猬

虽然长着突出的长脸和小眼睛，与那些圆脸、大眼睛、短鼻子、浑身毛茸茸的宠物相去甚远，但刺猬仍然是人们最喜爱的动物之一。俗话说："怀里的刺猬——抱着扎手，扔了可惜。"难道人们喜爱的就是它那一身刺吗？

刺猬的刺分布于头顶、背部及体侧等部位，质地坚硬而有韧性。这是一种变异的毛发，一只成年刺猬身上大约有5000根刺。一旦遇到敌害，刺猬就立即将头、尾、脚都包裹在中间，蜷缩成外力很难打开的"肉球"，全身密布的尖刺则朝着不同的方向立起，形成最有效的防御系统，使敌害无从下口。

这些刺朝向刺猬身体的一端则平而钝，顶端柔韧而有弹性。这样，当刺猬不慎从空中跌落时，刺就可以起到弹性垫子的作用，使其避免摔伤。

那么，带着这一身的刺，刺猬夫妻是如何"交欢"的呢？会不会扎到对方呢？

刺猬交配并非像人们想象的那样，腹部紧贴，呈"非"字状的姿势。事实上，和其他动物一样，雄刺猬也是从后面趴到雌刺猬的身上。这时，无论是雄刺猬还是雌刺猬，都会把它们的刺收紧，平贴在身体表面。

如此看来，雄刺猬在求爱时，能一连几个小时围着雌刺猬转圈，也就不难理解了。因为只有这种锲而不舍的"感情投资"才能赢得雌刺猬的芳心，从而让"她"积极配合，否则"他"连"痛并快乐着"都是奢望。

这些作为识别特征的刺，在它们出生后不久就出现了，虽然刚长出时比较稀疏，而且又软又短，但出生20小时以后，这些软刺就能竖起了。

刺猬在我国传统文化中几乎没什么地位，但它却一直是国内外童话故事中富有趣味的形象。人们乐于为刺猬编造各种神秘的传说，其中最古老的一个就是它们用身上的刺来搬运植物的果实。

实验表明，刺猬的确能用刺来背果实。但是，刺猬却没有这样做的理由，它们的主要食物是昆虫以及蚯蚓之类的小动物，并不需要储存果实。即使在越冬时，它们也是靠身体里的脂肪维持生命，因而不用储存食物。

虽然刺猬有时也偷吃瓜类作物和葡萄等水果，对某些农作物有一定危害，但作为食虫目的动物，刺猬在消灭农、林、牧的害虫方面还是起到很大的作用。

现在，无论是在北京的公园还是居民小区都可能会遇到刺猬（冬眠时期除外）。据说，在一整夜的觅食过程中，一只刺猬大约要走0.8公里的路。

在高楼林立的城市中，刺猬是为数不多的仍然活跃在人们身边的哺乳动物，这着实值得我们珍惜。

文◎ 李湘涛

大斑啄木鸟

儿年前，在我办公室窗外有一棵树。每年春夏之际，我都会在临窗的办公桌上架起“大炮”，只要大斑啄木鸟在树上一露面，就顺手按下快门——享受一下动物摄影的“最高境界”。

大斑啄木鸟飞来后，会一边从树的中下部跳跃着向上攀缘，一边啄木。如果觉得不安全，它就会绕到树干的后面藏匿。对趾型（两前两后）的脚趾和粗硬坚挺的楔状尾羽为它的身体提供了稳固的支撑。把这棵树搜索完毕后，它就飞走了，飞翔时两翅一开一闭，呈大波浪式前进，还不时发出“唧——唧——”的叫声。

可惜的是，后来这个地方建了停车场，树还在，鸟儿却不来了。

啄木鸟素有“树木医生”之美誉，北京人都叫它“锛打儿木”（奔得木儿、笨叨木）。这是个非常可爱的俗名，形象地反映了啄木鸟在树干上一个劲儿“锛打”的习性。这个名字也与古代《禽经》中“鴷（即啄木鸟）志在木”的记载神似。大斑啄木鸟是北京最常见的一种啄木鸟。它体型略小，羽色主要是黑底上杂有白花斑，有一个“红屁股”，雄鸟还有一个“红脑袋顶”。许多啄木鸟都有这些鲜红色块的点缀，这使它们的颜值提升了不少。正应了那句歇后语：“啄木鸟打筋斗——卖弄华丽屁股。”

大斑啄木鸟的舌尖上有一个感受压力的神经末梢集合体，称为赫伯斯特氏小体，能使它感觉到作为猎物的昆虫产生的微小振动。因此，巧用“击鼓驱虫”的妙计取食隐匿在树干中的昆虫成为它的一个“绝活儿”。不过，这并非是大斑啄木鸟取食的唯一方式，它更常采用的方式还有抓取、拾取、探取和啄取等。它的食物也绝非昆虫一类，而是非常广泛，不仅吃蜗牛、蜘蛛等其他小动物，也吃植物种子等。

其实，大斑啄木鸟的敲击并不只是寻找食物的手段，更是它们用来进行长距离信息交流和吸引异性前来交配的一个“信号”。因此它们经常选择枯死的树木等回声较高的材料敲击。不同的敲击节奏、持续时间和频率均代表着不同的含义。

大斑啄木鸟喜欢自己啄洞繁殖，属于初级洞巢鸟。在森林里，它们未啄成的浅洞和遗弃的旧洞可以被普通䴓、大山雀、灰椋鸟等次级洞巢鸟利用。可见，大斑啄木鸟还为其他保护森林的“小伙伴”提供了帮助。大斑啄木鸟巢的洞口多选择在弯曲树干的下面，并且洞口大致是朝向地面的，这样能防止雨水进入洞内，也有利于防范捕食者或竞争者。另外，在洞口的上方常有凸起的物体，同样也能起到防止雨水沿树干流入洞内的作用。

捕食、筑巢、通信、示威……敲击树木对啄木鸟是如此的重要！全世界有200多种啄木鸟，每一种都有自己独特的啄木速度和节奏，有的甚至达到了每秒钟16次以上，每次撞击的减速力可达重力的1200倍！但它们既不会得脑震荡，也不会头痛。原来，啄木鸟身体的每一个重要部位的结构、成分组成及力学特性，似乎都是为了适应高频和高加速度冲击而进行的最优化设计。

海绵状的颅骨和狭窄的蛛网膜下空间形成了减震器，体积较小而平滑的脑组织在颅骨中的合理分布形成了分配器，不等长的上下喙既能起到有效的缓冲又保持了弹性刚度，特殊的舌骨结构则是它的“安全带”。在敲击之前的一瞬间，它的瞬膜会快速闭上，紧紧裹住眼球，避免溅出的木屑对眼睛造成伤害。

啄木鸟如此奇妙的身体结构和功能，也为人类提供了大量有益的启示，使我们在体育运动、交通运输、航空救生等领域不断创造出新的防护方法和仿生材料。

文◎ 李湘涛

棣棠花

《北国之春》是一首曾在日本非常流行的民谣，传入中国后，经一众歌手演绎也获得了极高的流传度。其中为我们所熟知的是蒋大为先生的版本，其曲调悠扬，歌词优美，聆听之间，宛如回到故乡。这个版本有句歌词是这样的：“棣棠丛丛，朝雾蒙蒙，水车小屋静……啊，北国的春天已来临……”这是多么美的一幅故乡画面呀！

这首民谣虽由日本传入，但其中的棣棠却是国内也有的。棣棠在云南、福建、甘肃、陕西的山坡灌丛中均有生长，其海拔跨度极大，从200米到3000米均可生长。北京公园、庭院及道路两边也常可见到它们的身影。

棣棠，分类学中正式的名称是棣棠花，隶属于蔷薇科棣棠花属，落叶灌木，高度一般不超过2米，枝条为绿色，圆柱形。其叶卵形或卵圆形，互生，具5 ~ 10毫米长的叶柄。花着生于侧枝顶端，黄色，瘦果倒卵形至半球形，褐色或黑褐色。花期4 ~ 6月，果期6 ~ 8月。每年春天，当梅桃李杏争芳斗艳，棣棠花也不甘落后。一朵朵金黄色的花纷纷绽放，远远望去，颇似一团团黄金，在阳光的照耀下闪闪发亮，显得十分雍容华贵。

棣棠花本身是单瓣花，但是它有一个重瓣变种，就叫重瓣棣棠花，开放之后比原种更显高贵，因而在公园布景中更加受到青睐。但是游人去公园的时候，经常将棣棠花与另一种广为栽种的蔷薇科蔷薇属植物——黄刺玫相混淆，且后者也有单瓣和重瓣两种，这样就更容易让人犯糊涂了。简单来说，黄刺玫的颜色不如棣棠花浓艳。如果看得更加仔细的话，就会发现黄刺玫的叶片是羽状复叶，叶片对生，而棣棠花的叶片是单叶，叶片互生。

美好的事物总是受到人们的喜爱和吟咏。我国古时历朝诗人面对棣棠花都诗兴大发，留下了不少诗词歌赋。如唐朝诗人李商隐在《寄罗劭兴》一诗中说："棠棣黄花发，忘忧碧叶齐。人闲微病酒，燕重远兼泥。"诗句借棣棠花之语，希望与朋友相互鼓励、相互提携。宋朝诗人范成大也有一首《沈家店道傍棣棠花》："乍晴芳草竞怀新，谁种幽花隔路尘？绿地缕金罗结带，为谁开放可怜春？"连用两个问句，似乎表明诗人当时正在思考人生的意义。

再说一句题外之话，我国历史文献中还有一种叫作棠棣的植物，如《诗经·小雅·鹿鸣之什》中载有"棠棣之华，鄂不韡韡"，意指棠棣花开十分灿烂的样子。不过，这里的"棠棣"非棣棠，而是蔷薇科另一个属——樱属下面的郁李。

文◎ 黄满荣

重瓣棣棠

二月蓝

相传在三国时期，诸葛亮任刘备的中郎将时监管军粮和税赋。由于连年战乱，百姓已经是不堪重负，如何在不增加百姓负担的情况下征收足够多的军粮，保证军队的用度，便成了这位卧龙先生的首要任务。有一次，诸葛亮从一位农民口中得知，当地百姓经常采集一种野菜，其叶子和茎都可食用，也可以用于腌菜，作为青黄不接时的口粮，这引起了他的兴趣。在做了进一步了解后，诸葛亮便下令士兵广为播种这种野菜，以补充军粮，减轻百姓负担。后世便将这种植物称为诸葛菜，又叫作二月蓝。

二月蓝隶属于十字花科诸葛菜属。十字花科中的很多植物都是我们餐桌上的常客，因此二月蓝可以食用并不使人感到奇怪。它是一年生或二年生的草本，高10 ~ 50厘米；茎直立，具有少量分枝，表面浅绿色或略带紫色；其花紫色或白色，直径2 ~ 7厘米；长角果线形，长达7 ~ 10厘米；而种子颇小，长度约2毫米，黑棕色，卵形至长圆形。二月蓝广泛分布于平原、山地等各种环境中。

单株二月蓝很难引起人们的注意。即使注意到了，看到它在风中摇摆不定，其纤弱之态倒容易使人起怜悯之心。但是，二月蓝深谙集体的力量。每年农历二月，在树荫底下或者本来光秃秃的地上，无数株二月蓝齐刷刷地钻出，似乎是为了一场巨大的盛会相约而来，同时绽开它们漂亮的花朵。这个时节，天坛公园或者奥林匹克森林公园的整片地上，除了叶片的绿色和少量其他花的颜色，就是一水儿的紫色。如果读者朋友们去到这里，肯定会为这样的美景所倾倒。每当我经过这些地方，都能看到许多爱美的朋友站在花海中，兴奋地招呼同伴给自己拍照，那表情是相当的幸福和满足，感觉就像去了江西婺源一样。

谈到婺源，大家的第一反应就是去欣赏那里的油菜花。但是我个人认为，北京的二月蓝一点也不输婺源的油菜花。何况那些油菜花都是人工栽种的，人为痕迹明显，而二月蓝却不需要任何人照看，它们只顾自己肆意地生长，肆意地开花，肆意表达生命的奔放。

不过，同样是在北京，北京大学校园内的二月蓝却受到了两位社会名流的垂青。其中一位就是宗璞，我们还会在另一篇关于木香花的文章中提到她。宗先生在《送春》中写道："说起燕园的野花，声势最为浩大的，要数二月兰了。……它们每年都大开特开……在深色中有浅色的花朵，形成一些小亮点儿；在浅色中又有深色的笔触，免得它太轻灵。"她把这些小草当成了朋友，"每到春天，总要多来几回"，看看它们。另一位是季羡林先生，他写的文章题目就是《二月兰》。在季先生的眼中，二月蓝"一定要把花开遍大千世界，紫气直冲云霄"。

不过二月蓝似乎并不在意人类的看法，它们每年都在那里，只管充满生机地怒放。

文◎ 黄满荣

鬼伞

雨后的夏天，空气总是特别清新，这时不妨出家门去散散步，也许你就会发现草地上不知什么时候冒出了一朵朵的小蘑菇。激动的你，说不定还会拿着手机对着它们不停拍照。

在北京公园的草坪上，最常见的小蘑菇是鬼伞。鬼伞其实是一大类小伞菌的总称，原先都隶属于鬼伞科鬼伞属，有超过100个种。但是现代分子生物学的研究表明，这些种放在同一个科里并不合适，于是将鬼伞类真菌拆分到担子菌纲下的两个不同的科——小脆柄菇科和伞菌科：原来鬼伞属（*Coprinus*）的模式种鸡腿菇（*C. comatus*）和另外三个种还留在这个属，但并入伞菌科；其他绝大部分的种归入小脆柄菇科，位于小鬼伞属（*Coprinellus*）等属别之下。这样一来，鬼伞属不再由鬼伞科“保护着”，那这些小蘑菇是否还能继续被称为鬼伞呢？这的确是一个容易让人犯迷糊的问题。

不过，这个问题还是留给真菌分类专家好了。对于普通人来说，叫鬼伞好像也没什么不好，所以，在专家的意见没出来之前，我们还是沿用以前的名称吧。

前面提到鬼伞属的模式种是鸡腿菇。估计有人一看名字就会犯馋了：既然叫鸡腿菇，那么它肯定很好吃了？这样想的人很快就会失望，因为鸡腿菇只有当它刚刚长出来的时候是可以吃的，而且也不像它的名字所寓示的那样味道鲜美、口感上乘。而我还没告诉你们的是，鸡腿菇还有其他的名字，分别叫作毛头鬼伞和狗尿苔。听

了这两个名字后，是不是一点胃口都没有了？毛头鬼伞的名字缘于其菌盖上覆着的一层毛草状的鳞片，而狗尿苔的得名据说是因为狗习惯于在其上撒尿。除了名字具有一种警示意义外，鸡腿菇长大后也的确不再适宜食用：一方面它会产生毒素，另一方面它的菌盖在成熟后会逐渐变成黑色的液体，并一滴一滴地往下掉落。这大概就是鬼伞这一名字的由来。

鸡腿菇广泛生长在潮湿阴暗的地方，例如垃圾堆、腐木甚至粪便上，在草地上也可时常见到。我们所看到的是它的子实体，是真菌用来产生孢子以繁殖下一代的结构。在土壤中，还有大量我们看不到的菌丝体。当地上的子实体变成液体，消失得无影无踪的时候，土壤中的菌丝体依然保存得好好的。这样，到了来年，当空气中的湿度和温度合适时，我们就能够在附近见到新长出的鸡腿菇。

菌盖会自动溶解是原来鬼伞属很多种真菌的共同特征，这是它们用于散播孢子的策略之一。另外一种被称为墨汁鬼伞的真菌，它与鸡腿菇的主要区别是菌盖上的鳞片少而小。像鸡腿菇一样，墨汁鬼伞的子实体成熟后，菌盖和菌褶的颜色会逐渐由白转深，最终液化成黑色的墨汁状，滴入土壤。这种鬼伞的种加词是*atramentaria*，亦即“墨水”的意思；与之对应，其英文名称是common ink cap。2001年，真菌学家将鸡腿菇和墨汁鬼伞分了家，后者“改姓”拟鬼伞属（*Coprinopsis*）。

除了鸡腿菇和墨汁鬼伞外，北京地区还能见到一些其他的鬼伞种类。读者朋友如果有兴趣，不妨在野外或者公园里活动的时候稍微留意一下，相信你一定会有所收获。

文◎ 黄满荣

国 槐

中山公园“槐柏合抱”

北京城历史悠久，文化遗产丰富，因此，这里的历史古树和名树多也就一点都不足为怪了。古树中较多的一类树种是国槐。

国槐，又称槐、守宫槐、槐花木、槐花树、豆槐、金药树，隶属于豆科槐属，为高大落叶乔木；具羽状复叶，小叶4 ~ 7对，对生或近互生，卵状披针形或卵状长圆形，先端渐尖；每年7 ~ 8月份开花，圆锥花序顶生，常呈金字塔形，花冠白色或淡黄色；开花1 ~ 2个月后结果，荚果串珠状，具肉质果皮，成熟后不开裂，持续挂在树头；每串荚果具1 ~ 6粒种子，种子排列紧密，卵球形，新鲜的种子淡黄绿色，干燥后为黑褐色。国槐以这些特点而区别于与它在外形上十分相似的外来种——刺槐。

国槐花芳香，是优良的蜜源植物。它们开花的时候会产生大量的花蜜，在蜜蜂等昆虫不足的地方，这些花蜜最终会掉落地面。在此期间，停泊在国槐树下的汽车车顶上会有许多黏糊糊的东西，这就是国槐的花蜜。另外，从树下走过时也会有花蜜落在

国槐果实

头上，令人恍惚间还以为是下雨呢。

国槐树形优美，是常见的行道树种和庭院观赏树种。经过人工选育，产生了许多形态各异的变种和变型，如在北京各大公园常见的龙爪槐，其枝条下垂，并向不同方向弯曲盘旋，形似龙爪，甚是美观。据载，我国自周代起就有在皇宫种植槐树的传统，故国槐又被称为“守宫槐”。紫禁城内古槐颇多，如武英殿断虹桥畔著名的“紫禁十八槐”（于元代种植）、御花园东南角的“蟠龙槐”等。

北京的国槐如此之多，从而衍生出许多著名的景点。例如，北海画舫斋古柯亭院内西南角的假山上，屹立着一棵高15米的国槐，这棵树植于唐代，故称唐槐，迄今已1300多年，为北京城区的“古槐之最”。

在景山公园观德殿的西侧，也有一株古槐，其胸径约有2米，胸围6米有余，冠高约20米。据推测这也是一棵唐槐，树龄已超千岁。这株古槐的主干早已朽空，树皮迸裂，但奇妙的是，在树干的朽空处长出了一株小槐树，形成了“槐中槐”和“怀中槐”的独特景观。中山公园的“槐柏合抱”位于来今雨轩西侧，乃一株古槐和一株古柏长在了一起，相拥而立。此外还有各地的“槐抱椿”及“槐抱榆”，如此等等，不一而足。

当然，北京最有名的国槐可能要属景山公园里那棵所谓的“罪槐”。为什么会说这棵国槐有罪呢？1644年，李自成的军队攻破北京城，明朝崇祯皇帝眼看大势已去，又不愿做阶下囚，绝望之中跑到景山，在这棵槐树上自缢身亡。清朝顺治皇帝遂定此树有罪，命人用铁链将其锁了起来。顺治帝这一做法当然有其政治意图，乃为笼络前朝人心而已。此树位于景山东坡，在“文革”期间被毁，现在观之者乃后来补栽。饶是如此，每天也还是有众多游客驻足于此，或听着导游的解说，或看着导览上的文字，思及崇祯的无力感，不由得长叹一声。

文◎ 黄满荣

国槐尺蠖

槐树对北京人来说，简直是太熟悉不过了。六月的槐花香，更是给北京人留下了深刻的印象。无论是在城市的街道和老北京的四合院里，还是在公园里、山坡上，每到槐花盛开的季节，人们都愿意凑上去，闻一闻那淡淡的花香。

不过，似乎除了人之外，还有一种虫子也迷恋这淡淡的槐花香。在槐花盛开的时候，它吐出长长的丝线，一头连在槐树枝上，一头连着自己，将自己吊在半空中。微风吹来，它便随着风儿飘动，忽上忽下，此起彼伏，像顽皮的小孩儿在荡秋千。当然，这是喜欢虫子的人的看法。不喜欢或者害怕虫子的人，对此可就没那么好的印象了。这些虫子有时候会随风飘落在地，行人不小心踩上一脚，没准就得膈应好几天；更有甚者，走路的时候不小心，虫子会挂在脸上、脖子上，这时候，估计谁都会吓一跳，甚至尖叫起来。相信很多人都遇到过这样的窘事吧！

因为讨厌它，也因为它老挂在半空中，身体又是细长细长的，所以人们给它起了个名字叫“吊死鬼儿”。吊死鬼儿是一种青绿色的肉虫子，它是国槐、龙爪槐的暴食性害虫，一年就能繁育三代。

虽然它个头儿小，但是食量很大。虫灾大发生的时候，槐树底下几乎遍地是蠕动着的青绿色的吊死鬼儿和黑色的砂状粪便。不过吊死鬼儿并没有毒性，大可不必担心它会给你带来伤害。

在过去，吊死鬼儿是孩子们的恶搞"玩具"，男孩儿经常用吊死鬼儿捉弄女孩儿。他们手里捏着带着吊死鬼儿的细丝，在女孩儿眼前晃来晃去，往往会吓得她们左躲右闪，甚至哇哇大哭……

吊死鬼儿掉在地上的时候会爬行，也不知道它想去哪儿，也许是找地方准备结茧化蛹，也许是被风吹下来，不知所措地乱爬。不过不管怎样，它爬行的方式是很有特色的：身体总是一屈一伸的，像一座移动的拱桥。因为吊死鬼儿身体的中部没有足，所以走路的时候总是先伸展身体的前部，再挪移身体后部使其与前部相触，然后身体前部再伸展，后部再跟上……像是丈量土地似的，所以吊死鬼儿还有一个名字叫"尺蠖"。

尺蠖其实是鳞翅目尺蛾科昆虫幼虫的统称。这个科的成虫翅大，身体细长且有短毛，触角丝状或羽状，称为尺蛾。尺蛾属于完全变态昆虫，也就是要经过卵、幼虫、蛹、成虫四个阶段才能完成一个生活史。危害国槐的尺蠖叫槐尺蠖、国槐尺蠖等，成虫叫国槐尺蛾、槐尺蛾等。在北京，国槐尺蛾一年发生3 ~ 4代，以蛹越冬。盛夏是幼虫爆发的时期。幼虫刚刚孵化出来的时候是黄褐色的，取食后变为绿色。2 ~ 5龄幼虫身体均为绿色，老熟幼虫为紫青色。低龄幼虫不会吐丝，它们待在槐树上取食槐树叶。老熟幼虫可以吐丝，于是便出现了"吊死鬼儿"现象。

走路的时候，吊死鬼儿有自己的特色，休息的时候，依然有自己的个性。它用身体后部的足抓牢树枝，然后将身体倾斜伸直，不仔细看还以为它也是一根树枝呢。这便是自然界常见的"拟态"现象，是它保护自己的一种方式。

文◎ 杨红珍

黄 鼬

先讲一个真实的故事：黄鼠狼曾经钻过我的被窝！

那是20世纪90年代，单位有一间平房，由于太小，又无取暖设施，冬季往往闲置，只有我每天去那里睡个午觉。一天，我进屋后忽然发现地面上有几块碎骨残渣，正纳闷时，又发现被子里似乎有东西在动！急忙上前掀开，只见一只黄鼠狼一跃而起，飞速跳下床，从屋门下部的破洞飞逃而去。

在那个年代，北京的胡同里不时有黄鼠狼出没。不少“大杂院”的居民常常“与狼共舞”：白天坐在院里聊天时，黄鼠狼就在不远处玩耍；到了晚上，它们更加肆无忌惮，甚至大摇大摆地在院子里乱窜。

在民间，黄鼠狼的名声一直不太好。“黄鼠狼给鸡拜年——没安好心”是一句家喻户晓的歇后语。此外还有：“黄鼠狼看鸡——越看越稀”，这一句是告诫人们，财物不能委托那些贪得无厌、心术不正的人看管，否则就会吃大亏。

黄鼠狼的“大名”叫黄鼬。它的长相并不难看：小巧玲珑，头小，耳小，身体细长，四肢较短，全身的毛色均为棕黄色，身后拖着一条蓬松的大尾巴。黄鼬栖息的环境多种多样，在丘陵和平原地区的河谷、林地、沟沿、土坡、灌丛、村边、古庙、柴堆、木垛、废旧房舍等地，都会出现它的身影。

黄鼬性情凶猛，行动机智而敏捷，但事实上，“偷鸡”却并非它的“专长”，各种鼠类才是它的主食。此外，黄鼬也捕食兔、鱼、鸟等小动物，甚至能用它的智谋让刺猬解除“武装”，用它的灵敏击败毒蛇。当然，在顺便时，它也不会放过更容易捕获的家禽，结果却落下了一个“偷鸡贼”的恶名，遭到人们的唾骂，这实在是“冤枉”它了。其实，黄鼬是对农、林、牧业有益的动物，是人类的朋友。

黄鼠狼不仅善于攻击，也拥有防御的秘诀。在它的肛门附近有一对臭腺，是其特有的“化学武器库”。这里存放的是成分为丁硫醇的琥珀色液体，喷出时便形成细雾。细雾一旦进入对方眼睛，则会又辣又疼、流泪不止，它还有麻痹作用，因而可以吓退敌害，保护自己。

除了“偷鸡贼”的说法，北京的胡同里还流传着很多关于黄鼬的怪异传说，其中最为人熟知的就是“黄仙”。

据说，黄鼠狼是民俗中的“狐黄白柳灰”五大仙——狐仙（狐狸）、黄仙（黄鼠狼）、白仙（刺猬）、柳仙（蛇）、灰仙（老鼠）之一。它们都是亦妖亦仙的灵异，如果冒犯就会遭到报复；倘若敬奉它们，则会得到福佑。其中，被“黄仙”附体的人会犯癔症，表现出哭哭啼啼、连说带唱、不断诉说一些玄妙的事情等症状。不过，“黄仙”也是运财大仙，能给你家运来金银财宝，还能将死人的灵魂转移到活人身上。因此，按北京人的习惯，称其为“黄二大爷”，旧时在天后宫中供有其塑像。

近年来，由于北京旧城区房屋大规模拆迁，导致许多生活在那里的黄鼠狼搬了家，不知去向。可喜的是，“黄仙”似乎并没有走远。不久前，我在现在居住的小区院子里散步时，忽然听到茂密的灌丛里传出一阵动物打闹的尖叫声，而且显然不是猫的叫声，上前仔细观瞧，却见到一对黄鼬在打闹、嬉戏。

衷心希望，在越来越现代化的京城内仍然有“黄仙”生存的一席之地。

文◎ 李湘涛

灰椋鸟

雄灰椋鸟

椋鸟很常见，大多数人却不认识，这是不是跟“椋”（liáng）这个生僻字有关呢？因为，它的几个“表亲”——八哥、鹩哥等，都是人们熟知的种类。看来，人也好，鸟也好，起个通俗、好听的名字非常重要。

此外，教育也很重要，也就是我们常说的提高科学文化素质。比如，在认识椋鸟方面，江南的小学生可能就会略胜一筹——苏教版语文课本五年级下册第26课就是一篇名为《灰椋鸟》的课文。

灰椋鸟跟它的大多数同类一样，羽色不够艳丽。正如《灰椋鸟》一文开头所说的那样：“尖尖的嘴，灰灰的背，远远望去黑乎乎的，有什么好看的呢？”其实，椋鸟们也是爱美的，在身体上或多或少都有一抹亮色：例如紫翅椋鸟的羽毛闪耀着紫绿色的金属光泽；北椋鸟有一个棕色的“腰”；丝光椋鸟在头顶、后颈和颊部有棕白色羽毛，披散呈矛状；粉红椋鸟不仅身体背面、腹面呈粉红色，而且还有一个精致的羽冠……灰椋鸟自然也不甘“平庸”，首先在黑色的头颈部中央有一个“白脸蛋”，周围还生有许多白色的细条纹，再配上橙红色的喙和脚，颜值马上就涨了不少分。

椋鸟最奇特的本领就是群集。这是自然界中最激动人心的场面之一：100多万只鸟儿一同在天空中翱翔，如翻滚的乌云，遮天蔽日。它们忽而低空盘旋，忽而展翅高飞，一会儿似巨大的鲸鱼，一会儿又化身为卡通人物，不断地冲击着人们的想象力。

整个鸟群仿佛只是一个个体一样，以极其惊人的协调性在一起飞行。不过，椋鸟能够形成上述惊人的图像，常常还要“归功”于鸟群旁边的一只鹰。原来，椋鸟们团结起来，是为了组成一只更大的“鸟”，来抵御这位捕食者。

上百万只椋鸟能在飞行时做出整齐划一的动作，的确令人吃惊。它们一定是在通过某些信号来指导这种行为，但迄今还没有一个完全令人信服的解释。科学家推测，椋鸟在飞行时，其行为与身边的同伴能够相互影响，如果一只鸟变速或者转向，其他的鸟也都会效仿。在它们的飞行机制中，相邻个体之间存在拓扑作用，这种作用的程度取决于相邻个体的数量，而与个体之间的距离无关。受椋鸟的启发，科学家还提出了一种在精度、成功率和效率上具有一定优势的改进粒子群算法。

椋鸟的另外一个特点就是能够大量消灭害虫。以灰椋鸟为例，它不仅善于寻觅树上的害虫，而且可以扒开泥土搜寻地下的害虫，其食谱中包括了蝗虫、螽斯、蝼蛄、金针虫、金龟子、象甲、叶甲、尺蛾、舞毒蛾、胡蜂、牛虻、象鼻虫、地老虎、玉米螟、黏虫、麦叶蜂等各种各样的害虫。

在北京能见到的椋鸟有灰椋鸟、紫翅椋鸟、北椋鸟、丝光椋鸟等，它们都是夏候鸟。其中，灰椋鸟最为常见，因而它还拥有椋八哥子、杜丽雀、高粱头、假画眉、管连子、竹雀、马过油子等一大堆奇奇怪怪的俗名，此外还因其“喳喳喳”的叫声被称为“灰麻喳子”。实际上，它身体的羽毛并非纯灰色，而主要是灰褐色。它不仅在北京郊外集群活动，而且在城区公园、居民小区中也经常可以见到。除了在榆树、柞树、杨树等高大乔木主干上的天然树洞中筑巢外，它还能利用啄木鸟的旧巢，以及在房顶的瓦下和水泥电线杆的顶端筑巢。

奇特的是，灰椋鸟很喜欢用绿叶、青草来装饰它们的巢，这是为什么呢? 从前，人们都猜测它们是用这些植物来驱避巢中的寄生虫。但实际上，这些绿叶和青草能够增强幼鸟的免疫力，从而帮助它们预防巢中的寄生虫所引起的贫血等疾病。

文◎ 李湘涛

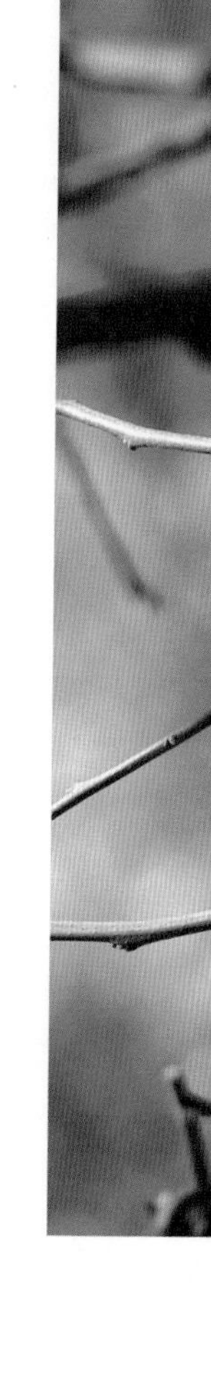

雌灰椋鸟

家燕

“小燕子，穿花衣……”这首传唱了几十年的经典儿歌《小燕子》不仅伴随着一代又一代的小朋友成长，也充分表达了人们对燕子的喜爱之情。不过，这首儿歌的最后一句“欢迎你，长期住在这里”却让燕子为难了，套用现今流行的一句话，就是“臣妾做不到啊”。

燕子是候鸟。俗语说“八九燕来”，但北京的燕子可能会来得稍晚一些。每逢桃花吐蕊、柳枝绽绿的春天，成双成对的燕子就会不远万里而来，衔泥筑巢，生儿育女。

人们所说的燕子一般是指家燕。它们最爱在屋檐下建半圆形的巢，由雌雄亲鸟用喙衔着泥和草，一点点垒起来，特别精巧。巢里的雏燕一天到晚等着亲鸟给它们捉虫子吃。“须臾十来往，犹恐巢中饥。辛勤三十日，母瘦雏渐肥。”（白居易《燕诗示刘叟》）渐渐地，小燕子越长越大，当秋天来临的时候便跟着父母飞到南方去了。

“飘然快拂花梢，翠尾分开红影。……爱贴地争飞，竞夸轻俊。”（史达祖《双双燕·咏燕》）燕子轻盈俊俏的风姿，为人们的生活增添了无尽的情趣。在人们的心目中，燕子的爱情很专一，因而常用“双飞燕”来赞美它们，更用“燕侣”来比喻人间男女美满的结合。正如李白《双燕离》诗中所言：“双燕复双燕，双飞令人羡。玉楼珠阁不独栖，金窗绣户长相见。”那么，燕子是怎样找到自己理想的伴侣的呢？

原来，外侧尾羽稍长一些的雄燕在求爱时会展现更多的优势，这也可能是雄燕抵抗寄生虫感染能力较强的一种标志。因为燕子拥有敏锐的视力，雌燕可

以通过尾羽的长短来估计雄燕的“性感”程度。

从前，在北京许多人家的房檐下都能看到燕子的巢，甚至在居民楼的楼道里也有，人们任由它们“登堂入室”。如果谁家春天来了新燕，或者去年的燕子又还了旧巢，则被视为一种福分，一种荣耀。其中，最有名的是什刹海一带，胡同里几乎家家户户都有燕子筑巢。在离什刹海不远的烟袋斜街，电线上曾出现过上百只燕子密密麻麻排成四排栖息的壮观景象。它们时而梳理羽毛，时而抬头挺胸，时而呢喃细语，引来那些在酒吧街中闲逛的男男女女们驻足观看：“它们是不是在‘开会’讨论回南方的方案呢？”这个说法也不无道理。作为候鸟，燕子在秋天快到时便会聚集成群，准备迁徙了。

在《小燕子》第二段中，这首儿歌用：“小燕子，告诉你，今年这里更美丽，我们盖起了大工厂，装上了新机器……”来表达正处在生产建设高潮中的人们的美好愿望。遗憾的是，这些人类自身视为美好的东西却并非燕子所期待的。林立的烟囱，轰鸣的机器，各种工业废物的排放……从我们实施工业化进程开始，就不断对自然环境造成破坏，使燕子的生存空间大大缩小了。

几十年过去了，北京变成了一座车水马龙的现代化大都市。而曾经作为北京文化符号之一的燕子，却正在渐渐飞离我们的视野。不仅在城区，即便在农村，它们也失去了很多立足安身之地，人们很难看到“衔泥旧燕垒新巢”的画面了。

美国的一项研究表明，由于长期与公路上来往的车辆相撞，在过去的30多年间，燕子的翅膀竟然变短了4毫米！这一改变使它们成为更快、更敏捷的飞行高手，以便更好地躲避迎面驶来的汽车。燕子的这种快速进化能力真令人惊叹！

北京的燕子啊，赶快进化出能在高楼大厦上筑巢的本领吧！

文◎ 李湘涛

裂褶菌

在植物界，大凡名称中带个“参”字的，我们便约略知道它们或多或少具有某种药用价值。当中最大牌者，莫若人参，因其药用价值极高，千百年来让人视若珍宝。还有一种植物党参也是知名的药材。此外，我还能列出西洋参、高丽参、玄参、元参、沙参、白参、海参……海参？海参不是动物吗？哦，对不起，我搞错了，海参的确是动物。

其实除了海参之外，这些“参”中还有一位不是植物，不知有没有哪位眼尖的读者已经发现了它——就是白参。有一年我在云南野外调查，到一家餐厅吃饭点餐时，看见菜架上摆着白参，就点了一份白参炒鸡蛋，非常好吃！

那么，白参究竟是哪路神仙呢？原来，它是真菌界担子菌门的裂褶菌。有些地方还称它为白花、鸡毛菌等。裂褶菌广泛分布于我国各地，从黑龙江到海南，在杂木林下均有生长，以热带、亚热带地区犹多。野生白参在春季至秋季的雨后常见于栎、槠、栲等阔叶树及针叶树的枯枝倒木上，也有一些生长在枯死的禾本科植物、竹类或野草上，甚至活树上，例如在北京各公园的桃树上也经常能看到。裂褶菌子实体较小，近扇形，菌盖宽0.5 ~ 4厘米，上表面具有白色绒毛，成簇或成群生长，形似菊花。

裂褶菌既然位列“参”班，那么肯定有其独到之处。以裂褶菌与鸡蛋或炖或蒸，服用后能够增强身体免疫力。盖因其内含有多种活性成分，如裂褶菌多糖、氨基酸等。研究表明，其中裂褶菌多糖能提高人体细胞的免疫功能，促进免疫球蛋白的形成，具有抗癌和抗菌消炎之效。

当然，裂褶菌生来并不是为人类的饮食和健康服务的。就像其他许多真菌一样，它们会将死亡的植物枝叶腐化分解，释放出固定在其中的碳、氮等元素，让它们回归环境，从而完成物质的循环过程。所谓“草木有本心，何求美人折”，裂褶菌亦如此。在更多的时候，裂褶菌只是默默地驻守在枝条上，低调地从事着本职工作，以至于匆匆行人根本就不会注意到它的存在。

文◎ 黄满荣

六海

北京六海包括西海（积水潭）、后海、前海，以及北海、中海、南海。其中，前面三个海又合称为什刹海，也叫“后三海”，而后面三个海，自然就是“前三海”了。

六海之美，最初便以水取胜。六海之水也使这里的荷花闻名已久。元朝时便有人在水边种植莲藕，水深之处鱼成群，水浅之处莲成片。因此，西海也曾被称为“莲花池”“莲花湖”，前海则被称为“莲花泡子”。至今前海仍有一派繁荣的“荷花市场”，被称为燕京的“清明上河图”。而在西海一带，周边大多是灰墙灰瓦的普通民居，为平民百姓的生活和活动场所，岸边层石成屏，幽草曲径，湖中芦苇繁茂，荻花飞舞，十分幽静。

前三海之景同样是以水取胜。北海公园垂柳荫荫，碧波涟漪，使得耸立于湖畔的白塔更显气宇轩昂，北方皇家园林的宏阔气势和南方园林的婉约风韵浑然一体。公园内植物种类多样：常绿针叶树桧柏、白皮松能满足冬季的观赏需求；春季时，迎春花金黄夺目，在水边展现出勃勃生机；紫叶李、美人梅常年深红色，点缀在常绿树和翠竹之中，能在四季展现与众不同的叶色，又能在春季开出粉红娇艳的花朵，与其他植物一起展现春季繁花似锦的景色。

在北海公园中，有数百株百年以上的古树遍布琼华岛、东岸、北岸及团城地区，尤其以琼华岛最为集中。它们有的潇洒飘逸，有的高耸苍劲，有的拙朴沧桑，各具独特的观赏价值，给古典园林增加了沧桑的风韵。东岸画舫斋东跨院有一株古槐树，院内建筑也因树得名，称为“古柯亭”。团城上原有三株古松，皆为金元旧物，至今已存活约800年。它们都因乾隆皇帝的御封而成为名木：一株油松被封为“遮荫侯”；与“遮荫侯”陪伴的南面一株高大白皮松被封为“白袍将军”；另有一株油松枝干向西面的湖面屈卧，犹如卧龙探海，姿态极为优美，故被封为“探海侯”（原树已枯死，现补植一株）。

六海一带也是鸟类的乐园。由于水域面积较大，绿头鸭几乎全年可见。夏季易见的水鸟还有鸳鸯、小䴙䴘、普通翠鸟、夜鹭等。其中别名“王八鸭子”的小䴙䴘常常施展精湛的潜泳功夫。春夏之交，燕子们飞进这里的“寻常百姓家”，进进出出，在屋檐下或房梁上筑巢繁衍，成为老北京城区的一幅日常图景。麻雀、喜鹊、灰喜鹊、白头鹎、灰椋鸟、大嘴乌鸦和珠颈斑鸠等也是这里经常出现的鸟类。

20世纪90年代，我们进行北京城区公园的野生动物调查时，在北海公园内见到了几只白头鹎，这是它在北京的首次记录，从前它仅分布于我国长江流域以南地区。现在，白头鹎一年四季都出现在北京的公园、小区等地的树林中，已成为北京的留鸟。

白头鹎的身体主要为黄绿色，额与头顶为黑色，但两眼上方至枕羽为白色，因此也叫“白头翁”。有趣的是，头部白斑较大的雄鸟能够和更多的雌鸟交配，并且承担较少的哺育雏鸟的责任；而白斑较小的雄鸟对雌鸟的吸引力则明显不足，并且要更多地为哺育后代而操劳。

文◎ 李湘涛

小䴙䴘

“遮荫侯”

白头鹎

金腰燕

夜 鹭

家 燕

麻雀

有人说麻雀其貌不扬，我并不这么认为。它们长着栗褐色的头顶，耳羽后面还有一个醒目的黑斑，再加上砂褐色、布满黑色纵条纹的身体，显得轻灵而生动，给人以快乐的感觉，正应了“欢呼雀跃”这句成语，因而它们也是我国传统花鸟画常见的题材之一。

还有人说麻雀的叫声枯燥乏味且杂乱无章，毫无美感可言。其实不然。麻雀就是通过叫声传递情感的，雄鸟更以此来向自己心仪的异性传情。有时即使雄鸟不在眼前，只要歌声中意，雌鸟也会有动情的表现。而对于喜爱麻雀的人来说，它们叽叽喳喳的叫声仿佛是一曲优美动听的乐曲，令人心旷神怡。

当然，麻雀也有“缺点”，那就是爱吃五谷杂粮。也正是由于这个“缺点”，从1955年年底开始，麻雀就和老鼠、苍蝇、蚊子一道，被列入了“四害”的行列。不久以后，一场全国范围内的消灭麻雀的运动就席卷而来，几乎是全民齐上阵，城乡到处都是针对麻雀施展的围追堵截。

在北京，这场运动的高潮出现在1958年的“大跃进”期间，几十万市民向麻雀宣战。人们以各种方式惊扰、驱赶麻雀，导致麻雀因无法停歇而筋疲力尽，活活累死，其种群数量也迅速下降。

直到1960年3月，毛主席听从了郑作新等科学家有关“麻雀平时捕食害虫，利大于弊”的建议，做出了“麻雀不要打了，代之以臭虫”的指示，麻雀才摘掉了“四害”之一的帽子。

此后，麻雀重新活跃在人们的身边。在天安门广场上，一只只麻雀对周围川流不息的行人并不在意，就在他们身边、脚旁时起时落、蹦来蹦去，一派“人来鸟不惊”的景象。

在北京，麻雀被称为“家雀儿”（读音：巧儿）。其实这个说法并不准确。麻雀虽然随处可见，但它极少飞进屋内。也许，在长期与人类的交往中，它已经懂得，只要飞进屋子里，就会有失去自由的可能。

现如今北京城里喜爱麻雀的人也越来越多了。有的人家的阳台成了麻雀歇脚“加油”的停靠站，每天按时来“吃饭”；有的人家为了不打扰在室外机里育雏的麻雀，三伏天都不肯开空调……

麻雀在空调的外挂机甚至抽油烟机的烟道口筑巢，大概也是出于无奈。那小小的方寸空间，绝不是最理想的巢址。如今的北京，随着人口的迅速膨胀、高楼大厦的急剧增加，钢筋混凝土建筑日益取代了过去的木质泥土房屋，麻雀们活动的天地也就越来越小了。

文◎ 李湘涛

蚂 蚁

不管是在城市的街道旁，还是在野外的小路上，更不用说在茂密的丛林里，就是在家里，我们有时候也会碰见它们，这个神奇的物种就是蚂蚁。我们对它没有任何厌恶和反感，甚至愿意与它和平共处，有时候看着它小小的身躯整天忙忙碌碌不停歇，我们还有点崇拜它呢！崇拜它坚忍不拔的意志，崇拜它永不放弃的精神。

蚂蚁的数量大得惊人，据科学家估计，在任何历史时期，全世界的蚂蚁都超过了1亿亿只。蚂蚁的寿命很长，蚁后的寿命可达十几年或几十年乃至100多年，工蚁最长可存活10年。蚂蚁的分布非常广泛，除极地外，不论是干旱的沙漠还是湿润的水边，不论是平原还是高山，也不论是裸地还是繁茂的森林，所有的土壤表层都有它们的足迹。蚂蚁之所以如此繁盛，是因为它们像蜜蜂和白蚁一样，同样过着社会性生活，高效运转的蚂蚁王国就像一个独立的超级有机体。蚂蚁是动物界赫赫有名的建筑师，它们建造的地下宫殿结构精妙、富丽堂皇，到现在为止科学家还没有搞清楚它们是怎样施工的呢！

蚂蚁还有很多神奇的地方，有时候我们会看见一只蚂蚁在路上悠闲地溜达，有时候会看见几只蚂蚁交头接耳，有时候会有一群蚂蚁排着大队前行，我们不知道它们在干什么，但是它们自己却过着井然有序的生活。一只蚂蚁会扛着比自己身体大好几倍的东西长途跋涉，在暴雨来临之前，它们还会把自己的窝垒高。蚂蚁真是一群不可思议的昆虫！

大多数蚂蚁属于有益的昆虫。在野外生活的蚂蚁能清除动植物的残骸和废弃物，净化人类的生存环境，它还会翻耕和改良土壤，有利于植物的生长。同时，它也是重要的农林害虫天敌，在生物防治上具有重要作用。

有时候蚂蚁也会打扰我们的生活。在北京的居民楼，尤其是在平房和比较老的楼房里，经常会有蚂蚁光顾。每年都有市民向有关部门反映家中闹蚂蚁。虽然蚂蚁并没有伤害到我们，但它们出现在家里还是会让人有些担心，比如蚂蚁会不会伤害小孩、会不会传播疾病等。其实我们大可不必紧张，因为蚂蚁是社会性昆虫，没有蚁后是不能繁殖的，而出现在住宅中的一般都是工蚁，过不了多久就会消失。

出现在北京居民家中的蚂蚁主要有9种：小家蚁、中华小家蚁、宽结大头蚁、菱结大头蚁、黄毛蚁、黑毛蚁、亮毛蚁、吉氏酸臭蚁和铺道蚁。其中，最常见的是小家蚁，也叫法老蚁。这种蚂蚁繁殖能力很强，只要有蚁后，几天就能繁殖一窝。

文◎ 杨红珍

猫

猫，在北京的小区、公园，几乎随处可见。事实上，现在全世界只要有人的地方，就看得到猫的身影。也许有人会问，猫是野生动物吗？

近年来，中外科学家关于猫的起源和演化的研究结果不断涌现，所推测的猫被人类驯养的年代也在不断提前。但是，猫却始终不能和人类建立起如同狗或者马那样亲密的关系。这也许是由于其他家畜是人类从野外带回刻意驯养的，而猫则是自己选择和人类同居的。正如达尔文等早期生物学家曾指出的，人类对猫进行人为选择的成就很少。猫并不像其他家畜那样过分地依赖人类，至今依然保留着脱离人类也能独立生存的本领。

我国自古就有“家猫失养，则成野猫；野猫不死，久而成妖”的说法。所谓的“家猫”一旦脱离了人的饲养，会迅速野化，重新变为“野猫”，恢复其祖先的生活方式。

科研证据表明，猫（包括流浪猫、野猫和一部分宠物猫）是野生动物的最大威胁之一，每年捕杀达上百亿只小动物。这个数量甚至超过了死于交通车辆碾压、与建筑物的碰撞以及中毒死亡的动物数量。它甚至还造成了33个物种的灭绝。因此，在世界自然保护联盟所列的世界100种最具威胁的外来入侵物种中，猫的名字赫然在列！

那么，如果有一天猫突然消失了，又会怎样呢？情况可能迅速变得不可收拾，至少啮齿动物数量的激增将引发一系列生态后果，人类的食物也会大量减少。

猫的消失还可能给人类带来情感创伤。在现代社会，猫给承受巨大压力的人们带来的更多是心灵上的慰藉。在21世纪以燎原之势走向公众视野的“萌文化”中，猫因可爱的外表和乖巧的性格受到年轻一代的热烈追捧，“猫明星”一夜走红的例子“多如猫毛”。不过，猫对人类表达的仍然是一种“亲近却不亲密，信赖却不依赖”的相处模式，它们在拒绝“被人格化”上的表现令人瞠目结舌。也正是因此，猫又有了新的称谓：“喵星人”——来自另一个星球的物种。

可见，尽管被“家养”数千年，猫仍然具有野生动物的特质。从猫自身的角度来说，其从常驻捕鼠者到人类同居伙伴的转变显然是不彻底的。

据专家估算，目前北京的流浪猫至少有20万只，平均每平方公里多达上百只。

尽管有关流浪猫扰民、传播疾病以及喂猫是否占用社会资源等方面的争议时常见诸网络和其他新闻媒体，例如北京动物园流浪猫窝的“存废”之争等，但相比之下，我们对它们的研究还处在起步阶段。猫进入自然环境后，会给其他野生动物和脆弱的生态环境带来哪些影响，仍然有待进一步研究。在出于动物福利而救助流浪猫的同时，我们有必要进行深入的研究，并尽早制定相关的应对措施。这样做既对这种动物负责，也对其他动物负责，从而体现出对于自然与生命的理解和尊重。

文◎ 李湘涛

牡丹

牡丹自古就是我国庭园不可或缺的名花，也是传统文化中富贵的象征，有富丽堂皇、繁荣吉祥的寓意。它是百花之首，有“花中之王”的美称，可见其高贵的地位。在清朝末年，牡丹曾被当作中国的国花。比起其他花朵，牡丹花的颜色特别鲜艳，花形硕大，花色品种都十分丰富，在百花之中最为夺目，每次开花都有君临天下、统领群芳之感，因此也被人认为高不可攀。

自古以来，很多诗人都以牡丹作为咏叹的对象。刘禹锡在《赏牡丹》中对牡丹的喜爱表露无遗，“唯有牡丹真国色，花开时节动京城”一句道尽牡丹雍容华贵的风范。白居易亦在《牡丹芳》中赞其“花开花落二十日，一城之人皆若狂”。牡丹花的魅力由此可见。除了咏牡丹的诗词之外，宋朝开始逐渐出现一些牡丹专著，如欧阳修的《洛阳牡丹记》、高濂的《牡丹花谱》等。民间也流传着很多关于牡丹的传说及故事，而在雕塑、绘画、音乐、戏剧、服饰等方面，牡丹文化现象亦十分流行。

牡丹声名大噪与武则天及杨贵妃不无关系。相传唐玄宗曾与杨贵妃在沉香亭赏花，李白被召来赋诗，当时他在半梦半醒之间写了三首《清平调》，其一为：“名花倾国两相欢，常得君王带笑看。解释春风无限恨，沉香亭北倚阑干。”诗句描写的是艳丽的牡丹和倾国倾城的杨贵妃。而与武则天有关的一个传说更加离奇。某年腊月初一，大雪纷飞，她在饮酒作乐时醉笔下诏要求百花盛开。当时百花连夜开放，唯独牡丹违命，武则天一气之下将牡丹贬出长安，发配洛阳，并施以火刑，牡丹虽遭此难但仍然在严寒凛冽中挺立，于来年春风中，花开更艳。可见牡丹不畏逆境，在灾难中更见风骨的高傲本性。

牡丹是落叶灌木，喜凉恶热，耐寒不耐热，原产于中国西部一带山区，又名鼠姑、百雨金、富贵花、洛阳花等，以洛阳、菏泽的牡丹最负盛名。洛阳牡丹始于隋，盛于唐，而“甲天下”于宋，至今已有1500多年的历史。唐宋时的牡丹分布区以洛阳为主，而从明朝开始，牡丹的种植场则从洛阳移至曹州，即现在山东菏泽。牡丹高可达2米，少分枝和须根，叶常为二回三出复叶，表面绿色，有凹槽，背面淡绿色。花单生茎顶，花径大约长10 ~ 16厘米，花大色艳，形美多姿。花萼有5片，花色繁多，有红紫色、红色、玫瑰色、白色等，可根据花色和花瓣的特色区分其品种。牡丹因品种不同，株型也有高有矮、有丛有独、有直有斜、有聚有散，各不相同。一般可按其形状分为五类，包括直立型、疏散型、开张型、矮生型和独干型。因品种相异而高矮、斜伸角度不同，它们枝条的形态亦有所差异。

我国是牡丹的发祥地，也堪称牡丹王国。北京与菏泽、洛阳、彭州、临夏、铜陵等一起，同属牡丹栽培面积大且集中的地方。在北京，各大公园中几乎都有一个牡丹园。暮春时节是牡丹盛放的季节，此时去公园赏牡丹一定会让你大饱眼福。

文◎ 毕海燕

木香花

汪曾祺之文章自然优美，透出缕缕灵气，被誉为“中国最后一个士大夫文人”。他在《昆明的雨》一文中，讲到其在西南联大时，一日与朱德熙去莲花池而遇雨，遂进入一个小酒店，要了酒肉，坐下休息。这时，他观察到“酒店院子里有一架大木香花……爬在架上，把院子遮得严严的。密匝匝的细碎的绿叶，数不清的半开的白花和饱涨的花骨朵，都被雨水淋得湿透了”。这个情景让汪曾祺久久难以忘怀，以至40年后仍然记忆犹新，并赋诗曰：“莲花池外少行人，野店苔痕一寸深。浊酒一杯天过午，木香花湿雨沉沉。”汪曾祺另外还专门写了一篇《木香花》的小文，看来他对木香花是情有独钟了。

除了汪曾祺外，宗璞也常在其文中给木香花留有一席之地。她在《送春》一文中，言其在昆明陪伴她的花“让白色的木香花代替了”：“村里村外，山上河旁，遍生木香花……花开如堆雪，且有淡淡的桂花香气”。由此可见，昆明的木香花是如何享有盛名。

那么，木香花何以受到人们的喜爱而声名远播呢？这还得从它的身世说起。

木香花，隶属于蔷薇科蔷薇属。如果大家还是觉得印象不太深的话，我们只需稍微提一下这个家族的另外两个成员就可以了，它们就是玫瑰和月季。就像这两位著名的亲戚一样，木香花也是一种灌木，但是不呈直立状，而且比较高大，需要攀附在其他植物或支架上。老枝上的皮刺大而坚硬，小叶柄和叶轴上亦散生小皮刺，

这一点也与玫瑰和月季颇为类似。其花小，多为重瓣，多个小花聚在一起呈伞形花序。鲜见其果。

木香花在所有春花中开花时间较晚，约在四五月间，但是一旦花开，其味淡雅幽香，且能远播，因此人们又称之为七里香。

木香花是我国的特有植物，其栽培历史至少可追溯至明朝。明朝王象晋所著《二如亭群芳谱》中即有其栽种之法，并列出了其诸多品种，其中“惟紫心白花者为最香馥清远，高架万条，望若香雪”。此外，文震亨的《长物志》和李渔的《闲情偶寄》所载植物极少，但都不约而同地提到了木香花，足见其在明清时期已被广泛种植。

看到这里，北京的朋友们是不是有点羡慕忌妒恨了呢？是不是有一种冲动，想要马上买机票去昆明呢？其实用不着眼馋，因为北京也有，大都分散在各个公园及庭院，其中北海公园的木香架尤为出名。每年“五一”左右，木香架上叶翠花繁，香远益清。其花有黄白两色，白者“望若香雪”，黄者则如披锦，观者无不流连忘返。

可惜的是，王象晋所载“紫心白花者”现在已无踪迹，有没有可能是这一品种已经失传了呢？要回答这一问题，得下大功夫了。

文◎ 黄满荣

蒲公英

春夏之际，我们郊游的时候会在河边、路旁及田间看到蒲公英——细长的茎上驮着一个圆滚滚、白茸茸的小球。这时，许多人都会摘下一朵，高高举起，用力一吹，白色的茸毛便如同纷飞的小伞，飘向远方的天际。于是，我们在放飞愉悦心情的同时，也为蒲公英种子的传播助了一臂之力。这些与冠毛一起随风飘落的种子，如同天地间轻舞飞扬的精灵，遇到适宜的土壤和其他所需的环境条件，即可发芽生长。

这个像覆盖了一层雪花一样的小茸球，是蒲公英的标志，也是我们认识这种植物的一个最容易识别的特征。不过，在它的一生中还有很多其他的形态，就不是那么容易辨认了。

蒲公英是一种多年生菊科草本植物，一般株高20～40厘米。圆锥形的直根扎得很深，根系深长，侧根极少，一个根系上可着生一至数个植株。它是最早变绿的植物之一，每年春回大地的时候，生长在水分充足、土质松软的环境中的上一年秋天枯萎的蒲公英就开始返青变绿了。从根上长出的披针形的叶，无柄，簇生，叶缘有小小的锯齿，在地面铺散着，排成莲座状，由此它又有地丁等俗名，形象地说明了它与泥土的亲密关系。

蒲公英的叶全部茎生，有3～7层，内层的嫩叶先变绿，随后外层的才开始转变，并且绿中带有褐色，随着茎尖新叶的生长，外层老叶逐渐枯黄，但不脱落，残留在茎部外层慢慢腐烂。它的茎叶内含白色乳汁，掐断时就会流出，略带一丝苦味。因此，它有一个俗名叫奶汁草。

每年4月下旬，蒲公英就开花了。先开花的多为上一年的植株，而到9月才开花的则是当年的新生植株。在“莲座”之上，有一根长长的花茎从叶丛中伸出，花朵如菊花一般艳丽，也是顶生的头状花序，总苞钟形，总苞片覆瓦状排列，2～4轮，形状多样，因此蒲公英又有黄花苗、黄花地丁、黄花三七等俗称。在我国明朝早期朱橚所著的一部植物图谱《救荒本草》中，还赐予它一个名号：黄花郎。蒲公英在开花后20天左右可结实，瘦果长卵形，有4～5 条明显的纵棱。每个头状花序可结出约150粒针鼻儿大小的种子。结实后10天左右，种子成熟，随后随变态花萼散开。

蒲公英看似娇嫩，但繁殖能力极强，而且也是一种顽强的植物，有着蓬勃的生命力。所以，它有一个更为朴素、在乡村更为普遍的名字：婆婆丁。它对土壤要求不苛刻，在路旁、林间、林缘、荒地、山坡及家舍附近均可生长。此外，蒲公英在土中残留的根仍然可以发芽，再生出新的植株。

随风漂泊的蒲公英很有诗的意境，不仅是古今诗人吟咏的对象，也是画家创作的重要题材。其中，吴凡（中国版画艺术的代表人物之一）1958年应世界和平委员会的要求创作的水印木刻版画作品《蒲公英》被收入中小学美术教材，广为流传。作品中蒲公英的种子被小朋友吹向天空，也把祈求和平的心愿带到了世界各地。

蒲公英的习性在仿生学方面也得到了广泛应用。例如，以色列科学家运用纳米技术制造出了可以拦截地空导弹袭击的“蒲公英”电子纤维。不过，与蒲公英不同，这种纤维比钻石坚硬100倍，而且几乎无重，能够完全隐形地悬浮在空中，“编织”成一张巨型的看不见的“网”，从而使雷达引导的导弹“抓瞎”，无法进行有效攻击。

文◎ 李湘涛

蚯 蚓

北京夏天的雨后，会有很多蚯蚓从土壤中爬出来。蚯蚓大家都很熟悉，但是如果问你这是哪一种蚯蚓，估计大部分人就回答不上来了。

事实上，北京至少生活着11种蚯蚓，但比起我国已记录到的蚯蚓种数——306种（含亚种）——还是比较少的。这也难怪，因为北方的蚯蚓种类如果与南方相比，相差悬殊。

“蛐蛇”是北方对蚯蚓的俗称。不过，在北京“蛇”字要念轻音才正宗。密云区北部的冯家峪镇有一个蛐蛇梁，就是因为那里每到阴雨天多有蚯蚓爬出，故因此得名。

我们通常所说的蚯蚓指的是陆栖蚯蚓，在分类学上隶属于环节动物门寡毛纲后孔寡毛目。其中，北京最常见的是赤子爱胜蚓，身体呈红褐色，但各节间为白色，红白相间好似条纹，因此它又被称为条纹蚯蚓。

蚯蚓的一生都离不开土壤，是典型的土壤动物。它是农民的好助手，有“活犁耙”之称。经过蚯蚓的疏松后，外面的游离气体就容易进入多孔的土壤中，促使微生物滋生，有利于植物根系的发育，地面上的水分、肥料等也容易渗入。

长期在土壤中生活，蚯蚓的头部和感官都退化了，仅有体表感受器、口腔内感受器和光感受器。它的身体前端形成肉质突起的口前叶，在体腔液压力的作用下，口前叶饱胀，有摄食、掘土和感触的功能。身体各节上的刚毛是它的运动器官，在爬行时起支撑的作用。

蚯蚓在土壤中吞入的泥土，需要爬到土壤外排出，形成蚓粪，这就是人们在地面上见到的“蚓蝼”。成堆的蚓蝼是由蚯蚓有规律地排出粪土所形成的：先排在一侧，再排在另一侧，如此交替进行，最后形成塔状的蚓蝼。

钻穴时蚯蚓的头向下，但在出洞觅食或交配时，它的头端又转而向上。因此蚯蚓需要在很贴身的隧道里转弯才能做到这一点，这是一种很有趣的本能。蚯蚓值得夸耀的还有它的再生能力，当其身体受到损伤后，失去的部分能重新长出来。但其身体前端的再生能力要比后端的差。人们通常以为只有高等动物才具有学习的能力，但别小看蚯蚓，它在反复接受刺激后也能学会一系列的动作。赤子爱胜蚓就成功通过了科学家设置在一个“T”形长管里的“迷宫”考验。

蚯蚓虽然是雌雄同体的动物，即成年的蚯蚓同时具有雌雄两种生殖器官，但由于雌雄生殖器官成熟的时间不同，所以一般仍需要异体受精，只在偶然的情况下才会自我受精。

蚯蚓是杂食性的动物，它从环境中摄食各种东西，如腐烂的落叶、动物的粪便、腐烂的尸体、虫卵、苔藓以及地衣等。人们利用它的这种能力，使其在处理城市垃圾方面发挥了很大的作用。通过人工养殖蚯蚓来处理垃圾，不仅可以节约焚烧垃圾所需的能源，而且经过它们处理的垃圾还可以用作农田肥料，促进农业增产。蚓粪中含有能分解硫化物和氨气的放线菌和丝状菌，这些微生物能将硫化氢、硫醇和氨气等迅速分解成无臭的气体，也为防治大气污染开辟了一个新的途径。

文◎ 李湘涛

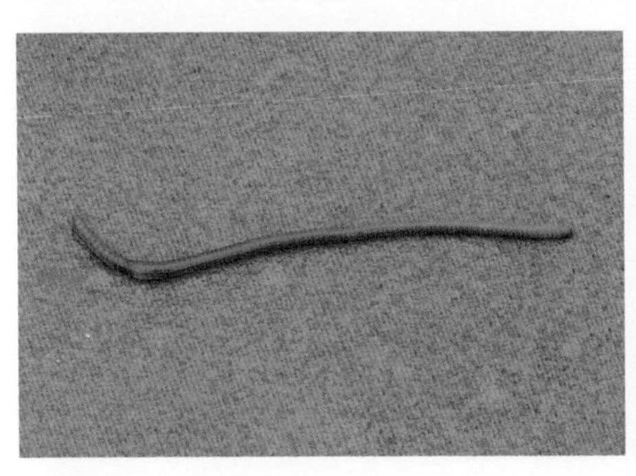

蠼螋

几年前，有一位北京市民带着几只细长条、尾部有两个“铗子”的虫子来到北京自然博物馆，说是在家里发现的，问我这是什么昆虫，是不是有毒，对人类有没有危害，还问虫子尾部的“铗子”会不会伤害到家里的小孩。我告诉他，这是一种名叫蠼螋的昆虫，没有毒性，也没有攻击性，不会伤害孩子，请他放心。其实蠼螋是很温顺的昆虫，遇到骚扰它们基本上是通过装死来逃避天敌的，只是在受惊时偶尔会举起尾铗吓唬一下对方，并不会真的去夹住对方。不过，蠼螋腹部的腺体能分泌特殊的臭气把敌害熏走。

因为带有尾铗，所以蠼螋也叫夹板子、夹夹虫、夹板虫、剪刀虫等。有些种类的尾铗外形很像古代妇女戴的耳环，因此人们又称它们为耳夹子虫。蠼螋尾铗的形状随种类的不同而有变化，甚至同种的不同个体，其尾铗的形状也可能有差异。北京的蠼螋种类主要有大蠼螋、蠼螋、大尾螋、弯螆螋、黑瘤螋、异螋、托球螋、达球螋等。蠼螋喜欢潮湿阴暗的环境，草坪、墙缝、树皮缝隙、枯朽腐木、落叶堆下、厨房、厕所都是它们喜欢待的地方。它们对光很敏感，喜欢在夜间活动，所以，当你在夜间突然开灯的时候，就会看到它们到处乱跑，吓人一跳。如果想要避免它们进入屋内，最好的办法就是保持家里通风清洁，尤其是厨房、卫生间的垃圾要尽早倒掉。

蠼螋属渐变态类型，一生经过卵、若虫、成虫三个阶段。一年发生一代。蠼螋的卵和低龄若虫与母体共同生活。当雌雄蠼螋完成交配后，雌蠼螋便开始大量进食，为体内卵的发育增加营养。然后，将要做“母亲”的雌蠼螋便选择一个适宜地点，用嘴和足在地表或地下做巢，作为自己的“产房”和“育儿室”。从产卵到卵孵化的这段时间里，雌蠼螋就像母鸡孵小鸡那样一刻不离地在这个巢里守候着它的卵。它将七零八落的卵衔到一起，集中堆放到一个地方，不食不动地卧伏在卵堆上，并且时不时将卵的表面清理干净，避免卵受真菌危害并保护卵不被捕食。卵孵化以后，每当夜幕降临时雌蠼螋便挖开洞口外出，为若虫觅食。为防不速之客闯进洞内伤害若虫，雌蠼螋爬出洞口后还会将洞口封上。若虫直到经过两次蜕皮以后才离开妈妈，独立生活。

蠼螋是一类比较古老的昆虫。但是，从雌蠼螋积极育儿的方面来看，也可以说它是带有一定社会性的昆虫。虽然它还无法跟分工程度更高的蜜蜂、蚂蚁等真正的社会性昆虫相比，但蠼螋的育儿行为，也许就是它们具有社会性的一种较为原始的表现吧。

雄蠼螋也有它的“过人之处”。有些雄蠼螋拥有备用性器官，也就是说一只雄蠼螋体内共有两根阴茎。由于它的阴茎很脆弱，一不小心就会折断，所以，当这一根出了问题的时候，还有另一根可以执行传宗接代的任务。或许这也是蠼螋这种古老的昆虫能够繁盛至今的一个原因吧。

文◎ 杨红珍

瑞香

北宋的陶谷在《清异录》中讲述了这样一个故事：江西庐山的一个和尚，有一天犯困，在一块大石头上睡着了，梦中闻到花香四溢，浓烈无比。及至醒来，四下寻找，发现了一种正在开花的植物，原来香味正是来自这里，因此他就将此树唤作“睡香”，并对周围的人讲述自己的奇遇。众人听了和尚的话后都啧啧称奇，认为这种花有祥瑞之兆，“睡香”之名难以体现这点，故又称其为“瑞香”。

这虽然是个故事，不一定当真，但是植物大家庭中真的有一位唤作“瑞香”的成员，而且它所隶属的科属也是“瑞香”，即瑞香科瑞香属。瑞香是一种常绿直立灌木，高可达两米左右，茎干表面光滑，小枝紫红色或紫褐色。叶片椭圆形至长圆形，互生。其花紫色或白色，具有浓郁的香气，数朵聚集成顶生总状花序。其果为核果，红色。花期3～4月，果期7～8月。

瑞香花开时节，也是诸花竞放之时，独其花香浓烈，冠盖群芳，故古时无数文人墨客对其厚爱有加，时有诗词咏之。宋朝毛幵有首《瑞香花》诗曰：“众妙与春竞，纷纷持所长。此花最幽远，如以礼自将。猗兰敢回步，檐卜亦退藏。”猗兰、檐卜之花均以香气见长，但都不及瑞香。

如果朋友们觉得毛幵似乎名头不够响，那么宋朝的杨万里应当是大家所熟悉的，他也写吟咏瑞香的诗句，光以《瑞香花新开》为名的诗就留下了五首，是不是有点夸张呢？其中一首云：“老子观书倦，昏然睡思来。梦中谁唤醒，牖外瑞香开。”意境竟与陶谷所述故事相似。

北宋时期的大文豪苏轼也有诸多与瑞香相关的诗句流传于世，其中一句“此花清绝更纤秾”将开白色花朵且浓郁芬芳的瑞香描写得活灵活现。他还有一首长诗《次韵曹子方龙山真觉院瑞香花》言：“幽香结浅紫，来自孤云岑。骨香不自知，色浅意殊深。……明朝便陈迹，试著丹青临。”瑞香开花后，不仅要吟之咏之，还要把它画下来，如此深情，果然不负东坡居士的风流之名。

事实上，不仅中国人对瑞香情有独钟，欧美人和日本人也颇爱之，正所谓“人同此心”。就像我们有关于瑞香的故事，西方也有关于它的传说。在古希腊《荷马史诗》中，河神女儿达芙妮因天生丽质而被太阳神阿波罗追求，但是却一直不为所动。有一次，她被阿波罗追得甚紧，万般无奈之下求众神相助，众神有感于其虔诚，遂将其变为一株瑞香树，这才摆脱了阿波罗的纠缠。

现在，带有各种传奇色彩的瑞香已在世界各地广为栽种，北京的各大公园当然也不例外。

我国历史上还有一个与瑞香有关的未解之谜。《楚辞·九章·涉江》中云：“露申辛夷，死林薄兮。”其中的“露申”究竟是什么植物？有人说可能是瑞香，也有人说是月季，还有人说是花椒，莫衷一是。那么，谜底究竟是什么？感兴趣的朋友也许能找到答案。

文◎ 黄满荣

食蚜蝇

我们对蜜蜂太熟悉了，在有花花草草的地方，随便瞥一眼，就知道有没有蜜蜂。我敢说，几乎所有的人都认识蜜蜂。就算是牙牙学语的孩童，也会从看图识字的书本里见到蜜蜂的模样。是啊，蜜蜂对我们的贡献太大了，我们喜欢它、爱护它。可是当我们惊扰它时，它那拼了命也要蜇人的天性也让我们害怕它。因此，我们在野外遇到蜜蜂总是远远地看着它。

有一次我的同伴在花间观察一只“蜜蜂”吸食花蜜，却不小心碰到了它。她心想完了，肯定被它蜇了，可是没有。虽然它的腹部也会左右摇摆做“蜇刺”状，但却没有蜇刺伸出来。我的同伴问我，它是蜜蜂吗？我告诉她，它的名字叫食蚜蝇，是双翅目昆虫。它的体态跟蜜蜂是那么地相似，腹部也有黄黑相间的条纹，飞起来的时候也跟蜜蜂一样发出“嗡嗡嗡”的声音……但是，仔细观察，它与蜜蜂还是有很多不同之处。它的触角很短，像麦芒一样，而蜜蜂的触角较长，而且是弯曲的；两只复眼也跟蜜蜂的复眼不一样。

虽然食蚜蝇跟蜜蜂像是一个模子里刻出来的，但是它跟蜜蜂的关系很远。倒是跟苍蝇、蚊子的关系很近，像兄弟姐妹一样。它们都只有一对前翅，后翅退化成了一对小棒槌形的结构，叫作平衡棒。食蚜蝇的后足细长，不像蜜蜂那么粗大，蜜蜂粗大强壮的后足需要携带花粉篮，而它不需要。

食蚜蝇这种全方位模仿蜜蜂的现象，我们称之为“拟态”。食蚜蝇的拟态，对它们的生存有着莫大的帮助。由于蜜蜂的腹末有螯针，又有“拼命”精神，那些喜欢食虫的鸟类，都知道蜜蜂的厉害，不敢轻易捕食。于是，食蚜蝇便得到了蜜蜂一样的待遇，难怪它敢大摇大摆地在外面觅食呢。

虽然食蚜蝇跟苍蝇、蚊子是一类，同属于双翅目昆虫，但是食蚜蝇却是益虫。食蚜蝇的成虫跟蜜蜂一样，是花儿的“媒人”，它的幼虫还是蚜虫的天敌。幼虫的胃口很大，可捕食上千只蚜虫，但只进不出。整个幼虫期它们只排泄一次，即在化蛹前一天排出累积在体内的所有废物。

文◎ 杨红珍

天坛公园

九龙柏

天坛始建于明永乐十八年（1420年），为明清两朝帝王祭祀上天、祈五谷丰登之场所。这里有各种树木6万多株，林木茂密，布局严谨，环境森然静谧，气氛肃穆庄严。壮美的祈年殿、神圣的圜丘、庄重的斋宫，都坐落在万千树木掩映中，形成独特的坛庙园林景观。

古树更是天坛的一大特色，共有3655株，多为明清两朝所植，主要有侧柏、桧柏、国槐，以侧柏最多。它们是历史的见证者，历经岁月沧桑和世事变迁而幸存下来，本身就是一大奇迹。许多古树树形奇特、姿态各异，仿佛是神奇造化的艺术珍品，在雄浑庄重的古建筑周围展示着卓然风姿。

在回音壁西北侧有一株非常奇特的老桧柏树，叫作“九龙柏”，株高十多米，胸径1.2米，相传是明朝永乐十八年所植，距今有近600年的历史。粗大的树干凹凸不平，好像经过雕刻一般。它自下而上长满了奇特的龙纹，犹如被群龙缠绕的龙柱。祈年殿东柏林内有一株柏树，树形状如莲花，故名“莲花柏”。这里的“槐柏合抱”则是鸟儿的“杰作”：在一株千年古柏的怀中，生长着一株古槐，两树相互拥抱依存、共同生长，历经100多年的风雨，至今依然健壮。原来，当初是鸟儿无意中将槐树的种子播入了柏树的树洞，然后自然生长而成的。

紫花地丁

天坛公园内还有小片零星的国槐林、核桃林、杜仲林、毛白杨林、油松林、白皮松林、银杏林和桧柏林。此外，北外坛的小叶朴、皂角树，百花园的野槭、马鞍槐，斋宫内的蜡梅、北京丁香等，都很有特色。园区内还开辟了百花园、月季园、丁香林、银杏圃等景区。

广阔的草地也是天坛的一大特色，主要由二年生和多年生的草本植物组成，共有150种左右。每到春季，古柏下大片的二月蓝绽放成花的海洋，花香沁人心脾，被人们誉为“香雪海”。

天坛公园“内坛苍璧、外坛郊园”，古树苍劲、新树茂盛的环境，也适于鸟儿的栖息生存。迄今为止，天坛公园记录到的鸟类已达166种，因此被选为首批“北京十佳生态旅游观鸟地”之一。

麻雀、喜鹊、灰喜鹊在公园内的数量占绝对优势，其中麻雀种群最大，它们筑巢于古建筑的屋檐下或路灯罩内，取食草籽和各种昆虫，冬季集群数量可达100 ~ 500只。喜鹊、灰喜鹊也随处可见。冬季除了上述鸟类以及大嘴乌鸦等喜欢集群活动的种类外，还有一种别具一格的冬候鸟——长耳鸮。此外，公园内有记录的还有红角鸮、纵纹腹小鸮等小型猫头鹰。

在公园内繁殖的鸟类有喜鹊、大斑啄木鸟、珠颈斑鸠、戴胜等。另外，几年前才在北京发现有分布的丝光椋鸟居然也

红嘴蓝鹊

开始在天坛公园内的柏树树洞中筑巢繁殖，可见它们已在北京成功地建立了野外繁殖种群。

在公园里能见到的鸟类还有黑尾蜡嘴雀、家燕、金翅雀、北京雨燕、白头鹎、灰椋鸟、锡嘴雀、银喉长尾山雀、黄腰柳莺、斑鸫、达乌里寒鸦、燕雀、棕眉山岩鹨、太平鸟、沼泽山雀、大山雀等。其中，灰椋鸟、戴胜、珠颈斑鸠、黑尾蜡嘴雀等地面取食种类的种群数量的增加，也反映了北京城市化进程的不断加剧。

虽然天坛公园内缺乏水域，但在其近邻的地方有护城河以及龙潭湖、陶然亭等北京市区内比较大的水域公园。因此，在天坛公园的鸟类记录中，不仅有从空中飞过和在园内落地停留的绿头鸭，而且还有白鹭、池鹭、夜鹭、大麻鳽等依水而栖的鸟类。

文◎ 李湘涛

暗绿绣眼鸟

乌 鸫

文冠果

在我国古代，衣着是一个人身份和地位的象征，不同官阶的人必穿样式或颜色不同的衣服，万万胡来不得。比如说宋朝的文官（宋朝主要是文官治国），最高阶的官穿紫袍，次之红袍，再次之绿袍，所谓“满朝朱紫贵，尽是读书人”也。据说宋朝的这种官服制度与一种植物密切相关，它就是本文的主角——文冠果。

文冠果，又名文冠花、文官果等，隶属于无患子科文冠果属（属下面只有这一个物种），是一种高2 ~ 5米的落叶小乔木。其奇数羽状复叶连柄长可达15 ~ 30厘米，花分雄花和两性花，同株，与叶同时抽出或先叶抽出。两性花花序顶生，雄花序腋生，蒴果椭圆形，具木质厚壁，成熟时顶部开裂，露出黑亮的种子。花期4 ~ 5月，果期8 ~ 9月。

文冠果的花很有特点。宋朝胡仔纂集的《笤溪渔隐丛话》后集卷第三十五有云：“花初开白，次绿次绯次紫。”也就是说，花的颜色随着时间的推移会发生变化，而变化的顺序正好与宋朝文官官服颜色随官阶升高而发生的改变相一致！这也许就是它又被称为文冠花的缘由吧。

关于文官果一名的来由，明朝万历年间的蒋一葵撰《长安客话》载有“唐德宗幸奉天，民献是果，遂官其人，故名”。由于此名颇为讨喜，有官运亨通之意，且其树春华秋实，花白果绿，颇有一番诗意，因此历来受到官员和文人的尊崇。北京

八大处公园栽植有文冠果，据传，全国各地的考生在考后等待发榜时就会相继来到此处，于树下祈求好运。

民间将文冠果视为神树，用文冠果油作为长明灯灯油供于佛前，因此人们在建造佛堂庙宇的同时，也会在建筑前后栽种此树。

关于文冠果的文化和传说相当丰富，甚至可以记录成册，囿于篇幅，且此止住。我们再来继续说说它的其他方面。

除了上面提到的八大处以外，文冠果在北京的其他各大公园和场所均有栽种，如天坛公园、北京动物园、颐和园及北京师范大学校园等处都可以找到它们娇美婀娜的身姿。这种美丽的植物自然也吸引了以前来华的传教士和植物学家。最早采集文冠果标本的是俄国植物学家亚历山大·冯·本格，他于1830年采集标本，随后发表了它的学名。1868年，文冠果的种子和树苗被法国传教士兼动物学家和植物学家阿曼德·戴维（Armand David）送到了巴黎植物园并种植于斯，此后便在欧洲扎根，受到了邱园皇家植物园的园长约瑟夫·道尔顿·胡克（Joseph Dalton Hooker）的赞誉。

文◎ 黄满荣

蜗 牛

“水妞儿，水妞儿，你先出那犄角后出头啊——喂——你爹你妈，给你买了烧羊骨头烧羊肉啊——喂——”来到北京不久，我就常常听到这首儿歌。据说，《水妞儿》是北京最具代表性也是普及率最高的儿歌，并且在东西南北城各有不同的流唱版本，其中的区别还包括结尾时用“哎”还是用“喂”。

“水妞儿”是“水牛儿”的北京话读音，说的就是蜗牛。是不是北京人认为它的样子像梳着两个犄角辫的小女孩儿，才这样叫的呢？我们不得而知。

蜗牛是一类最普通的陆生软体动物，全世界都有它的足迹。夏天一场小雨过后，在墙角、树下、蔬菜的叶子上以及草地上，都可能会出现很多蜗牛。蜗牛的种类也非常多，有大的，有小的，有长的，有扁的……不过，北京的蜗牛种类不算多，主要有条华蜗牛、灰巴蜗牛、江西巴蜗牛等几种，其中以条华蜗牛最常见。它个头不大，壳比较扁，其周缘有一条淡红褐色的色带环绕。它的主要鉴别特征还有在口缘的内侧有条白瓷状的环肋。

身背螺旋形的壳，是蜗牛的典型形象。有趣的是，不同种类，甚至不同个体，壳的螺旋方向也有所不同，因此有右旋蜗牛，也有左旋蜗牛。壳是与生俱来的，并且随着身体的长大而长大。换句话说，壳就是蜗牛的“家”。最早被形容住在“蜗居”中的人，据说是汉朝末年一位名叫焦先的隐士，但现在，拥有一个“蜗居”则是大多数“北漂”奋斗的目标。

“蜗行”是蜗牛的又一个典型特征，以至于网民对过慢网速也称之为“蜗牛网速”。蜗牛的腹面有扁平而宽大的腹足，由肌肉纤维构成。腹足不断地做波浪式收缩，在爬行时向后方伸展成舌状。在足的腹面前端中央有一个腺体，叫作足腺，能分泌黏液，使足保持湿润，以免在爬行时受到损伤，同时也使蜗牛在爬过的地方留下一条清晰的痕迹。

蜗牛的嘴生在头部腹面，嘴上有两对灵敏的触唇，嘴里还有颚片和齿舌。颚片只有一个，是咀嚼食物用的。齿舌是一个长形的几丁质带子，很像高等动物的舌头。不过在这个带子上还生长着很多排列整齐的小齿，其前端可以从嘴里伸出来刮取食物，如同人们所用的擦菜板一样，能将食物磨碎。蜗牛虽然是雌雄同体的，但由于精子和卵一般不同时成熟，所以不能够自体受精。

在《水妞儿》的儿歌中，“你爹你妈”给它买的大多是“荤菜”。但事实上，蜗牛多半只吃“素食”，所以常对农作物有害，就连条华蜗牛这样的常见种类，最近也在我国部分地区为害频繁。不过，每种蜗牛都有其自身特定的取食选择性，即便是同一种植物，对不同的品种、不同发育期及不同部位等都会有所选择。因此，人们可以考虑适当调整作物的布局，多栽培一些蜗牛不取食或取食量较少的作物，来减少蜗牛的危害。甚至还可根据蜗牛对作物取食量的大小，在田间种植蜗牛喜食的品种作为诱集植物，让它们上钩，进行集中防治，起到事半功倍的效果。

文◎ 李湘涛

乌 鸦

小嘴乌鸦

“老鸹”是北京人对乌鸦的称谓。不过，也许很多人都不知道，这些被称为“老鸹”的鸟类至少包括三种：小嘴乌鸦、大嘴乌鸦和秃鼻乌鸦。那么在野外如何区分它们呢？这个事情还真挺难做到，因为“天下乌鸦一般黑”。如果使用望远镜观察，秃鼻乌鸦算是比较好认的一种，其喙的基部裸露，呈灰白色。至于另外两种，教科书上是这样写的：大嘴乌鸦喙较粗，喙峰弯曲，峰嵴明显，额较陡突，后颈羽毛柔软松散如发状，羽干不明显；小嘴乌鸦体型稍小，喙较细，弯曲小，额不陡突，后颈羽毛结实而有光泽，羽干发亮。

我估计，如果不是观鸟达人，看了上面的描述就已经崩溃了。

这三种乌鸦都是留鸟，在北京也都很普遍，其中小嘴乌鸦的数量居多，不论山区还是平原都有。它们喜欢结成十余只至百余只的鸟群，有时在同一棵树上就黑压压地栖息着150多只。每年入冬以后，城区、近郊一带常会出现数千只“黑客”成片扎堆的情况。

不过，乌鸦并非“乌合之众”。它们的群体成员之间存在复杂的关系，并且能够通过综合分析伙伴的声音与姿态来相互识别，其群体也依靠着这种互相识别来维系。

乌鸦是一种聪明、好学的动物。在日本仙台，乌鸦会在路边观察，等红灯一亮就将核桃放在汽车前面，汽车开走后再去享受美食——它们竟然把马路上的汽车变成了自己的核桃碎壳机!

乌鸦的叫声为略带嘶哑的“啊——啊——”，粗厉而单调，常边飞边鸣。因此民间有“乌鸦头上过，无灾必有祸”“老鸹叫，祸事到”的说法。然而，乌鸦在古时也曾是吉祥鸟，历史上有“乌鸦报喜，始有周兴”的传说。在当时流行的“鸦占”中，它也是既主兆凶又主兆吉的。

乌鸦的正能量还体现在著名的“乌鸦反哺”成语故事中。《说文解字》中称乌鸦为“孝鸟”。另外，在道教名山——武当山，乌鸦也被奉为神鸟，不仅乌鸦岭上的“乌鸦接食”为“武当八景”之一，而且还建有乌鸦庙，供人祭祀。

乌鸦享受“最高待遇”是在清朝。这不仅源于仙女因吃了乌鸦衔来的朱果而生下满族人祖先的传说，还因为有努尔哈赤兵败逃亡时被乌鸦相救的故事。因此，乌鸦是满族的神鸟，数百年前“从龙入关”。在紫禁城的院内设有索伦杆（神杆），杆的下端镶在汉白玉夹杆石中，上端有一个碗状的锡斗，里面放置食物以饲喂“神鸦”。就连末代皇帝溥仪，小时候都要跪拜这个神秘的“祖宗杆子”。紫禁城里的乌鸦成了一大奇观：“每晨出城求食，薄暮始返，结阵如云，不下千万。”（《清稗类钞》）现在除了故宫、中南海一带外，还有万寿路、动物园、东单、崇文门、同仁医院和北京师范大学等主要的乌鸦聚集场所。其中，北京师范大学铁狮子坟校门内的乐育路素有“天使之路”“勤奋之路”的“美誉”。据说，在这里读书而没有被“天屎”（乌鸦的粪便）砸过是很遗憾的……

乌鸦原本就是杂食性的鸟类，城市每天产生的大量食品垃圾为它们提供了丰富的食物来源。而它们所带来的噪音和其他污染，也成为北京和世界上许多大城市的棘手问题。

针对乌鸦的种种“罪状”，许多市民纷纷献出“驱鸦”的“锦囊妙计”：有主张布“稻草人疑阵”的，有主张在郊外给乌鸦建“置换房”让其搬迁的，有主张“擒贼先擒王”“实施斩首行动”的，还有主张燃鞭炮、鸣汽笛以及放摇滚乐、跳广场舞的……

其实，人类想要控制城市乌鸦的数量，必须从自身做起，比如采用先进的垃圾处理设备、加强垃圾的管理等，方能取得理想的效果。

文◎ 李湘涛

无蹼壁虎

每当我晚上加班写作的时候,办公室纱窗上就悄悄地出现了一种伸着“小手”敏捷爬行的小动物，它，就是北京人常说的“蝎虎子掀门帘——露一小手”或“蝎虎子作揖——露两手”中的“蝎虎子”。

“蝎虎子”是北京乃至北方各地对壁虎比较通俗的叫法，带有鲜明的地域口语特点。而就全国范围来说，各地对壁虎的称呼则不下百种，说明这种常常伴人而居的小动物分布之广泛，以及人们对其熟悉的程度之高。

如此常见的动物自然不会被古人所忽略。在壁虎诸多的古代名称中，以“守宫”这个名字最为诡异。在金庸的小说《神雕侠侣》中，有小龙女被迷奸后手臂上的“守宫砂”便从此消失的描写。

我很怀疑点涂“守宫砂”这一做法是否真的实际操作过，宁愿相信这不过是在历史上逐渐形成的一种文化象征而已，就像新娘嫁妆里那个雕刻着“守宫”（收藏界称它为螭龙）的蒜头瓶。据说，在清朝单独兴建的后妃陵寝中，丹陛石最下端的“海水江岸”图案里都会雕刻一只“露一小手”的壁虎，作为“镇物”。就连慈禧太后“老佛爷”也对这个小动物畏惧三分，宁可破坏祖制，也坚决要让它在自己的陵墓中消失。

在生物学方面，壁虎最为人们熟知的有两大绝技：断尾求生和飞檐走壁。这两种能力也一直是仿生学家探索和追求的目标。

俗话说："壁虎尾巴——节节活。"壁虎在遭遇敌害时，会自己把尾巴断掉，不停跳动的断尾吸引了捕食者的注意，它自己却逃之夭夭，而且生还后不久，尾巴还能再生。这种奇妙的本领不仅启发了科学家利用干细胞来实现器官再造，还激发了工程师的灵感，设计出一款能自断伞把的"防丢失"雨伞。

"玩蝎虤虎子"是句北京土话，用来形容某人比较滑头。这句话可能源于壁虎高超的攀爬本领。它能在光滑的墙面或天花板上穿梭自如，甚至用一只脚在天花板上倒挂，并且不会在爬行过的表面留下任何痕迹。这种"飞檐走壁"的功夫靠的不是吸盘，而是壁虎脚底下数十万根直径为几百纳米至几微米、长度为100多微米的多级分叉的刚毛与物体表面分子之间产生的范德瓦尔斯力。而且，这种附着具有可逆性，可通过剥离来轻易打破，就像撕开胶带一样。

对壁虎这个本领的仿生学应用包括医用的强力绷带、足球和板球守门员使用的手套，以及让电影里的特工在摩天大楼的玻璃幕墙上一展身手的超级黏合剂——"壁虎皮肤"等。在墙壁上"行走"的"壁虎机器人"更是仿生学研究的热点。

出现在我办公室纱窗上的是北京市唯一有分布的壁虎——无蹼壁虎。它也是我国特有的物种，广泛分布于华北及周边地区。有人也许会问：它算野生动物吗？答案毫无疑问是肯定的，只是相比在我国南方的悬崖峭壁生活的大壁虎，它更多地生活在人类的住宅中，而它也许是许多城里人能见到且近距离欣赏的唯一一种蜥蜴类动物。

和其他壁虎一样，无蹼壁虎拥有一双大眼睛和一条长尾巴，只是其背部的颜色呈灰色，并有一些不规则的浅黑色横纹作为保护色，不像大壁虎的体色那样鲜艳。但这却使它能很容易地隐藏在居室环境中，不动声色地捕食各种害虫，使我们免受蚊叮虫咬之苦，堪称人类忠实的朋友。

文◎ 李湘涛

喜 鹊

喜鹊是大家比较熟悉的鸟类，它的体态潇洒风流，羽色美观大方，对自然界的美丽起到了点缀的作用。它在北京的平原、山区都有分布，出没于山脚、林缘、村庄或城里的大树、屋顶和公园草坪。平时它们多成对活动，但秋季有时也结集成较大的群体。

喜鹊是个多才多艺的“建筑师”。如果你有机会观察它的杰作——鹊巢，你一定会为其“天才的设计”和“精巧的工艺”拍案叫绝，叹为观止。

民间流传的“鹊桥”传说也反映了喜鹊的“建筑才能”。玉皇大帝用“画水作河”的办法，让牛郎在河东、织女在河西，但每年农历七月初七傍晚，就有一群喜鹊飞来，聚集在银河上，搭起一座美丽的鹊桥，让牛郎织女通过鹊桥相会。

喜鹊是留鸟。每到繁殖期时，成对的鸟常在飞行中追逐，或者在树梢上低声“说着情话”，雄鸟不时在雌鸟面前展示其漂亮的羽毛。在北京，二月份乍暖还寒的时候，就能见到喜鹊衔着树枝筑巢了。它不仅会摆弄枯枝、草茎，搞“木工”和“编织”的玩意儿，甚至还会抹灰泥，搞“泥水活儿”。它先在三根树杈的支点上堆积巢底，待铺到相当面积时，便站在中央沿四周垒起围墙，最后再到围墙上搭横梁。巢的内部则由较细的树枝、草茎组成，还细致地抹上了灰泥，铺设着鸟毛、植物纤维、兽毛、苔藓等混在一起压成的一床“弹簧褥子”。特别精巧的地方在于，巢的上面还有枝条编成的“屋顶”，周围有用枝条编成的“侧壁”（留有1～2个口供出入），真是既牢固又安全。

在北京，喜鹊的巢大多营建于毛白杨、加拿大杨、刺槐、法国梧桐、泡桐、国槐、柳树等高大的树上。有的巢还建在旗杆、塔及高压电柱上，甚至建在石景山游乐园翻滚过山车的铁架子上。随着人类复式结构住房的涌现，喜鹊的巢也“与时俱进”，在结构上发生了很大变化。在路边的大树上，有时会坐落着一幢四层高的“喜鹊楼房”，叠罗汉似地摞在高高的枝杈上。这是喜鹊多年积累的结果：第一年树枝上只有一个喜鹊窝，第二年以第一层鸟巢为“基座”，将“平房”扩建成了“二层楼”，第三年发展到“三层建筑”，第四年则成为高高的四层鸟巢。近年来，复式结构的鹊巢大有流行的趋势，在复式结构中，甚至还有横向并蒂状的巢……

我国民间历来有“灵鹊噪，喜事到”的传说。南朝诗人萧纪的《咏鹊诗》中有“今朝听声喜，家信必应归”的诗句，睹鹊而喜已成为文化常态，积淀于民族的习惯认知中。因此，“喜鹊登枝”常常被用来表示吉祥，诗画、对联等艺术作品也常以它作题材。喜鹊担起了报喜鸟的文化角色，成为我国传统文化中最重要的喜庆标志之一。

喜鹊天天都在喳喳叫，可是生活中哪会天天有好事？只是由于那些美丽的故事和传说，喜鹊的叫声才有了特殊的含义。喜鹊的叫声带给人们的是喜悦，是美丽的期望。但更重要的是，喜鹊捕食大量昆虫，能明显地降低害虫的数量，对抑制虫害和维持自然界的生态平衡具有相当重要的作用。

文◎ 李湘涛

蚜 虫

朋友家养了一盆漂亮的金菊，只有一株，只开一朵。大大的花朵，细细的花瓣，朋友每天下班都要去欣赏它、打理它。可是有一天，她突然发现，花瓣下面爬满了密密麻麻的小虫，一时间手足无措，便向我请教，原来她是碰上蚜虫了。其实，蚜虫在北京真是太常见了。在郊区的农田、路边、果园、菜园，市内的公园、花园，还有居民自家的小院子、路边的绿篱等有绿色植物的地方，都会有蚜虫的存在。而植物的嫩枝、嫩叶、嫩芽是它们最喜欢待的地方。只是因为它们太小，又常常躲在叶子的背面，所以很容易被忽略。之所以喜欢嫩的植物组织，是因为它们需要刺穿这些植物组织吸食里面的汁液，当然是越嫩越好了！

其实，只有专业人士才叫它们蚜虫，大家一般叫它们腻虫、蜜虫等。一听这个名字，就知道与甜的东西有关。事实就是这样。蚜虫吸取植物的汁液后，由于它们的身体发育只需要蛋白质等一部分养料，会将那些不需要的糖分通过腹部两侧的腹管排出体外。蚂蚁见到这种香甜的蜜露可高兴坏了，因为这种蜜露正是它们最喜欢的食物。蚂蚁会用自己的大颚把蚜虫的蜜露刮下来，然后吃掉。如果那时候蚜虫没有分泌蜜露，蚂蚁就会轻轻地敲击蚜虫的腹部，促使蚜虫分泌蜜露。仔细观察，也许你会在堆满蚜虫的叶子上发现一只或几只蚂蚁，它们从不打架，非常友好。蚜虫又小又弱，不能保护自己，有蚂蚁在它们身边，可以帮它们击退天敌。这真是一件两全其美的事！

蚜虫还有一个奇特的现象，就是在春夏两季时，它们过的是“女儿国”的生活，雌蚜虫不需婚配就可以生出小蚜虫。只有到了秋季，蚜虫才会过上“男耕女织”的生活。其实也说不上“男耕”，因为秋季生出的雄性蚜虫，有的甚至连嘴都没有。它们只是为了与雌性婚配，从而让雌蚜虫产出可以越冬的受精卵，然后便慷慨赴死。

蚜虫的繁殖能力特别强，一年能繁殖20 ~ 30代，而且成熟得很快，出生以后只需5天就能生育后代。可见蚜虫是靠数量来占领自然界的生态位的。

最近，科学家发现了蚜虫更为奇特的本领——它们有可能像植物一样进行光合作用！蚜虫是动物世界中唯一一种可以合成色素（类胡萝卜素）的成员，这种色素能够吸收来自太阳的能量，并用于自身能量合成。

文◎ 杨红珍

银杏

在我国众多古刹名寺的院落中，常常可以见到银杏的身影。它们枝繁叶茂，遮天蔽日，宛如巨大的绿伞，静静地守护着一方净土。

北京是一座拥有3000多年历史的古都，古刹寺庙众多，当然也少不了银杏树与之相依相伴。京西古刹潭柘寺内有一株古银杏树，高达30多米，距今已有1300多年的历史，清乾隆皇帝曾封其为“帝王树”。另外在金山寺、香山双清别墅、西山卧佛寺、元代镇国寺、五塔寺、八大处大悲寺、元代灵福寺、房山十字寺、房山铁瓦寺和怀柔金灯寺等许多地方均有古银杏树。

如今北京的许多公园、绿地和道路两旁都栽有成排的银杏树。在钓鱼台国宾馆东墙外、三里屯西五街东段、地坛公园北区、中山公园和清华大学等好多地方都有著名的银杏大道。秋天一到，树上树下一片金黄，真可谓是京城一大美景。众多游人前来观赏，络绎不绝。

银杏是裸子植物，隶属银杏科银杏属。银杏大约每年4月开花，雄树的球花很小，许多浅黄色的小花挤在一起，形如毛毛虫垂下的穗状物，植物学上称之为柔荑花序。夏季银杏枝繁叶茂，一根根细长的叶柄托起叶片，宛如众多绿色小扇子轻柔摇曳于风中，因此银杏又得“千扇树”之俗称。每年10月的金秋时节，雌树上就结满了形如果实的种子，外种皮起初为青绿色，成熟时橙黄如杏，表面被白粉。肉质的外种皮内含有许多可挥发的化学物质，有难闻的臭味。外种皮腐烂后，露出了白色椭圆形硬“果核”——俗称白果，银杏因此也被称为白果树。这层骨质的硬壳是中种皮。敲开中种皮后，才能看到藏在里面的“果仁”。果仁可以食用，但是必须经过加工处理，也不宜多吃，否则会引起中毒。

银杏的生长速度非常慢，要经过数十年的生长才能结出种子。在民间有“公公种树，孙子吃果”的说法，往往爷爷辈种下树苗，要到孙子辈才会结果，所以人们又称之为“公孙树”。

银杏树形挺拔俊朗，拥有优美独特的扇形叶片，一到秋天满树金黄，英姿飒爽，自古以来就深受人们喜爱。宋朝文豪苏东坡曾用“四壁峰山，满目清秀如画；一树擎天，圈圈点点文章”的词句赞美银杏。古人曾因银杏的叶片似鸭蹼而称之为“鸭脚树”。北宋诗人梅尧臣曾将“鸭脚”寄赠欧阳修，并作诗抒情：“鹅毛赠千里，所重以其人。鸭脚虽百个，得之诚可珍。”金秋时节，银杏叶变为黄色，随风飘落，地上、树上、空中均可看到金色的叶片，美不胜收。现代文学家郭沫若曾在散文《银杏》中描写了这种美丽的景色：“秋天到来，蝴蝶已经死了的时候，你的碧叶要翻成金黄，而且又会飞出满园的蝴蝶。”

银杏树是古老的孑遗植物。科学研究发现，银杏的祖先最早可能出现于2.8亿年前的早二叠纪，在北半球中生代晚期和第三纪早期，银杏类植物的多样性最为丰富。后来经过岁月更迭，环境变迁，银杏类植物在许多地方消失了，仅在我国华东的天目山地区存活下来。

如今多种栽培技术将美丽的银杏树送到了国内外的许多地方，银杏已成为走遍世界的“美丽使者”。

文◎ 徐景先

迎 春

惊蛰节气之后，北方的天气渐渐回暖，当气温稳定在10℃左右的时候，北京的街头巷尾、公园绿地，有一种叫作迎春的灌木植物便开始萌动生长。

随着气温的不断升高，它们丛丛簇簇干枯灰色的枝条，渐渐变绿变亮。枝条节上休眠的花芽开始生长，逐渐变大，长出了绿色的花萼，花萼内部伸出略带红色的花冠管，顶端不断膨大直至最后绽放出黄色的花瓣。刚开始零星几朵点缀枝头，几天后便是黄黄一片。扎眼的黄花，没有绿叶相伴，在这个乍暖还寒、色彩灰暗的季节里显得分外明亮。

迎春是一种使命感很强的植物，春寒料峭之时盛开，向世界宣告春天的到来，所以名曰迎春。宋朝韩琦在《迎春花》诗中写道："覆阑纤弱绿条长，带雪冲寒折嫩黄；迎得春来非自足，百花千卉共芬芳。"诗句描写了迎春不畏严寒，报春开放，迎来百花盛开。唐朝白居易也在《玩迎春花赠杨郎中》一诗中赞美迎春："金英翠萼带春寒，黄色花中有几般。恁君与向游人道，莫作蔓菁花眼看。"虽然迎春花在百花之中并不算是名流，但在人们的心目中早有地位。

在略带寒意的季节里，迎春黄灿灿的繁花满枝，舒展如带，故又名金腰带。面对成片的黄花，你可能要问了，好花要有绿叶配，怎么看不到它的绿叶呢？先开花后长叶是迎春生长过程中的一个明显的特点。与春季开花的玉兰、山桃、连翘等植物一样，迎春前一年分化生长的花芽萌发需要的气温相对较低，所以在气温较低的

初春，花芽率先萌发，叶芽只好默默等待更高气温的到来，于是便出现了鲜花满枝头而无绿叶相配的画面。这也是初春时节众多先花后叶植物献给我们的一大美景。

迎春的“身形”并不高大，是多年生低矮落叶灌木。茎直立或呈匍匐状，枝条下垂，宛如梳理整齐垂下的发丝，小枝四棱形。正是因为它的外形特征，园艺绿化时它一般被安排在林下路边，也常作为绿篱。初春时节缀满枝头黄黄的花朵，便是我们对迎春的印象。待到其他植物争奇斗艳之时，它却花儿凋零，长出绿叶，隐退江湖，之后将无人再关注它的模样了。宋朝刘敞《迎春花》诗中写道：“秾李繁桃刮眼明，东风先入九重城。黄花翠蔓无人愿，浪得迎春世上名。”看来迎春还是一种低调行事的植物，不与百花争春，只把春天来报。

迎春适应性强，喜光照，也稍耐阴。喜温暖湿润气候，也耐寒、耐空气干燥。无论土壤肥沃与贫瘠，均能生长。迎春花的栽培方式一般以扦插为主，养护管理也较为简单。正是因为它的这些特点，在全国各地均有栽培，成了家喻户晓的园林绿化植物。

初春时节，走向户外，避开那些光秃秃的大树，探寻一下林边路缘的低矮植物，或许你会看到绽放的黄色花朵，感受到春天的气息，那便是年年岁岁首先向人们报春的迎春花。

文◎ 徐景先

榆 树

榆树为高大落叶乔木，喜光，耐旱，适应性强，在我国各地均有种植。其根系发达，抗风力、保土力强，也是城市乡村的主要绿化树种。榆树又名榆、家榆，植物学中隶属榆科榆属。榆属植物在我国有21种，北京地区有7种。

初春时节，榆树便悄悄开花了。榆树的花很小，多为簇生，成聚伞花序，生于上一年生的枝条的叶腋处。整个花序仅有黄豆般大小，呈咖啡色球状。榆树的花是两性花，没有鲜艳的花冠，在叶片长出之前开放。干枯的枝条镶嵌着小小的球状花序，不细心的人根本看不到它的存在。只有经过树下，看到地上散落的球状花序，才晓得榆树开花了。虽然可能没有仔细观察过榆树的花，但我们对榆树的果实可是再熟悉不过了。

初夏时节，榆树的叶片尚未全部萌发，串串果实便率先长出了。榆树的果实很特别，属于翅果，近圆形，也有一些卵状圆形，果核位于翅果的中部，外围具有薄薄的果翅。风儿吹来，果实便借助风力飘向远方，寻找合适的地方生根发芽，长出新的植物。这种带翅的果实随风散播，是植物不断适应环境而演化出来的独特繁殖方式。榆树的果实一串一串挂在枝头，形如铜钱，所以得名榆钱儿。古代诗人常常描写榆钱儿在晚春时节飘落的情景，借物抒情，表达自己对逝去的春天的惋惜之情。

榆钱儿不但广为古代诗人赞美，在普通老百姓的生活中也曾经扮演过重要的角色。在过去物质匮乏的年代，人们经常把幼嫩的榆钱儿摘下，洗净，揉在玉米面里做成干粮食用，榆钱儿还可以清炒做菜。另外榆树的树皮纤维柔软，可以剥离制绳，替代麻而用。将树皮纤维磨碎制成粉，与面和在一起，就成了带有黏性的榆面，煮熟后爽滑味美。现在已经很少能吃到这样的吃食了。

榆树的树姿端正，形态优美，在我国有着悠久的栽培利用历史，是古代很多庄严场所常用的绿化树种。秦汉时期出现了我国历史上第一次大规模的植榆活动。《汉书·韩安国传》载："蒙恬为秦侵胡，辟数千里，以河为竟，累石为城，数榆为塞，匈奴不敢饮马于河。"这次种植的榆树成为抵御匈奴南下的绿色屏障。之后的历朝历代一直延续种植榆树的传统，规模不减。文献记载在明朝为防御蒙古族的侵扰，也曾经在边境上种植大量的柳树和榆树。

明清两朝，京城绿化造景中榆树的使用非常普遍。皇家的祭天之所天坛、皇家园林"西苑"、原为清代社稷坛的中山公园等地均有种植榆树的明确记载。北京城有很多地方以榆树命名，如丰台区的榆树庄，海淀区的双榆树、榆树林和榆树里小区，西城区的榆树馆，延庆区的大榆树镇和榆树堡等。

沧海世变，榆树已经和我们共同经历了数千年的风风雨雨。榆树被用于植树造景，被写入诗词歌赋，甚至成为老百姓餐桌上的食品，已经形成了一种独特的榆树文化现象，源远流长。

文◎ 徐景先

玉 兰

早春时节，在北京的各大公园内，人们总是会在一种开满白花的树前驻足，这种树就是玉兰。不等绿叶长出，玉兰便早早地绽放出娇嫩的花朵，散发出醉人的清香，预示着春天的来临。

玉兰，又名木兰、白玉兰、玉兰花、辛夷、望春花等。在明代以前，玉兰与木兰科几种亲缘关系较近的植物种类混称为“木兰”。关于玉兰的得名，明代《二如亭群芳谱》记载：“玉兰花九瓣，色白微碧，香味似兰，故名。”玉兰的栽种历史非常久远，距今已有2500年之久。南梁任昉在《述异记》提到“木兰洲在浔阳，江中多木兰树”，这是目前有关玉兰栽种的最早记述。玉兰经常出现在古代文学作品中，如屈原在《离骚》中有云“朝搴阰之木兰兮，夕揽洲之宿莽。”在唐宋和明清的文学作品中，亦有大量关于玉兰的描写。诗人王维的名句“多情不改年年色，千古芳心持赠君”更是生动地刻画出玉兰的“高洁之心”。《红楼梦》中亦曾多次提到玉兰，如“青松拂檐，玉兰绕砌”，可见当时在大观园内也种植玉兰树。

玉兰是木兰科木兰属的落叶乔木，树高可以达到25米，胸径能达到1米。但在北京很少能见到如此高大的玉兰树，市区各大公园和路旁的玉兰树最高不超过10米，胸径10 ~ 20厘米。玉兰的叶子通常是倒卵形的，叶片先端有短突尖，纸质，表面有光泽。玉兰花没有花萼和花瓣的区分，统称为花被。它的花被片总共有9枚，整体看上去颜色为白色，仔细看可发现花被片的基部常带些粉红色。每一枚花被片长约6 ~ 8厘米，宽约2.5 ~ 4.5厘米，这个尺寸在花卉当中属于超大级别的了，所以深受园林绿化者的青睐。玉兰花的9枚花被片密集排列，把花朵的核心——花蕊包裹在内。玉兰的雄蕊数目众多，形成了一个雄蕊群，长度大约是7 ~ 12毫米。被雄蕊群保护着的，就是这朵花最为核心的部分——雌蕊群，颜色为淡绿色，圆柱形，花柱呈锥状。

在春寒料峭之时，玉兰花便悄然开放，散发出阵阵幽香，因此又称应春花、望春花。玉兰的果期是8 ~ 9月，果实为蓇葖果，多枚小果着生在圆柱状的果梗上，颜色为褐色。果实成熟时会开裂，露出里面红色的种子。在木兰属中，与玉兰的形态特征相似的种类有辛夷、山玉兰、望春木兰等，这几种植物都是花香浓郁、花朵大而美丽的观花树种。

作为早春观花落叶乔木，玉兰从树姿到花形都很美观，它的花蕾在秋天已经形成，仿佛一个个毛茸茸的绿色小球。经过一个漫长冬季的蕴藏滋养，待到来年春天，它将不叶而绽花，盛花若雪涛落玉，莹洁清香，引宾客驻足、啧啧称道。

大觉寺位于京城西北郊，是北京早春观赏玉兰花的绝好去处。在大觉寺中保存着三株古玉兰树，其中一株栽种在寺庙南院的四宜堂前，据传是清乾隆年间从四川移栽过来的，已有300年树龄，树高可达10米，并且花繁瓣大、洁白香浓，是北京“古玉兰之最”。这些珍贵的玉兰古树，不仅是各地独特的自然和历史遗产，也已成为吸引众多游人流连驻足的著名景点。

文◎ 毕海燕

玉兰的果实

枳

我们常说，不怕神一样的对手，就怕猪一样的队友，这句话用来形容《晏子春秋》中的楚王再贴切不过了。春秋末期，齐国大夫晏子出使楚国。为了羞辱晏子，楚王的手下出了个馊主意。在欢迎晏子的酒会上，侍卫绑了一个人来见楚王。楚王问缘由，手下人回答道："这是一个齐国人，因犯盗窃而被抓。"于是楚王转头问晏子是不是齐国人都擅长盗窃，晏子很镇定地回答说："我听说橘树生长在淮河南边就是橘树，但是到了淮河北边就是枳树了，它们的叶子虽然长得非常相像，但是果实的味道却天壤之别，这是因为南北水土条件不同所造成的。我们齐国人生活得好好的，从来不偷东西，到了楚国就偷起东西来了，莫非是楚国的水土条件造成的？"这么一席话，反倒使得楚王受辱。后来，明朝的冯梦龙在《喻世明言》中将这个故事归纳为四字短语"南橘北枳"。另外一个成语"橘化为枳"则通常用来形容人由于受到环境的影响而变坏。

其实，楚王要是懂点植物学知识就好了，不会那么容易被晏子反戈一击而处于尴尬的位置。因为晏子说的橘和枳根本就不是同一种植物，他的类比完全不成立。

橘和枳都是绿色而分枝多的小乔木，

枝条上具刺，叶片椭圆形或宽卵形，因此乍看之下很相似。它们都是芸香科的成员，但是橘隶属于柑橘属，而枳隶属于枳属。那么如何区别橘和枳呢？晏子说出了一点很重要的区别，就是果实大不相同。橘的果实肥厚多汁，酸甜可口，枳的果实则肉质干涩，虽有香味但几乎没人去吃它。另外，虽然叶片初看相似，其实也不一样，橘的叶片是单叶，叶柄靠近叶片的部分即翼叶窄，常绿，冬天不落叶；而枳的叶片是复叶，每个叶柄着生3片小叶，到冬天的时候叶片就掉光了。

我国古代文献对枳多有记载，如战国末期《山海经》中载有“北岳之山，多枳棘刚木”。但是一些文献中的枳其实是橘，例如大名鼎鼎的《本草纲目》中的枳，根据其插图看，应当是柑橘属的植物。这么看来，楚王和晏子橘枳不分也就不足为奇了。

枳虽然不属于柑橘属，但它又称为枸橘，该名称始见于南宋韩彦直的《永嘉橘录》。韩彦直的父母是妇孺皆知的抗金英雄韩世忠和梁红玉，他于淳熙五年（1178年）编撰完成的《永嘉橘录》是世界上第一部柑橘学专著。

尽管没人会去吃枳的果实，但它们是传统的中药材，被称为枳实。从我国最早的药学著作《神农本草经》到《梦溪笔谈》以及明清时期的药学文献对此均有记载。

北京的天坛、北海及紫竹院等公园均栽种有枳，有兴趣的读者可以去看看，试着找找它与橘的区别。

文◎ 黄满荣

蜘 蛛

北京有多少种蜘蛛？恐怕很少有人能说得清楚。迄今为止，北京已发现的蜘蛛至少有20种，而且它们的生活习性花样繁多。例如，小型的长踦幽灵蛛喜欢在屋内阴暗的角落里结不规则的网，雌虫有把卵囊衔在口里的护卵行为；“大肚”好似圆球的温室拟肥腹蛛常在花房、温室或地窖里结网；体色鲜艳的三角皿蛛，也叫华盖蛛，能结三层网，并利用丝线的飘荡进行远距离迁移；在潭柘寺蜘蛛峰的松林里结网的库氏棘腹蛛，坚硬的腹部上有六条棘刺，上面还有人面花纹，连鸟儿都怕它；还有一种蜘蛛名为棒络新妇，也叫“女郎蜘蛛”，这个名字的本意是日本传说中的妖怪，其雌雄个体的大小相差悬殊，在房山琉璃河一户人家的房后曾发现过一只雌蛛，有小碗口那么大。

不过，人们更熟悉的还是那种在屋檐下结八卦形网的蜘蛛。“南阳诸葛亮，稳坐中军帐，摆起八卦阵，单捉飞来将。”这个谜语指的就是大腹园蛛，它也叫檐蛛，身体为黑褐色，背甲扁平，胸板中央有一个“T”形黄斑，周缘有黑褐色轮纹。

如果说，蜘蛛是世界范围的“网主”，大腹园蛛就是中国的“网霸”，在南北各地都有它的地盘。在北京，无论是屋檐下、庭院中，还是胡同口、桥洞内，乃至野外的树丛间，到处遍布它的大型垂直车轮状圆网。

蜘蛛最拿手的绝活就是织网。在它的腹部后端有三对纺织器。液状的丝汁从纺织器的纺织腺内产生，通过纺织突的很多小孔分泌出来，遇到空气就变硬成为一根蛛丝。蛛丝纤细、坚韧而有弹性，大约只有头发的十分之一粗细，强度是钢丝的5倍，延展性是尼龙的30倍。它的质量很轻，一条长度能够环绕地球一周的蛛丝其重量却只相当于一块肥皂。蛛丝是由蛋白质纤维和水分组成的：蛋白质使它具有一定的强度，水分的表面张力使它具有弹性。有趣的是，蜘蛛网的大小还跟它们的年龄有关，随龄期增长而加大。蜘蛛除卵期和当年1、2龄若蛛期不结网外，生活完全依赖于网。网是它取食的重要工具，但却不是休息场所。白天休息时，蜘蛛躲在蛛网附近的植物枯叶或树缝内，晚间定时出来做网捕食，如遇昆虫落网挣扎，就立即从隐避处赶来泌丝将其捆绑在网上，或拖回暗处吃掉。

雄性蜘蛛没有阴茎。交配时它们会把精子挤在一个专门的精子网上，然后再把精子吸进一对专门用于生殖的特化的“须肢”里。交配时，须肢携精子插入雌性蜘蛛身体相对应的狭缝里，扭动并锁死在里面。对于雄性蜘蛛来说，把须肢插入雌性的体内是一项非常危险的工作，因为雌性的体型更大。交配前，雄蛛要在雌蛛的网旁停留3～4天，交配时经多次靠近、相交后，就会立即离开雌蛛。因为它知道一旦交配完成，自己有可能瞬间就被雌蛛泌丝捆绑吃掉，成了短命的“新郎”。

在日常生活中，有人讨厌蜘蛛，还有人害怕蜘蛛，甚至有人认为它是“五毒”之一。其实，“五毒”的名单中并没有蜘蛛。在我国的1000多种蜘蛛中，毒性较大的仅有数种而已，而且北京当地的蜘蛛毒性都很小，基本上都不会对人产生伤害。蜘蛛在生态系统里扮演着不可或缺的角色，假如世界上没有蜘蛛。我们人类将会完全淹没在昆虫的海洋里。

事实上，在我国传统文化中，蜘蛛有很多美好的寓意。蜘蛛谐音“知足”，象征着知足常乐；蜘蛛有八条腿，寓意财源滚滚、八面来财；蜘蛛的外形很像“喜”字，所以又称亲客、喜子、喜母、喜虫等，代表喜讯来临；如果蜘蛛在网上沿着一根蜘蛛丝往下滑，则表示“天降好运”。此外，它还有一个奇怪的名字，叫“壁钱”，意思是会在墙壁上走动的钱。

文◎ 李湘涛

珠颈斑鸠

就在我写这篇文稿的时候，窗外传来一阵阵斑鸠的叫声。我起身，悄声静气地靠近窗户，透过玻璃向楼下张望——并无它们的踪迹，可是“鹁鸪鸪！鹁鸪鸪！”三声一度的声音却越来越响亮。一扭头才发现原来一对斑鸠“伉俪”正在离我不足3米远的邻家窗台上“腻歪”呢。

斑鸠出现在居民楼阳台上已是常见的现象。几年前媒体就报道过，它们向麻雀“学习”，在丰台区一户人家的窗外筑巢产卵，让这家好心人大热天都不敢开空调，生怕惊扰了这对不请自来的“房客”。

北京的斑鸠有4种：山斑鸠、灰斑鸠、火斑鸠和珠颈斑鸠。它们的体型都跟家鸽差不多大，形态相近，但各具特点。其中，珠颈斑鸠最好认，淡粉红色的后颈上有宽阔的黑色领斑，其上洒满了细小的白色斑点，好似珍珠，它也因此得名。它还有一个更有趣的俗名——花脖斑鸠。

在我居住的小区，珠颈斑鸠已经悄然成为第一常见的鸟类，数量超过了喜鹊、麻雀和灰喜鹊。因为它们不如这些鸟类活动范围大，只是在小区院子里及附近地带活动，或在地面上漫步、觅食，或在树丛间飞行。当珠颈斑鸠飞起时，可以看到它们尾羽末端的白斑，十分显眼。

不过，知道它名字的邻居似乎并不多，总是不断地有人问我它是不是“布谷鸟”。这也难怪，人们如果听过布谷鸟——大杜鹃的叫声，是不会把它们混淆的，但布谷鸟在北京城区却很少出现。事实上，古人也会把它们搞混。斑鸠的古称为“鹁鸪”，于是有人望文生义，拟其声为“播谷”，这样就跟布谷鸟混为一谈了。

民间还认为珠颈斑鸠的叫声能为人们唤来贵如油的春雨。陆游有诗云:“村南村北鹁鸪鸣，小雨霏霏又作晴。”不过这只是个巧合而已。春夏之交，珠颈斑鸠的叫声此起彼伏，其实是它们的求偶方式。

雄斑鸠求婚时，如果在地面，它们就在雌斑鸠的周围跳慢步舞，或者原地旋转，不停地向雌斑鸠鞠躬鸣叫。这种步伐很有节奏，每跳五步，微微鞠躬一次。鞠躬时颈向上伸直，随后低头，将颏和喙贴在颈上，颈部收缩，之后膨出，最后还原为颈部耸立。如果栖息在树枝上，雄斑鸠就在雌斑鸠身旁低头鸣叫，并上下抖动外侧甚至两侧的翅。有时雄斑鸠还要展翅高飞，直冲云霄，然后敛翼翻身，随即展翅张尾、滑翔降落在雌斑鸠的跟前，并继续鸣叫，以求得它的欢心。

如果两情相悦，雌斑鸠就会很快发出同样节奏的“应答声”，比雄斑鸠的略微尖细。此后，它们便开始了一唱一答的轮唱。“公母俩”（北京方言，指一对夫妻。在发音时，“公母”两个字要短而急促，不能清楚地说成“公”“母”“俩”）在一个地点连续鸣唱多次后，它们还要飞到另一个地点继续轮唱。

珠颈斑鸠的求婚表演是如此丰富多彩，所以古人用它比喻爱情。“桑之未落，其叶沃若。于嗟鸠兮，无食桑葚。于嗟女兮，无与士耽。”在这首《诗经·氓》中，古人认为斑鸠吃多了桑葚就会醉倒，并以此来比喻女子过度沉迷于爱情就会神魂颠倒、迷失自我。

珠颈斑鸠“伉俪”自然不会只沉迷于爱情，因为它们还有“传宗接代”的重要任务。不过，它们的巢简单到了仅用稀疏的几十根柴棒横竖搭置即成的地步，人站在树下甚至都可以从底部的缝隙中看见窝里有几枚蛋。不过，巢虽然简陋，但它们对后代的抚养是尽职尽责的。

在我国传统文化中，斑鸠不仅象征爱情，还象征着敬老爱老。一种古老的鸠杖，就是将扶手做成斑鸠形状的手杖。鸠杖大多为木雕或青铜制品，造型古拙典雅，在先秦时期就是长者地位的象征，汉朝更是以拥有皇帝所赐的鸠杖为荣。

文◎ 李湘涛

紫薇

紫薇，一个充满诗意的名字，其微小的花朵给人一种弱不禁风的感觉。宋朝诗人杨万里以诗道出紫薇花的美态："似痴如醉丽还佳，露压风欺分外斜。谁道花无红百日，紫薇长放半年花。"明朝薛蕙也写过："紫薇开最久，烂漫十旬期，夏日逾秋序，新花续故枝。"诗句总结出紫薇的特征：花朵颜色十分鲜艳，花期很长，耐旱耐热。

早在唐朝便有关于紫薇的记载，岑参在《寄左省杜拾遗》一诗中写道："联步趋丹陛，分曹限紫微。晓随天仗入，暮惹御香归。"可见紫薇很早以前就被广泛栽植。紫薇又称百日红、痒痒树。百日红指的是它的花期很长，长达百日；痒痒树则很传神地反映出紫薇"怕痒"的特性。只要被人轻轻抚摸一下，紫薇便会枝摇叶动，浑身颤抖，甚至会发出"咯咯"的响动声。它"怕痒"的反应，实在令人忍俊不禁。紫薇的树干年年生表皮，又自行脱落，表皮脱落以后，树干显得新鲜而光

滑。北方人称它为猴刺脱，意思是树身太滑，连猴子都爬不上去。

紫薇是被子植物，属于千屈菜科，是落叶小乔木，有时呈灌木状，高3～7米，树干光滑，树枝呈四菱形，叶子以长椭圆形为主，光滑无毛或沿主脉上有毛。其枝叶会随微风摇动，“舞燕惊鸿，未足为喻”，是著名的木本观赏花卉。它的花期长达3个多月，为6～9月，而果期则为9～11月，可算是夏秋季重要的观花树种。盛夏时节，酷暑难耐，紫薇却绽放着它们的笑脸，给这个夏日增添了一抹亮丽和生气。光秃秃的树皮在炙热的阳光下暴晒着，枝条的顶端却开出许多色彩鲜艳的花，让人看了不免对它产生几分敬意。

紫薇每朵花有6枚花瓣，花瓣皱缩如同皱纹纱。若以花色区分，紫薇可分为4类，分别是红薇、白薇、紫薇，以及紫中带蓝的翠薇。

紫薇主要分布于亚洲东部、东南部、南部的热带和亚热带地区，我国大部分地区均有栽培，适应力很强。北京的许多公园均有种植。它热爱阳光，喜欢温暖潮湿的天气，对二氧化硫、氟化氢及氮气的抗性强，能吸入有害气体，是城市绿化最理想的树种之一。

文◎ 毕海燕

郊 区

暗褐蝈螽

《西游记》中“真假美猴王”的故事里，六耳猕猴模仿孙悟空简直到了出神入化的程度，就连观音菩萨也分不清谁是谁。现实生活中，“模仿秀”也屡见不鲜。在动物界里，也有一些昆虫长得非常相像，害得我们人类傻傻分不清。

记得一年初夏，我的一个朋友给自己的小孩买了一只蝈蝈，拿回家以后发现有点不对劲——它的叫声怎么跟早先听过的蝈蝈叫声不一样呢？一般蝈蝈的叫声是“扎扎扎”的声音，怎么现在听着像“吱拉吱拉”的，而且也没有那种敲击金属的感觉。我就问这位朋友是不是这只蝈蝈的翅膀很长，超过了身体，他一看，果然让我给说对了。原来，他用买蝈蝈的钱买了一只“吱拉子”！

吱拉子因为它的叫声而得名，但它的声音并不是真的“叫”出来的，而是通过一对前翅相互摩擦发出的。它的正式名字叫作暗褐蝈螽，是直翅目螽斯科的昆虫。它与蝈蝈长得非常相似，只是个头稍微小一点，最明显的不同就是它的翅膀要比蝈蝈长得多。吱拉子的体色基本上是绿色夹杂着褐色，翅膀的颜色多样，有褐色、青色、紫色和绿色等。它的叫声没有蝈蝈那么动听，喜欢的人很少，所以售价不高。

蝈 蝈

在北方，吱拉子比蝈蝈出现得早，一般在5 ~ 6月份就会大量出现，于是有人将它们捉来冒充蝈蝈出售。也有一些精明又残忍的小贩，他们会把吱拉子的长翅剪短后售卖，这下一般人就更容易上当了。

除了长得像蝈蝈，吱拉子的嘴也跟蝈蝈几乎一模一样，如果不小心碰到它，那对“獠牙”会让你尝到剧痛的滋味。虽然吱拉子的叫声细直而单调，但在其他鸣虫还没有出现的时候，它的叫声也可以烘托一下初夏的气氛，告诉我们夏天马上就要到了。

吱拉子在我国各地广泛分布，北方尤其多，在北京的山区也很常见。它能飞善鸣，一年发生一代，以卵越冬，第二年初夏幼虫孵化，会经历几次蜕皮，最后一次蜕皮后翅膀完全长成，成为会鸣叫的成虫。

因为它的翅膀比蝈蝈长，有较强的飞行能力，所以也叫长翅蝈蝈、飞蝈蝈。另外，它还有山叫驴、老叫驴、夏歌、夏叫、花叫等很多俗称。

文◎ 杨红珍

百灵

蒙古百灵

北京人所说的“百灵”一般是指蒙古百灵，属于小型鸣禽，比麻雀体型稍大。与其美妙的歌喉相比，百灵的羽色略显逊色，基本上没有多少艳丽的颜色。它的头顶中部为棕黄色，周围呈栗红色，有棕白色的眉纹，上体栗褐色，下体白色，上胸两侧则各具一个黑色的块斑。此外，在北京野外能见到的百灵种类还有凤头百灵、角百灵、小沙百灵、短趾沙百灵和云雀等。它们在北京大多为候鸟，也有留鸟。在这些种类中，大部分都是以“素颜”来面对世界的，只有个别种类有一些小“饰物”，如凤头百灵头顶有一簇细长而高耸的黑色羽冠，角百灵则在头顶两侧各长有一只精巧的小“角”。

百灵有两项殊荣：“舞蹈家”和“歌唱家”。

拥有这两方面的超强本领，百灵的“婚礼”仪式自然办得隆重而精彩。“婚庆”的场地就安排在它们世代生活的大草原上。让人类羡慕不已的是，这块场地不仅大地广袤无垠，绿草如茵，而且还有更为辽阔的天空。因为它们不仅善于在地面快速奔跑，也是空中飞行的高手，更身怀绝技，那就是起飞时不用助跑，而是拔地而起，直插云端，并且边飞边鸣，从而产生“只闻其声，不见其踪”的奇妙效果。

蒙古族民歌“百灵鸟双双地飞，是为了爱情来唱歌……”真实地表达了百灵的心声。蓝天白云之中，雌百灵和雄百灵一起在空中歌舞，兜着圈儿穿梭不停，仿佛整个草原和天空都是它们这一对“伉俪”的世界。尤其令人叹为观止的是，百灵还有在空中“悬停”的技巧，好似飞行时突然在空中定格了一样。

百灵是草原的代表性鸟类，常呈小群活动，迁徙时也结成大群。配对一般在早春开始，然后它们在地面的草丛中筑巢。巢呈杯状，由草叶和细蒿秆等构成。百灵的卵很好看，一般底色棕白，上面散缀淡褐色的斑点。刚出壳的雏鸟赤身裸体，7天后才睁开双眼，审视外面的世界。百灵是杂食性鸟类，喜欢在地面取食。草原上的各种草籽、嫩叶、浆果以及昆虫为百灵提供了丰盛的美味。伴随着第一窝雏鸟的成长，有些亲鸟还会抓紧时间“生养二孩”。

沙浴是百灵最喜欢的运动，尤其是在炎热的夏天。沙浴不但能降低体温并清除身体上的污物，还可驱除体外的寄生虫。百灵在沙浴时，全身羽毛蓬松竖立起来，以双翅和爪子不断地拨起沙子，撒到全身的羽毛里，然后抖动身体，并以双翅不停地拍打，再将沙子抖离身体，如此反复多次。

百灵的鸣声多样，婉转动听，曾经是老北京“玩鸟”文化的一个重要组成部分。遗憾的是，百灵嘹亮悦耳的歌声却为它们带来了噩运。一些唯利是图的人开着汽车，潜入草原，大量捕捉百灵，运往外地销售，很多鸟儿就在颠簸的路途中死于非命。由于盗猎活动十分猖獗，野外的百灵数量正以惊人的速度锐减。

文◎ 李湘涛

凤头百灵

角百灵

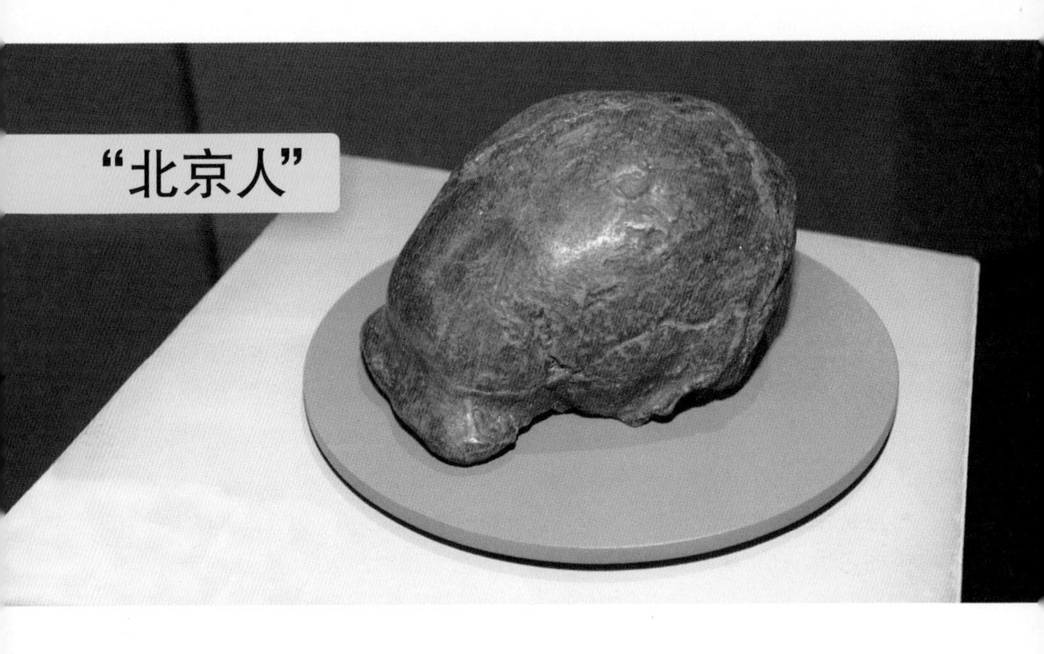

“北京人”

在距北京市中心约50公里的房山区周口店有一座由石灰岩构成的小山，因盛产“龙骨”（即动物化石）而得名“龙骨山”，更由于“北京人”化石的发现而成为世界瞩目的一座名山。

龙骨山的石灰岩岩层非常厚，由于地壳运动，形成了许多的褶曲。石灰岩很容易被水溶解，于是在山上形成了许多洞穴或裂隙。位于龙骨山北坡、后来被命名为“猿人洞”的一个大岩洞就是“北京人”的“家”。

1929年12月2日，是我国乃至世界古人类学史上极其重要的一天。当日下午4点多钟，裴文中在龙骨山的这个大岩洞里亲手发掘出了第一个“北京人”头盖骨化石。这个消息立即成了当时的爆炸性新闻，这一发现也成为人类起源和进化研究的里程碑，在世界上产生了巨大的影响。

1936年，贾兰坡又先后在“猿人洞”发现了三个完整的“北京人”头盖骨化石和一个完整的人类下颌骨化石。

“七七事变”后，这些珍贵的“北京人”化石被存入当时属于美国机构的北京协和医学院，由中美学者共同创建的“中国地质调查所新生代研究室”暂时保管。四年后，这五个“北京人”头盖骨化石被装进两个木箱里运往秦皇岛，准备搭乘“哈里森总统号”轮船去往美国。遗憾的是，这艘轮船在开往秦皇岛的途中正好赶上太平洋战争爆发，被日本人击沉于长江口外，负责携带这批化石的美国军医也被日军俘虏。“北京人”化石就此失踪，成为考古学史上的世纪疑案。

万幸的是，在转移之前，古人类学家已为五个头盖骨标本都复制了逼真的模型。1966年，裴文中又在“猿人洞”里挖出了第六个“北京人”头盖骨，包括属于同一个体的两片额骨和一片枕骨。

“北京人”是生活在距今70万~20万年、旧石器时代的早期人类。他们过着以狩猎为主的洞穴生活，能够制造和使用粗糙的石制工具，并已学会用火取暖和烹煮熟食。

1930年和1973年，在“猿人洞”上方的龙骨山顶部，以及“猿人洞”南斜上方100米处，还分别发现了生活在距今1.8万~1万年的“山顶洞人”遗址和距今15万~10万年的“新洞人”遗址。

在龙骨山上发现的一系列化石，涵盖了直立人、早期智人和晚期智人三个发展阶段，构成了一个连续的古人类演化序列，这在古人类遗址中是绝无仅有的。

文◎ 李湘涛

“山顶洞人”遗址

北京植物园

在北京海淀从香泉环岛通往香山的香山路南侧，有一座环境幽雅、游客寥寥的植物园，“东望玉泉，西接香山”，这就是中国科学院北京植物园。这里学术气氛浓郁，却经常被游客误认为是一个冒充北京植物园的假景点。无奈之下，工作人员在大门口挂上了这样一个令人哭笑不得的标牌：“本园是中国科学院北京植物园，和北京植物园无关。门票售出，概不退换。”

事实上，中国科学院北京植物园和位于香山路北侧的北京植物园是一对“孪生兄弟”，俗称“南植”和“北植”。20世纪50年代中期，北京植物园开始创建，当时以满足科学研究与普及教育两方面的需要为原则，将全园分为两个大区，南部以科学研究及专业参观为主，北部供游人参观、教学实习之用。在后来的发展历程中，北京植物园几经周折，最后形成了现在“南植”“北植”的格局，但原来的设计初衷却一直没有变。

在“南植”这个宁静寂寞却又丰富多彩的植物殿堂中，栽培着各式各样的花草树木。大门口有3棵特别高大的雪松，它们是1959年就定植于此的，当年只是3株小苗，高不过2米，如今已是一组参天大树。园内各区的名称也颇具学术特点，如“裸子植物园”“壳斗植物园”“藤本园”“本草园”等。这里最珍贵的植物，无疑是位于“球根植物园”和“宿根植物园”之间的一片水杉林。

由植物展览区、名胜古迹区和樱桃沟自然保护试验区三部分组成的“北植”则

蜡 梅

很热闹，每天都有众多游人参观游览。每年一开春，这里就成了花的海洋。迎春、玉兰、桃花、郁金香、丁香、海棠、牡丹等次第开放，桃红柳绿，姹紫嫣红。而每年举办的月季文化节、菊花文化节、荷花展、兰花展、盆景展等各类展览更是四季添彩。

卧佛寺是北京现存最古老的寺庙之一。它始建于唐朝，至今已有1300多年的历史。寺内有蜡梅、银杏、七叶树、侧柏等姿态古朴的古树名木，供游人观赏。

位于“北植”西北角的樱桃沟，为两山所夹的溪涧，明朝于山涧两旁遍植樱桃树，因而得名。这里山花烂漫，溪水淙淙，奇石突兀，富于野趣，宛若世外桃源。据说，曹雪芹晚年移居西山黄叶村（即今天的“北植”内），并在这里开始了他的创作生涯，离家不远的樱桃沟则是他经常散步的地方。

在良好的自然条件下，樱桃沟除保留了许多珍稀植物种类外，还有大片古柏林及少量油松、白皮松、七叶树、桑树、香椿、臭椿、槐树、楸树等古树，构成了高大的杂交林。林间成片栽植黄槽竹、金镶玉竹和京竹，树下还有牡丹、杜鹃、迎春、樱花、榆叶梅、珍珠梅、黄刺玫、连翘、丁香等花灌木和多年生草本植物，形成了复层的混交植物群落。

20世纪70年代中期，樱桃沟溪谷中植入了300株水杉，如今这片葱郁的水杉林已经成为进入樱桃沟花园的序曲。

文◎ 李湘涛

丁 香

麦 李

蝙蝠

2009年，我国各地纷纷评选具有本土特色的动植物作为当地的“生物名片”，而北京评选出的生物名片居然是一种蝙蝠——北京宽耳蝠。

这张“名片”上的动物不仅让广大北京市民一头雾水，甚至连一些专家学者也对它十分陌生。但它绝非一般的物种，而是当时刚被我国动物学家发现并命名的北京特有动物。在全世界1100多种蝙蝠中，它是第一个由中国人命名的物种。

蝙蝠，俗称为“燕巴虎”或“夜么虎子”。老北京人喜欢把生猛的动物叫作“虎子”。不管其身体大小、食性如何，只要是见着食物就可劲儿往嘴里塞的动物都是“虎子”。由于蝙蝠的外形似鼠，民间传说它是耗子吃盐太多变成的，所以老北京俗语“快变燕巴虎了”就是把盐放多了的意思。

由于蝙蝠面容奇异、昼伏夜出，再加上其中还有一类为吸血蝠（尽管只有几种），因此在西方文化中蝙蝠是邪恶的象征。不过，在我国传统文化中，由于“蝠”字与“福”字同音，蝙蝠一直被视为福泽祥瑞的动物——蝙蝠进入家门是“福临门”的征兆；蝙蝠习惯于倒挂栖息，则有“福到”（蝠倒）之意。

古人为了让蝙蝠成为院宅和寓室内的吉祥物也是绞尽脑汁。其中，有“万福之地”之称的北京恭王府花园“萃锦园”堪称风水“蝠（福）地”的经典。作为福文化的表现载体，据说在其建筑上的彩画、窗棂、穿枋、雀替和椽头上共有1万只造型各异的蝙蝠图案，其寓意包括“五福捧寿（五只飞蝠）”“福寿万代（万字加蝙蝠）”“流云百福（蝙蝠与云纹）”等。此外，园中水池、假山乃至部分建筑都被做成蝙蝠的形状，分别称为“蝠池”“蝠山”和“蝠厅”。

蝙蝠虽然随处可见，但由于其体型较小，再加上昼伏夜出、在隐蔽的洞穴里倒挂栖息等奇特的习性，大多数人难以近距离观察到它们的“庐山真面目”。实际上，蝙蝠已经成为科学家研究动物回声定位、休眠等行为的重要对象。工程师们也从蝙蝠中得到灵感，研制出一种用于空中侦察的微型飞行器——“机器蝙蝠”。

有趣的是，蝙蝠并不仅仅通过发出不同的声波来求偶。每到求偶季节，雄蝙蝠就将两只肿大的睾丸露出体外，吊着它们飞来飞去，吸引雌蝙蝠的注意。生育后的雌蝙蝠则把孩子吊在自己的乳房上，即使在飞行和捕食昆虫时也不例外。

本文开头提到的北京宽耳蝠是在房山区霞云岭乡一个废弃洞穴的隧道里被偶然发现的，由于当地这样的洞穴很少，且通常每洞仅有一群，每群只有3～5只。因此，北京宽耳蝠的种群数量十分稀少。

除了北京宽耳蝠，在北京还生活着其他15种蝙蝠，城里常见的有普通伏翼、东方蝙蝠、山蝠、大棕蝠等。它们能捕食害虫、为植物传粉，在维护自然界的生态平衡中起着很重要的作用。然而随着城市化进程的发展，适宜蝙蝠栖息的地方越来越少了。

文◎ 李湘涛

粉彩云蝠纹瓶（清·光绪）

菜粉蝶

春天，喜欢花海的朋友可以去京郊看油菜花。那一望无际的油菜花，在微风吹拂下荡漾起金黄色的波浪，在青山绿水的映衬下，美得令人神往、令人窒息。

就在人们陶醉在这美景中的时候，有时会突然看见几朵“白花”在舞动，它是那么平淡，却又那么显眼，时而停歇，时而飞舞……这就是菜粉蝶。白色的菜粉蝶与黄色的油菜花海交织在一起，那种美真令人心旷神怡!

菜粉蝶是一种很常见却总能让人眼前一亮的蝴蝶，是春天里的一道风景线，在北京早春最早见到的蝴蝶就是它了。它同样也是初冬里的一道风景线，当其他蝴蝶都隐藏起来越冬的时候，它还在执着地流连于冬日里开放的花朵。它不娇艳，却很优雅，像极了淡妆素裹的白衣仙子。无论是在北京市区还是野外，我们都能发现它飘逸的身影。彩蝶纷飞的时候，它依然坚守着自己的那份平淡，一年里它跟我们相处的时间是最长的。

菜粉蝶的幼虫就是那种在十字花科蔬菜的菜叶上为非作歹的青绿色虫子，名叫菜青虫。菜青虫的胃口大得出奇，只要是它喜欢的菜，它就会张开大嘴，吃个没完。好好的蔬菜，让它啃得全是虫眼儿。要是一群菜青虫在一起，那可就更麻烦了，它们会把菜叶全部吃光，只剩下硬邦邦的叶脉和叶柄。不过，任谁再有能耐也逃不过自然法则。可恶的菜青虫自有鸟儿、蜘蛛、螳螂等天敌来收拾它，可是菜青虫也有自己的应对本领。它们会装死，一旦受到惊吓，它们就会蜷缩身体掉在地上一动不动，让那些喜欢吃活虫儿的天敌只得放弃一顿美餐。

任凭我们的想象力再丰富，也很难将可恶的菜青虫和淡妆素裹优雅飘逸的菜粉蝶联系在一起，但是事实就是这样。菜粉蝶飞舞于花间，为大量十字花科蔬菜的花儿授粉，进而形成结实又饱满的种子，以便下一年能长出健康茁壮的蔬菜。

菜粉蝶属于鳞翅目粉蝶科。在北京，菜粉蝶每年3月底到来，11月越冬，一年可发生4～5代。

文◎ 杨红珍

草 蛉

夏季在野外散步的时候，细心的你有可能会碰上两种虫子。一种虫子浑身绿色、长着网状的翅膀和凸出的复眼，样子有点像缩小版的蜻蜓，这就是草蛉，也有人叫它草蜻蛉。还有一种虫子长相丑陋，身体呈纺锤形，举着两个大颚，没有翅膀，但跑得非常快，有时候身上还背着很多乱七八糟的东西。因为它擅长捕食蚜虫而且凶猛，所以得名蚜狮。蚜狮身上背着的东西是它吃剩下的残骸，可以很好地隐蔽自己。这两种虫子的模样相去甚远，可它们千真万确是同一种昆虫——蚜狮是草蛉的幼虫，草蛉是蚜狮的成虫。因为草蛉是一种完全变态的昆虫，一生要经过卵、幼虫、蛹、成虫四个阶段，所以它的幼虫和成虫长得完全不同。不过它们都是捕蚜高手，且幼虫比成虫的捕食量要大很多。

有时候，你还会在树皮上、枝条上或者树叶上发现一连串的草蛉卵。与别的昆虫卵不一样，草蛉的每一粒卵都挂在一条长长的丝柄上，非常漂亮。在过去，很多人还以为这是佛经中所提到的极难遇到的优昙婆罗花呢！原来，雌草蛉在产卵时，会先从腹部末端的产卵器排出黏的胶状物质，一边排一边将腹端部抬起，拉出一根丝，当这根以蛋白质为主的黏丝遇空气变硬之后，再在丝端产下一粒卵。接着，它会稍微挪动一下腹部，再拉一根丝，再产下一粒卵。草蛉这么精心部署，是为了保

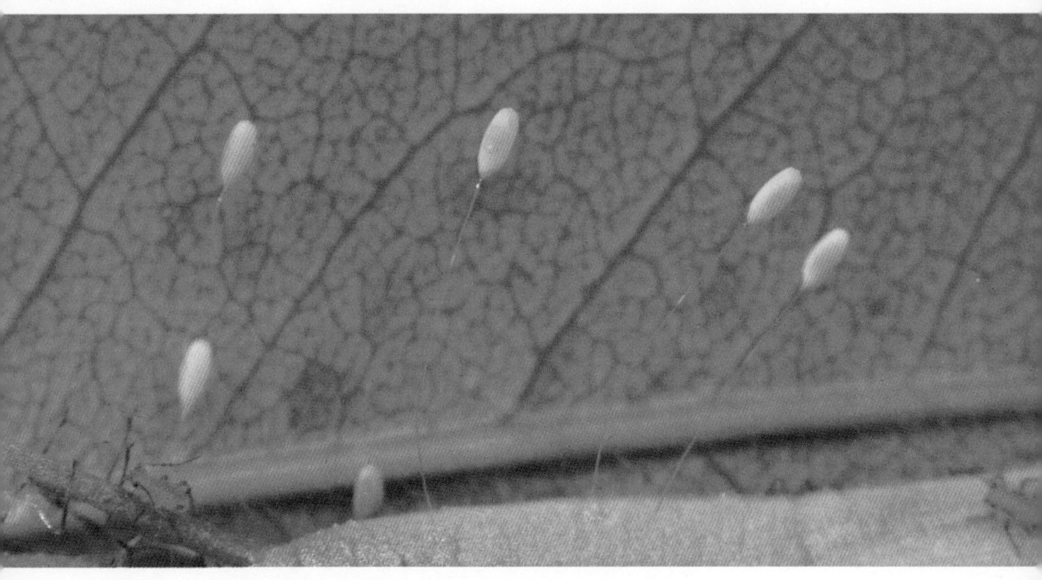

草蛉的卵

证自己的卵免受天敌的侵害。

草蛉交尾时也有一个奇怪的行为。雌雄草蛉互有好感以后，就开始嘴对着嘴互相亲吻，口吐泡沫，然后才进行交尾。科学家到现在也没弄清楚它们互吐白沫是什么意思，也许是爱的一种表达方式吧！每只雌草蛉一生只交尾一次，然后把获得的精子贮存在体内的贮精囊内，此后每天都可以产出受精卵。没有交尾的雌草蛉也可以产卵，但这些卵不能孵化为幼虫。

在北京主要分布着三种草蛉，即中华草蛉、丽草蛉和大草蛉。这三种草蛉为北京的农林害虫防治做出了很大的贡献。中华草蛉成虫对蚜虫控制作用不大，对叶螨和鳞翅目害虫的卵有一定作用。中华草蛉的幼虫活动能力很强，捕食范围也很广。大草蛉是草蛉中个体比较大的一种。大草蛉的成虫在遇到敌害时，可以放出恶臭的气味。大草蛉是一种典型的食蚜草蛉，无论成虫还是幼虫均对各种蚜虫有特殊的嗜好。丽草蛉成虫可以捕食棉蚜，幼虫亦可以捕食多种害虫。丽草蛉产卵大多为单粒散产，不成串。在田野乡间、城市公园以及小区花园绿地，都有它们的身影。也许它们正在草木间飞来飞去，寻找可口的食物；也许正在一片树叶上静静地待着，休息片刻之后再“为民除害”。所以，不要伤害它们，也不要打扰它们，尽管它那绿绿的身体、金铜色的眼睛、柔柔的翅膀确实很讨人喜欢。

文◎ 杨红珍

草兔

一次京郊野外考察，当时天刚蒙蒙亮，山间小路上只有几只小鸟蹦来蹦去。我用长镜头对准它们，轻按快门对焦，不料，取景器里出现的却是一只清晰的草兔，我毫不犹豫地立即按下快门。再抬头时，草兔不见了，回看相机里的影像，也没有草兔的踪影，只是一片空白。原来，是我进行自动对焦时射出的光柱引起了草兔的好奇，才使它出现在我的镜头里，而当它发现我的镜头正在对准它时，当即逃之夭夭。所谓“动若脱兔”——果然名不虚传！

草兔是北京唯一的一种野兔，体毛主要为黄褐色。和我们熟悉的家兔一样，草兔平时也不喝水，爱吃自己的“软粪球”，也是“兔子的尾巴长不了”。它的长耳朵既可以保持敏锐的听觉，也可以调节体温。它的大眼睛置于头的两侧，可以“眼观六路”，但由于眼间距太大，要靠左右移动面部才能看清物体，因此在快速奔跑时，就有可能会发生“兔走触株”的悲剧。

草兔前腿较短，可以用来挖掘洞穴；后腿较长，适于一蹿一跳地前进，而在疾跑时有如离弦之箭，还能突然止步，急转弯或掉头跑开以摆脱天敌的追击。在老鹰抓它的一刹那，草兔能猛地打一个滚儿，使老鹰抓空，摔个趔趄，然后以迅雷不及掩耳之势用后腿蹬向老鹰。这就是俗话说的“兔子蹬鹰”。虽然这种做法的成功率并不高，但在草兔脆弱的自卫能力中，也是少数值得夸耀的本领之一了。

草兔的“腿功”主要还是用在“内战”上。它平时胆小，性情温和，然而一到

“兔儿爷”

交配季节就一反常态，变得异常活跃，欢蹦乱跳，嬉戏狂欢，跳跃时常做出空中转体和各种怪诞的动作，这就是谚语中所说的“狂若三月之野兔”。美国有的州甚至立法规定，在此期间不能给兔子拍照。草兔为何需要这种复杂且长达一两个星期的求爱游戏呢？原来，只有通过这种连续不断的刺激，才能促使雌兔成功排卵，生下一窝“小兔崽子”。

虽然我国在先秦时代即已饲养家兔，是驯养家兔最早的国家之一，但草兔并非家兔的祖先。我国的家兔是由原产于非洲的穴兔经人工驯化而成。

在北京，最著名的兔子是“兔儿爷”。这种泥塑的玩意儿一般都是金盔金甲的武士模样，有一根野鸡翎插在头盔上，所以老北京有句歇后语：“兔儿爷”的翎子——独挑。

尽管后来又出现了巨星范儿的“兔八哥”、小清新的“米菲兔”、莽撞行事的“自杀兔”、一意孤行的“流氓兔”、喜欢自娱自乐的网络红兔——“兔斯基”……但“兔儿爷”在北京已经扎下了根，留下了深刻的文化印记。在街头巷尾，很多损人的俏皮话儿也由此而来，比如“隔年的兔儿爷——老陈人儿”“兔儿爷掏耳朵——崴泥”“兔儿爷洗澡——瘫啦”“兔儿爷打架——散摊子”“兔儿爷拍胸口——没心没肺”，等等。随着传统文化的逐渐回归，“兔儿爷”也再次进入现代北京人的家庭，成为深受人们欢迎的玩具或家居饰物。

再说草兔。在退耕还林后，兔灾几乎在包括京郊在内的全国各地泛滥，也出现了防控“兔害”的各种观点，包括“化学派”（主张投药）、“生物派”（主张训练鹰犬）、“枪派”（主张士兵利用兔害搞实战演习）、“不作为派”（主张顺其自然）……

最终，还是一种名叫“树宝”的林木防啃剂发挥了重要作用，用“树宝”在树干上轻轻一抹，即可驱避草兔。这种措施无毒无害，既能保护野生动物，也能比较好地保护林木，且操作简便、易于推广，因此在基层很受欢迎。

看来，维护生态平衡还得依靠科技的进步。

文◎ 李湘涛

柽 柳

估计有不少人跟我一样，第一次见到“柽柳”这个名字的时候，都误以为是“怪柳”。世界上自然没有“怪柳”这种植物，柽柳也不是柳，可能是因其纤柔而下垂的细枝迎风摇曳如柳而得名的吧。

不过，柽柳的确有些“怪”。首先是叶子“怪”。它是落叶小乔木或灌木，但由于生活在恶劣环境中，叶子变得很小，每个叶子只有1～3毫米长，就像鳞片一样紧密地抱在茎上，称为抱茎叶。植物学家认为抱茎叶是适应沙漠或荒漠干旱生境的一种器官，可有效防止高温对叶片的灼伤，同时也能防止风沙的伤害。

其次是根“怪”。柽柳有发达的根系，根深达5米以上，侧根平展，能以最大的表面积吸收水分，保证地上部分的生长，而且还具有强大的根压，这一特性使它在土壤盐溶液浓度很高的情况下也能继续吸收水分。当柽柳被浸没或埋没时，新的不定根可从茎干或枝条上发出，从而形成新的植株和根系，有很强的固土和水源涵养能力。

再次是花“怪”。柽柳的花期很长，在每年5～9月不断抽生新的花序，老花谢了，新花又开放，几个月内，绵延不绝。夏季开花时，粉红色穗状花序布满全树，远远望去，犹如一团粉红色的火焰，光彩夺目，让人赞叹不已。它的蒴果为圆锥形，果期为6～10月，种子细小，而且多数种子顶端具无柄的簇生毛。柽柳具有惊人的繁殖能力，每年可产生近50万粒种子，并且实生苗生长迅速，很快就能在新环境中“安营扎寨”。

柽柳的生态位宽，适应性极强，具有出众的逆境耐受力，是干旱、半干旱地区的建群种或关键种。

柽柳是泌盐植物。它的根系深扎在地下水层附近，地上器官又有发达的泌盐腺毛，其叶子和嫩枝都可以将吸收于植物体内的盐分排出，因此成为强耐盐树种，其抗盐碱能力是许多其他树种所望尘莫及的。柽柳每天所分泌出的盐分晶粒落到地面上，和地面的沙子混合起来，最终沉积在植株下的土壤表层。如果遇到小雨，盐粒就会溶解，然后变干并形成一层坚硬的“壳”，这样便阻止了扬沙。

柽柳也不怕沙埋。当它的茎枝被流沙所埋没时，其植株上部能较快生长并钻出来，而被埋的枝干也在沙包内伸展，很快产生大量的不定根。这些不定根不仅起着固定流沙的作用，还能吸收水分使植株生长得更加旺盛。在这种作用下，柽柳所固定的沙丘有时会发育成独特形式的堆状沙丘，俗称“柽柳堆”或“柽柳疙瘩”。

当你漫步京郊时，可能会遇到柽柳。它们经常形成单一的群落，但有时也和其他植物共同生存。柽柳那紫红色的枝条绵软下垂，姿态婆娑，鳞片状的小叶鲜嫩玲珑，枝叶间开满了粉红色的花朵，状如红蓼，淡雅而俏丽，煞是好看，给荒凉的盐碱地带来了勃勃生机，正所谓“自生自长野滩中，吐穗鲜如百日红。最喜迎人开口笑，却羞卖俏倚东风。”（祁韵士《红柳花》）

文◎ 李湘涛

打碗花

在农村长大的孩子都熟悉打碗花。有一次，我跟来自山西上党的一位朋友聊起打碗花，他马上说:“我知道这种花，在我们老家都叫它‘打碗碗花’。”语言就是这么奇妙，虽然只是多加了一个“碗”字，却让这种花的名字更为有趣，乡土气息也更浓了。

事实上，对于“打碗花”这个奇特的植物名称，每一个人都会感到好奇，想要知道这个名字的来历。于是，民间广泛流传着“给地主打工的丫鬟打破了碗……”这样一个凄惨的故事。这也难怪，在那个物资匮乏的年代里，吃饭用的碗也算是家里重要的用具了。如果小孩儿把碗打碎了，很可能就会挨上几巴掌，至少也要被训斥一顿。即使现在，如果我们在生活中不小心打碎了碗，也还是会心疼一下，得念叨几句“岁岁（碎碎）平安”才能心平气和一些。在我国文化中，饭碗经常比喻为职业、职位、生意等。比较稳定的职业称为“铁饭碗”；收入高且稳定的工作则称为“金饭碗”；如果失业了，就是把饭碗丢了。

打碗花隶属于旋花科打碗花属，又叫小旋花，为一年生缠绕或平卧草本植物，通常被看作是一种生活在农田、荒地、草地、路旁的小野花。如果我们对打碗花的形态进行一番探究，就能从中发现诸多与它的名字相关的线索。

先看打碗花的根。它具有直根和根状茎，直根入土较深，也较粗壮，根状茎横生，能长达数米。打碗花的根圆锥状，呈棕褐色，但嫩根为白色，质脆易断。有人认为，打碗花的根（或根状茎）特别像碗打碎了以后，撒在地上的雪白的面条，故它又被称为“面根藤”“面根草”。这个说法可能是“打碗花”的来历吗？

再看打碗花的茎。它的茎细长，似乎没有力气支撑自己，大多都会借着其他植物攀爬。如果没有其他植物，它们只能靠自己相互缠绕来支撑。如果在荒地上，它们则干脆铺在地上生长。有的地方管打碗花叫“拉拉菀”，形容其蔓生的茎缠绕在一起，老乡们常称为“打菀”。那么，“打碗花”的名字是由“打菀花”谐音而来的吗？

打碗花的叶是什么样的呢？它的叶片具多种形状，一般有两种，基部叶片小，为心形，上部叶片多为三角戟形，中间裂片稍长，两边的裂片又多分为两裂，短小而圆实。整个叶片的形态也很像一个打破的碗。或许这才是打碗花得名的原因？

说了半天，我们还没有提到打碗花的花呢。它的花单生于叶腋，花冠漏斗状，淡粉色至淡粉红色，开花时花瓣连在一起成小喇叭状，所以它还有一个很形象的名字，叫作“小喇叭花”。它还拥有两个大的苞片，紧紧地包藏着花萼，萼片有5枚，紧紧地裹着小喇叭，这是打碗花属最重要的特征。等到阔卵圆形的蒴果膨大将要成熟的时候，苞片便会被撑开了。民间传说，把打碗花放进哪只碗，哪只碗便会即刻破碎。这是打碗花名字来历的另一个可能。

此外，打碗花有轻微的毒性，生吃打碗花会有中毒的危险。难道这才是打碗花名字的由来？

打碗花不是大红大紫的花。不过，在我国古代建筑上却到处可见它的影子。它是我国建筑装饰史上使用时间最长、应用范围最广的彩绘之一。相传打碗花是神仙赐给凡间的具有驱邪效果的花卉，但是它的花只在6～7月开放，人们为了长期拥有打碗花的驱邪保佑作用，就把它刻在了一些建筑装饰上，这样就能每天都受到它的庇护了。

在郊野茂盛的草地里，从初夏开始就有像小喇叭一样的粉红色花朵铺开来。它们柔弱纤细，朝开暮谢，时而在枝头摇曳，时而隐藏在草叶之下，煞是可爱。如果你想伸手去摘，可要小心回家打破碗哟。

文◎ 李湘涛

东亚飞蝗

东亚飞蝗具有典型的昆虫特征，身体分为非常明显的头、胸、腹三部分，胸部具有两对翅三对足。因此，在生物课本中，一般都将它作为标准昆虫模型来介绍昆虫的基本特征。

秋季在怀柔、密云等山野郊外旅游的时候，你可能就会碰上一种个头比较大的蚂蚱，这就是东亚飞蝗。中国史书中所记载的蝗灾，几乎都是由东亚飞蝗引起的。

由于东亚飞蝗在历史上给人类造成的危害太大，再加上它们的叫声很难听，所以很少有人把它当鸣虫来欣赏。东亚飞蝗的声音是那种单调又乏味的“嘎嘎”声，而且音质粗糙，音量也小，因此往往会被大多数人所忽视。事实上，飞蝗的每条后腿内侧都有一系列的音齿，每个翅的外侧都长有一条粗糙而又高起的翅脉，称为音锉。当飞蝗想要“说话”时，它就让后腿快速地交替抬起又落下，用腿上的音齿弹拨和摩擦翅上的音锉，这样就会发出声音了。雄虫的鸣声不但能够吸引雌虫前来相会，而且还具有召唤同伴的作用。当飞蝗大发生的时候，它们就是以这种鸣声作为信号来集结和迁徙的。

因为有善于跳跃的足和善于飞翔的翅，所以东亚飞蝗的活动范围很大，经常成群地从一个地方飞到很远的另一个地方。它的翅宽大而轻巧，直翅上的脉络呈辐射状排列，其中的横向脉络成行排列。这样的结构使它的翅在折叠起来的时候，既不弯曲，也不旋转，就像扇子一样自如地打开和收拢，有利于进行长距离飞行。

在北京，东亚飞蝗一年发生两代，有群居型和散居型两种类型。密度小的时候，东亚飞蝗为散居型；当密度越来越大时，它们便逐渐聚集呈群居型。群居型飞蝗有远距离迁飞的习性，这便是蝗灾的起源。东亚飞蝗成群生活是有原因的，在成长的过程中，它们需要较高的体温以促进并保持生理机能的活跃。因此，它们必须集群而居，彼此紧密相依、互相拥挤，以维持体内温度，使热量不易散失。由于成群活动的飞蝗都有这一共同生理特点，所以在它们结队飞行之前，只要有少数个体在空中盘旋，地面上的飞蝗很快就会感应到，并群起响应，迅速地形成队伍，并且数量也会越来越多。

东亚飞蝗的一对大颚锋利无比，啃起植物叶片来“沙沙”有声，特别嗜食芦苇以及水稻、玉米等各种庄稼，但却不太喜欢吃棉花。曾经发生过这样一件有趣的事，大批东亚飞蝗飞到棉花丛中，只把田间的杂草全部吃光，棉花却安然无恙。“万恶”的东亚飞蝗竟然做出了替人锄草的好事，堪称奇谈。

文◎ 杨红珍

东亚小花蝽

农业害虫种类繁多，每年都在威胁着粮食、棉花和蔬菜等农作物的生产。在过去很长一段时间，由于化学农药的连续使用，一些害虫已经产生很强的抗药性，许多害虫的天敌又被大量杀灭，致使一些害虫十分猖獗。同时，化学农药对水体、大气和土壤等环境造成了严重污染，进而威胁到人类的健康。生物防治是根据生物之间的相互关系，以一种生物来抑制另外一种或一类生物的方法，能够大幅度降低化学杀虫剂的使用，减少农药残留，从而保障农产品质量安全和生态环境安全，提升农业产量及品质。

东亚小花蝽属于半翅目花蝽科小花蝽属，是我国北方地区广泛分布的一种昆虫。它的食性很广，蓟马、蚜虫、粉虱、叶蝉、叶螨等农业害虫以及一些害虫的卵和初孵幼虫等，都是它的美食。在我国北方地区的蔬菜、果树以及棉花等多种农林经济作物上，都有它们的身影。东亚小花蝽并不固定于专一的生境中，而是在果园、菜地、农田和杂草丛等不同生境之间进行季节性的活动和迁移。同时，小花蝽在害虫不多的情况下能以花粉为食，因此在可捕食的害虫数量较少时，也能保持一定的种群数量，这是它适应环境的体现。

东亚小花蝽为不完全变态昆虫，它的一生要经历卵、若虫、成虫三个阶段。小花蝽体型小，成虫长不超过3毫米；若虫更小，没有翅膀，很像一滴泪珠。别看若虫个头小，本领可不小，捕食害虫的能力比成虫还要强。若虫行动迅速，活动场所和捕食对象与成虫基本相同，取食量要比成虫大一倍。

在自然条件下，东亚小花蝽一年发生5 ~ 8代，每代为期一个月左右，世代重叠明显。小花蝽以雌成虫在树皮缝隙、土壤缝隙或苜蓿、小麦、油菜等多种菜地的枯枝落叶处群集越冬。2月中下旬开始活动，3月底4月初开始产卵繁殖，直到11月上旬才开始越冬。东亚小花蝽在一年内长达8 ~ 9个月的时间里都致力于清除害虫，可谓是农业害虫的劲敌和农业生产的守护神。

近年来对化学农药的过度依赖和不合理使用，造成一些小型次要害虫如蓟马、蚜虫和粉虱等爆发性发生，并且难以控制。而东亚小花蝽对这些小型昆虫具有较好的防治效果。作为重要的生物防治天敌昆虫，东亚小花蝽已经开始为人们所重视。目前，北京市植物保护站在东亚小花蝽的饲养方面做足了功课，不但在实验室内开展种虫繁育工作，东亚小花蝽的工厂化生产也顺利实施，还在延庆“天敌工厂”和顺义基地种植苜蓿等蜜源植物，为种虫复壮和野外种源的保存做好了准备。

文◎ 杨红珍

若虫

二十八星瓢虫

在瓢虫中有这样一对“双胞胎”，它们长得简直太像了，半球形的身材，赤褐色的外衣（鞘翅）上密被着短绒毛，而且它们的鞘翅上都有28个黑色的斑点，一个也不多，一个也不少。大家都知道，瓢虫翅上的斑点也是它们的重要分类特征之一，比如二星瓢虫、七星瓢虫、十一星瓢虫、十二星瓢虫、十三星瓢虫等，这些不同的种基本上都是按照斑点的数量命名的。但是二十八星瓢虫却是个例外，拥有28个斑点的瓢虫属于两个种。只不过它们长得太像了，就连它们的卵、幼虫、蛹也长得非常相像，而且它们的饮食习惯也非常相似，都喜欢吃茄科植物，尤其是马铃薯和番茄的叶子；危害症状也很相似，都是在叶背剥食叶肉，形成许多不规则半透明的细凹纹。所以，人们在很长一段时间里都以为它们是同一个种，称其为二十八星瓢虫！

其实，“二十八星瓢虫”包括马铃薯瓢虫和茄二十八星瓢虫这两个不同的物种。它们的区别其实很多，但是都在细节上，不太容易观察。首先，茄二十八星瓢虫的前胸背板上一般有6个黑斑，两个鞘翅合缝处黑斑不相连，鞘翅基部第二列的4个黑斑基本在一条线上。而马铃薯瓢虫的前胸背板中央有一个大的黑色剑状斑纹，两鞘翅合缝处有1 ~ 2对黑斑是相连的，鞘翅基部第二列的4个黑斑不在一条线上。其次，茄二十八星瓢虫幼虫身上的枝刺毛为白色，而马铃薯瓢虫幼虫身上的

茄二十八星瓢虫

马铃薯瓢虫

枝刺毛均为黑色。

马铃薯瓢虫主要分布于我国北方，对北京茄科蔬菜的危害比较严重，在野外的花草上也很常见。成虫在背风向阳的山缝和树洞中群居越冬，一般于10月上旬开始越冬，第二年5月开始活动。影响马铃薯瓢虫发生的最重要因素是夏季高温，气温在28℃以上时，卵即使孵化也不能发育至成虫，所以马铃薯瓢虫在炎热的南方没有分布。虽然马铃薯瓢虫的食性比较杂，但成虫必须取食马铃薯才能顺利完成生活史。越冬成虫如果吃不到马铃薯则不能产卵，幼虫不取食马铃薯则不能正常发育。

茄二十八星瓢虫的活动不受温度的限制，在全国各地广泛分布，在长江以南密度较大。茄二十八星瓢虫的发生规律近似于马铃薯瓢虫，在北方一年发生两代，在长江流域一年发生3~5代，而且两者在北京的分布区域与马铃薯瓢虫近乎重叠。难怪人们分不清它们谁是谁呢!

文◎ 杨红珍

枸 杞

蓬莱是我国诸多传说中仙境的代名词，自古就有“蓬莱仙山”和“蓬莱仙岛”之说，在山东蓬莱亦有相应的“三仙山”和“八仙渡”等著名景点。蓬莱被称为人间仙境估计与当地长寿老人多有关，而当地人长寿据说又与那里的枸杞有关。明朝王象晋所辑《二如亭群芳谱》云:“蓬莱县南丘村多枸杞，高者一二丈，其根盘结甚固，村人多寿考。”

枸杞是一种灌木，隶属茄科枸杞属，又名红珠仔刺、牛吉力、狗牙子等，其高多为1米左右，枝条细弱，弯曲或俯垂，表面长有小刺。叶片卵形至披针形，互生或数枚簇生。花淡紫色，单生至数朵簇生于叶腋处，具短梗。其浆果为红色，多呈卵状或长椭圆状，其种子为黄色，呈扁肾脏形。其花期为6 ~ 9月，果期8 ~ 11月。

北京本地产两种枸杞，其一即枸杞，其二为宁夏枸杞。两者的主要区别在于前者萼片通常三中裂，花冠裂片边缘具缘毛，而后者萼片二中裂，花冠裂片边缘无缘毛。北京的宁夏枸杞主要见于各个苗圃，为人工所栽培；枸杞则在各区普遍有野生种群分布，常见于山坡和荒地，公园也有。

我国古人对枸杞的记载相当久远，在《诗经》中即有人们采集枸杞的叙述。枸杞的果实又称为枸杞子，是我国传统的滋补良品，在古代各类药学典籍中均有记载，如《本草纲目》《本草汇言》《神农本草经疏》等。据传，晋朝葛洪用枸杞子捣汁滴目，以治眼疾。民间亦有“要想眼睛亮，常喝枸杞汤”之说。故枸杞子又获“明眼子”之名。

除了明目，枸杞的另一招牌功效就是本文开头所说的延年益寿。唐朝诗人刘禹锡曾专门为枸杞写过一首诗，其中有云“上品功能甘露味，还知一勺可延龄”。北宋大文豪苏轼也有诗《小辅五咏·枸杞》云“仙人倘许我，借杖扶衰疾”，可见枸杞此功能大获人心，因此人们以“却老子”之名冠之。事实上，苏轼的确非常喜欢用枸杞养生，其在40岁时作《后杞菊赋》，言“吾方以杞为粮，以菊为糗，春食苗，夏食叶，秋食花而冬食根，庶几乎西河南阳之寿”。

在关于枸杞的诸多传说中，莫过于《太平广记》所载朱孺子成仙的故事。朱孺子为西晋时期安国人，从小侍奉道士王玄真。有一天，他忽然发现两只相依相伴的小花狗，颇感新奇，于是追赶它们。忽然，小花狗跑到一丛枸杞中，不见了踪影。第二天，朱孺子与王玄真两人再次看到小花狗，并追随它们来到这丛枸杞处。小花狗消失不见后，两人挖掘寻找，结果发现了两块枸杞根，其形颇似花狗，坚硬如石。他们把枸杞根拿回去煮汤喝，结果朱孺子在看火的过程中不断试尝汤汁的味道，不知不觉把汤喝完了，只剩下根留给王玄真。据传前者升空驾云而去，后者长生不老，不知所踪。

也许是朱孺子命该成仙，枸杞根才两次现身相邀。我辈自是凡人，估计喝一辈子枸杞也难以飞升了。

文◎ 黄满荣

狗尾草

小时候，在从家到学校的路上，随处可见狗尾草，一根细小的茎托着硕大的穗儿，显得弱不禁风。那时我常会随手揪下一根，拿在手里，边走边玩，然后趁走在前面的小伙伴不注意，冷不丁将毛茸茸的草穗塞进他的耳朵眼里。直到现在，还会在郊游时偶尔兴起，玩上一回。

我们都很熟悉狗尾草。它是一种多年生草本植物，根为须状，根系发达，秆直立或基部膝曲，株高在10～100厘米之间。叶鞘松弛，叶片扁平，长三角状狭披针形或线状披针形。圆锥花序紧密，呈圆柱状或基部稍疏离，顶部小，穗长可达35厘米。颖果为灰白色。种子小，为黄褐色。

狗尾草遍布全国各地，无论山坡、草地还是墙根、路边，都可以见到它的身影。在稍有些薄土的屋檐上，它顽强地生长，在石头缝、墙缝里，它也会摇头晃脑地长出来。不过，它还是更喜欢在酸性土壤中生长。它较耐旱，也耐轻度季节性水淹，抗寒性也比较强。

这种因形似狗尾巴而得名的杂草，很早就引起人们的注意了。在《诗

经·国风·齐风·甫田》里就有相关描述:“无田甫田，维莠骄骄。无思远人，劳心忉忉。无田甫田，维莠桀桀。无思远人，劳心怛怛。”其中的“莠”，指的就是狗尾草。明朝李时珍所著的医学宝典《本草纲目》则说:“莠草，秀而不实，故字从秀。穗形象狗尾，故俗名狗尾。”而在“良莠不齐”这个成语中，则用混迹于谷子地中的狗尾草来比喻一个集体通常是由各色人等混杂在一起组成的。

有人说，越是卑微的事物，其生命力越能保持旺盛而长久。这个说法用在狗尾草上再合适不过了。不管人们是喜爱还是憎恶，它都过着自己平凡的日子，在微风的吹拂下，扭着细细的腰，在无人关注的地方翩翩起舞。它春天萌芽，夏天舒枝展叶，秋天结出饱满的颖果，冬天植株仍然挺立，这样年复一年，重复着自己的生命历程。

文◎ 李湘涛

构树

2005年10月12日上午9时整，随着指挥中心一声令下，载有两名宇航员的神舟六号飞船从中国酒泉卫星发射中心发射升空。与宇航员一道飞往太空的，还有一些纪念品以及用于科学试验的微生物菌种和农作物种子，它们将在太空遨游五天，然后再返回地球。在这些试验材料中，有一份重为10克的“杂交构树”试管苗愈伤组织。科研人员希望利用太空的特殊环境和条件，刺激试管苗细胞发生变异，从而培育出优良的构树品种。

飞船能携带的物品有限，构树是如何在众多竞争者中脱颖而出的呢？这得从构树的一些优秀品质说起。

构树，在我国古代又称楮树，分类学上属于桑科构属，系高大落叶乔木，高度可达20米，树皮暗灰色，光滑，小枝红色或灰褐色，密生柔毛。其叶互生，宽卵形至矩圆状卵形，边缘具粗锯齿。单性花，雌雄异株，雄花序为柔荑花序，粗壮，雌花序球形头状。聚花果球形，成熟时橘红色，肉质有光泽，外观优美，口感颇佳。瘦果小，扁球形。花期4 ~ 5月，果期6 ~ 7月。

构树是低山区常见树种，北京有成片的构树林，见于海淀、昌平、顺义、房山和门头沟等地，在北海、天坛等公园以及马路两旁也可见到零星分布的构树。

构树树皮的纤维十分发达，细而柔软，坚韧而有拉力，是优质的造纸原料。我国古人在很早以前就以其韧皮纤维作为制布的原料，如三国吴学者陆玑所著《毛诗草木鸟兽虫鱼疏》中载有“江南人绩其皮以为布，又捣以为纸”。古人甚至以楮作为纸的代称，因此有“断缣尺楮”之说，意指残缺不全的书画。其聚花果新鲜时可食用，色和味均属上乘之选，只可惜不易携带，要享口福就得亲自去采摘。

构树具有如此多的优点，因此深受人们喜爱。研究人员将传统杂交育种方式与现代生物技术手段相结合，培育出了具有突出抗逆性的多用途速生树种，可在干旱、贫瘠、盐碱等不利环境中正常生长。随着神舟六号升天的愈伤组织正是来自这种“杂交构树”。研究人员希望培育出更好的品种，用于绿化荒山、防止沙化、保持水土以及改良恢复盐碱地。此外，它们也可以作为一种经济作物栽植，用作畜禽饲料、纸浆和纺织纤维的原材料，在增加森林覆盖率的同时也提高了造林人员的收入。

构树是我国的古老树种之一，常见于古籍文献，《诗经》中即有记载。但是，在宋代时它却遭遇了一段冤案，被斥为“恶木”，批评者包括大儒朱熹。大文豪苏轼起初也曾认为构树是“不材木”。今天，构树仍然与人类相伴，享受着来自我们的颂扬。

文◎ 黄满荣

黑枕黄鹂

说到黄鹂，我们马上想到的就是杜甫的诗句“两个黄鹂鸣翠柳”。

黄鹂的样子恰如其名，体羽主要为鲜亮的黄色或绿黄色。由于其枕部还有一条宽阔的黑纹，如同巧妙装点的一个头饰，更使它的颜值得到了提升，其大名也因此被唤作黑枕黄鹂。此外，它的翅、尾也主要为黑色。

黑枕黄鹂栖息于平原至低山的阔叶林和针阔混交林内，性情活泼。它们通常单只或成对活动，主要为树栖，很少到地面活动。黑枕黄鹂飞行时在绿树丛中呈波浪式穿梭，犹如金光闪动，鲜艳夺目，并常常载飞载鸣。

黑枕黄鹂是天生的歌唱家，其鸣啭如行云流水，清脆悠扬，宛如西洋乐器中的黑管，音调美妙多变，又被誉为“林中黑管手”。

在包括北京在内的我国大部分地区，黑枕黄鹂都是夏候鸟。它就像春天的使者，给人们带来春的气息、春的生机。“映阶碧草自春色，隔叶黄鹂空好音”（杜甫《蜀相》），以及“春无踪迹谁知？除非问取黄鹂”（黄庭坚《清平乐·春归何处》）等诗词都描写了黄鹂无拘无束的欢快鸣唱，表现出春天的勃勃生机。此外，南宋陆游《鸟啼》中“野人无历日，鸟啼知四时……三月闻黄鹂，幼妇悯蚕饥……”的诗句，则是说它的啼鸣似乎在提醒农妇春天来了，该养蚕了。

在求偶时，黑枕黄鹂双双在林间互

相追逐，边飞、边舞、边唱。一般雌鸟在前绕树飞行，雄鸟在后紧追不舍。追逐一会儿，雌鸟突然停在树枝上，雄鸟则栖息于距雌鸟不远的树梢，彬彬有礼地同雌鸟对歌。更有趣的是，随着叫声，它们的尾部还不时上翘，两翅张开，头部上仰、低下，充分向对方表达爱慕之情。它们一唱一和，情投意合之后，雄鸟便叼着美味的食物，飞到雌鸟跟前，献给雌鸟以作“订婚”之物。

一旦配对成功，黄鹂夫妇马上准备生儿育女。它们的筑巢材料种类很多，主要由树皮、布条、棉絮、麻皮、麻丝、棉丝和草茎等编织而成。所筑的巢如同悬挂于大树水平枝杈上的“吊篮”，十分精致，而且非常稳固，任凭风吹雨打也安然无恙。巢筑成后，雌鸟将于巢内产下3～6枚粉红色的卵，再由雌雄亲鸟轮流孵化，但以雌鸟为主，因为雄鸟还有警卫巢区、巡视领域等重要任务。大约需要14～16天，雏鸟就出壳了。雌雄亲鸟再度一起担任育雏任务，捕捉星毛虫、天蛾幼虫、吉丁虫、松毛虫等昆虫来饲喂雏鸟。再过16～20天，雏鸟即能独立生活。

对于这种不但以其华服及动人的歌喉给人们以美的享受，而且能大量啄食农林害虫的鸟儿，人们从来都没有吝惜过赞美之词。在古诗中，它常被称为黄莺、仓庚，是文人墨客“借鸟抒情”的主要对象之一。

文◎ 李湘涛

红尾伯劳

伯劳是鸟中的“狠角色”，它的捕杀对象包括虫、蛙、蜥蜴，甚至小鸟、小兽，虽然伯劳不属于鹰隼，却也算是一类小型的“猛禽”。古籍上有“伯劳夏至后应阴而杀蛇，乃磔之于棘上而始鸣也”的记载。何谓磔呢？就是将蛇钉于棘上。尽管伯劳是否“能制蛇”还有待实证，但它的确有一个很特殊的习性，就是喜欢将猎物悬挂在荆棘、细的树枝甚至铁丝网的倒钩上，然后用喙撕食。有些忘了吃，或只吃了几口就扔下的，经过风吹日晒之后就变成了干尸。这种“暴尸示众”的做法，看上去很残忍，令人触目惊心，从前甚至被传说是鬼神所为。在西方，伯劳被称为“屠夫鸟”。

“伯劳”作为鸟名听起来很特别。原来，给它起名的人同样是个“狠角色”。这是一个凄婉的神话故事，发生在周宣王时代。当时，一个叫伯奇的孩子被恶毒的后妈所害，其魂魄则化作一只小鸟，把真相告诉了父亲，于是他的父亲射死了后妈。而这只鸟儿也因其父亲看见它时说出的“伯奇劳乎”一语而得名。

此外，伯劳鸟在成语中也是个“狠角色”。出自“东飞伯劳西飞燕，黄姑织女时相见”（《乐府诗集·东飞伯劳歌》）的成语“劳燕分飞”，多用来比喻夫妻、情侣及亲友的别离。本来，伯劳和燕子一无特殊的亲缘关系，二无相互依赖关系，根本说不上分手。但诗人却偏偏用“伯劳匆匆东去，燕子急急西飞，瞬息的相遇无法改变各自飞行的姿态”这样一个场景，来表现“相遇总是太晚，离别总是太疾”这一主题，将东飞的伯劳和西飞的燕子合在一起，构成了伤感分离和不再聚首的象征。

由此可见，伯劳虽然个头不大，但名气不小，无论古今中外，颇有传奇色彩。在北京分布的种类有楔尾伯劳、灰伯劳、牛头伯劳、虎纹伯劳和红尾伯劳等。北京人对它们的称呼很奇怪，叫“户不喇”“胡不拉”或“虎不拉”。其实，这些俗称都和满语有关。从满族人入关开始，通过文化交融，很多满语中的俗名也逐渐被黎民百姓所接纳。

红尾伯劳在北京最为常见，其中一个亚种为夏候鸟，另有两个亚种为旅鸟。它比麻雀稍大，头顶灰色或红棕色，具有白色眉纹和黑色贯眼纹。身体背面主要为淡棕褐色，翅膀黑褐色，腹部为灰白色。和其他同类一样，它的喙很强大，有比较发达的须，上喙的先端钩曲如鹰喙，爪上也有钩，但不能像真正的猛禽那样，以双脚踩住猎物来啄食，所以才刺猎物于树上，以弥补脚力的不足。

作为夏候鸟，红尾伯劳一般5月中旬来到北京，主要在低山地带活动。雄鸟在占区阶段首先采用巡行和驱赶两种飞行方式，不断将侵入其领地的各种鸟类——无论是同类或是异类——统统驱逐至数十米开外。被驱逐的异类有大斑啄木鸟、喜鹊、黑卷尾、黑尾蜡嘴雀、麻雀等。然后，一场颇具观赏性的炫耀表演就开始上演了。首先是雄鸟自树端向空中高飞数米，再重新栖于原处，继而步步紧逼雌鸟，做出摇头、摆尾及鞠躬等姿态，然后以自己的喙和雌鸟的喙紧贴且有摩擦动作，尽显绵绵情意；雌鸟则下垂双翅，并将尾羽展成扇形。

求婚表演是雄鸟的看家本领，而它还有更拿手的绝活儿——能惟妙惟肖地模仿大山雀、灰喜鹊、家燕、山鹡鸰、雨燕和红脚隼等在巢区附近生活的多种鸟类的鸣声。这种本领的专业名词叫作效鸣。至于鸟儿为什么效鸣，是证明自身能力还是迷惑对手？抑或是诱敌深入的一招？目前这仍是科学家们正在研究的问题。

文◎ 李湘涛

花椒凤蝶

小时候家里种了一棵花椒树。大人们关心的是花椒什么时候能结果，然后摘下来做烹饪的调味料。而我关心的则是在花椒叶上爬着的小虫子。有的小虫子长得特别难看，黏糊糊的，还有一些虫子个头比较大，浑身绿绿的，身上还有一些白色的斑纹。一碰它，它就会抬起大脑袋，竖起两个大犄角，很好玩。在很长一段时间里，我一直以为它们是不同的虫子，后来才知道，它们都是花椒凤蝶的幼虫，只是虫龄不同罢了。

花椒凤蝶的幼虫简直将“拟态”运用到了极致，称它为拟态高手一点都不为过。为了保护自己，它们可真是煞费苦心。2 ~ 4龄幼虫的长相实在不敢恭维，虫体黑褐色，并有白色的斜带纹，而且虫体看着黏糊糊的，乍一看还以为是鸟粪呢。因为鸟儿是这些幼虫的天敌，幼虫这样做就能让鸟儿误认为是自己的粪便，从而逃过一劫。但是，它们小的时候模拟鸟粪的确很像，要是长大了再假装鸟粪，就有点不真实了。要知道，花椒凤蝶的老熟幼虫体长可达48毫米，这么大的长条鸟粪鸟儿自然不会相信。所以花椒凤蝶在第四次蜕皮后，就像变魔术一样，变成了鲜艳的黄绿色，后胸两侧还有蛇形眼线纹，而且头部特别大，就像蛇头一样。一旦受到惊吓，它们就会抬起“蛇头”，伸出两条橙黄色的触须，很像蛇信子，还散发出一种怪味，把“敌人”吓走。

为什么同样是幼虫，低龄幼虫和高龄幼虫的形态差别会那么大呢？原来是幼虫体内的保幼激素在作怪。保幼激素是昆虫在发育过程中分泌的一种激素，能够使昆虫保持幼虫状态而抑制成虫特征的出现。花椒凤蝶幼虫体内的保幼激素浓度在第三次蜕皮后的大约一天内直线下降，这种变化使得幼虫第四次蜕皮后变色。这样的幼虫已经接近成熟了，过不了几天就会化蛹。幼虫化蛹走的也是保护自己的路子，它们在叶片背面吐丝将自己捆绑，然后化蛹，而且蛹的颜色跟树叶的颜色相同。

花椒凤蝶属于鳞翅目凤蝶科，成虫的身体为淡黄绿色至暗黄色，体背的花斑图案由中央黑色纵带和斑纹组成，色泽艳丽，非常好看。凤蝶科都是又大又漂亮的蝴蝶，它们的翅膀很大而且色彩丰富，翅膀的底色以黑、蓝、绿、白为基调，翅上的斑纹有红、蓝、绿、黄等色彩，有些种类的翅膀还闪耀着金属光泽。不但如此，很多凤蝶的后翅都拖着两条修长的尾突，在阳光下飞舞时姿态优美、风情万种。

花椒凤蝶在北京一年发生三代，是北方较为常见的一种大型凤蝶，因幼虫主要吃山花椒等植物的叶子而得名。由于城市也有种植的花椒树，所以花椒凤蝶也在城市中生活。花椒凤蝶的分布非常广泛，几乎在全国都有分布。不过在南方，其幼虫吃的是柑橘的叶子，所以当地人称之为柑橘凤蝶。

文◎ 杨红珍

幼虫

黄钩蛱蝶

黄钩蛱蝶是蛱蝶科中最常见的种类，也是北京最常见的蛱蝶，无论是市区还是郊外都不乏它的身影。在我现在居住的小区里，每年夏天都能见到很多，它们常一群一群地在一起访花吸蜜，动作敏捷而轻盈。之所以叫黄钩蛱蝶，是因为它合上翅膀时前翅顶端会形成一个金黄色的钩。黄钩蛱蝶也是我国最常见的黄色系蝴蝶。其翅正面以闪亮的黄色为底色，上面点缀着类似于猎豹斑状的黑色斑点；翅反面浅褐色，不太好看，后翅反面中央有个白色“C”形花纹，又像个小逗号，与浅褐色的底色形成鲜明的对比，这也是黄钩蛱蝶的鉴别特征。

黄钩蛱蝶广泛分布于北京、河北、河南、东北等地。成虫主要发生在4 ~ 9月，喜欢在开阔地带飞舞。幼虫以大麻科的葎草为食，长得很丑，很像毒蛾或刺蛾的幼虫，全身布满具有挑衅意味的毛刺。不过它的毛刺完全无毒，只是装装样子吓唬吓唬天敌而已。黄钩蛱蝶以成虫越冬，天气回暖时，会从隐蔽处飞出来晒晒太阳。不过，因为这时天气还是很冷，黄钩蛱蝶表现得很木讷。

黄钩蛱蝶属鳞翅目蛱蝶科。蛱蝶科是蝶类中最大的一个科，为中型至大型的蝴蝶。古诗云："穿花蛱蝶深深见，点水蜻蜓款款飞。"可见蛱蝶的缤纷早就为古人所赞誉了。蛱蝶科蝴蝶翅的形状变化多端，翅的色彩更是丰富多变，翅上的花纹极为复杂多样。且看看孔雀蛱蝶、斐豹蛱蝶、网丝蛱蝶、大红蛱蝶、素饰蛱蝶等种类的模样，你就知道蛱蝶的多姿多彩了！不过这些丰富的色彩都在翅的正面，翅的反面可就没那么亮眼了。蛱蝶翅的反面一般都比较暗淡，颜色发灰、发枯，没有光泽，甚至看起来像是枯叶一般。这其实是蛱蝶的生存技巧，当它们不飞时很难被天敌发现。

蛱蝶也被称为四足蝶，很奇怪吧。我们都知道昆虫有三对足，三对足也是区别昆虫与其他节肢动物的一个特征，可是为什么蛱蝶只有两对足呢？另外一对足去哪儿了？原来，蝴蝶的三对足都是用来行走的，但是蛱蝶却把"鼻子"长在了前足上——前足胫节上有许多味觉感受器，用来感受食物的味道。于是蛱蝶就不再用前足行走了，而是专门闻味。慢慢地，两只前足逐渐退化变小而缩向身体，看上去就只有四足了。其实，"四足"也不是蛱蝶科的专利，斑蝶科、环蝶科、眼蝶科、灰蝶科的蝴蝶也都是四足蝶。

还有一种叫作白钩蛱蝶的蝴蝶，它跟黄钩蛱蝶长得太像了。虽然它叫白钩蛱蝶，但是它的翅却是黄色的，而且无论是形状、大小还是色彩、花纹，都跟黄钩蛱蝶的翅几乎一模一样，一般人很难将它们分清楚。这就得靠蝴蝶专家给我们指点迷津了。专家告诉我们，要注意两个前翅正面靠近翅根基部的位置，如果翅根基部有一小黑斑，就是黄钩蛱蝶，没有小黑斑的话，就是白钩蛱蝶了。只不过白钩蛱蝶的数量要比黄钩蛱蝶少得多，一般我们见到的基本上都是黄钩蛱蝶，而且它们经常混群，如果想找到一只白钩蛱蝶，就必须仔细观察了。

文◎ 杨红珍

黄栌

秋令红叶，映天醉地，让无数历代文人墨客为之倾倒，留下许多佳作。“远上寒山石径斜，白云深处有人家。停车坐爱枫林晚，霜叶红于二月花。”晚唐诗人杜牧写的这首《山行》描绘了一幅层林尽染、赏心悦目的深秋画面。面对这“不似春光胜似春光”的瑰丽景色，难怪这位诗人要“停车”欣赏，流连忘返了。

不过，杜牧这首脍炙人口的诗也使很多人认为只有枫树的叶子才会在秋天变成红色。事实上，秋天的红叶有很多种，秋天变成红色的并不都是枫树的叶子，而且也并非所有枫树的叶子都能在秋天变成红色。枫林大多是由各种槭树组成的。槭树是个大家族，成员众多，遍布世界各地。此外，还有许多秋天叶色变红的树种，如黄栌、乌桕、柿树、枫香、野漆树、盐肤木、黄连木、黄柏等，在霜降前后叶子都会变得火红火红的。它们点缀着金色的秋天，也吸引着无数游人。

每年10月底到11月中旬，都有成千上万的人要到香山去看红叶，香山红叶也就成了北京一景。香山的红叶树主要是黄栌。它是一种漆树科黄栌属的灌木或小乔木，株高3～5米，树皮暗褐色，树冠呈圆形。树叶为单叶，相对而生，呈倒卵圆形、卵圆形或圆形。除香山外，黄栌还分布于北京附近的其他山区，以及黄河流域一带的山地，甚至在四川、湖北等地也能见到。它的叶片多在落叶前的20多天里，一变而呈鲜红色，漫山遍野，十分美丽。

为什么黄栌的叶子在深秋会变成红色呢？原来，植物叶子里含有多种不同的天然色素，如叶绿素、叶黄素、花青素、胡萝卜素等。在一般植物的叶子中叶绿素的含量比其他色素多得多，在阳光照射下，叶绿素能利用水和二氧化碳制造养料，满足植物生长的需要。春夏季节，阳光和水分都很充足，光合作用强烈，叶绿素的含量在叶子内占压倒性的优势，于是将其他色素的颜色遮掩掉，使叶子呈现绿色。但到了深秋，气温骤然降低，树叶受到寒潮和霜冻的侵袭，叶子内的叶绿素被破坏而逐渐消失，其他色素便趁机“抛头露面”。在强光、低温、干旱的条件下，叶子里的水分也减少了，红叶树种的一些老叶飘零。同时还有一些强壮的新叶，不断把贮藏的淀粉物质转化成糖，增加树木对热量的吸收，以保持一定的体温，减轻树体在寒冬遭受的伤害。在这种物质的转化过程中，大量有机酸参与化学反应，天气越冷，糖分积累越多，红色的花青素也越来越多，因此叶子就逐渐变红了。树叶变红是植物世界的一种生命现象，是红叶树种为适应环境而进行自身调节的结果。

红叶是深秋一道美丽的风景线，深秋赏红叶，在我国自古就被视为韵事、雅事、趣事。除了香山外，北京观赏红叶的地方也越来越多，如蟒山、八达岭、百望山、妙峰山等。登高远眺，那碧空下莽林间的片片枫林，千林披霞，万木似锦，殷红夺目，分外诱人。尤其是在中午阳光直射下，更是流光溢彩，正是“绮缬不足拟其丽，巧匠没色不能穷其工”。“遥看一树凌霜叶，好似衰颜醉里红”“万片作霞延日丽，几株含露苦霜吟”，从这些绮丽的诗句中，亦能感觉到霜后的红叶真是如翻卷蜀锦、似燃烧火炬，令人心驰神往。

文◎ 李湘涛

恐龙足迹

至少在2011年之前，北京还与福建、台湾等地一样属于我国未发现恐龙化石的地区之一。人们只有在北京自然博物馆、中国地质博物馆、中国古动物馆等专业博物馆里，才能看到马门溪龙、永川龙、沱江龙、禄丰龙等恐龙化石，以及恐龙蛋和恐龙足迹化石。只是这些化石产地都跟北京毫无关系。

2011年，一个惊人的发现使北京彻底不再跟恐龙无关。这一年的夏天，中国地质大学的古生物学家在进行地质遗迹的野外调查时，居然在延庆硅化木国家地质公园的核心区内发现了大批恐龙足迹化石！

得知了这个喜讯后的一天下午，我们驱车从延庆经“百里山水画廊”前往恐龙足迹化石点，去一探究竟。汽车进入位于千家店镇的延庆国家地质公园后，又沿着滦赤公路继续前行。根据报道，化石点应该就在这条从河北省滦平县至赤城县的公路边上。可是，尽管我们所有人的眼睛都紧盯着车窗外的山坡，但传说中的恐龙足迹却没有出现。

经过距离测算，我们可能已经开过了化石点。幸好遇到了当地的老乡，才把我们带回了化石点所在的山坡。原来，当我们过来时，由于光线的角度不佳，这些足迹看上去模糊一片，所以错过了。而当我们返回时，恰好有一缕夕阳照射在山坡上，这种光线恰到好处地使恐龙足迹出现了阴影，让它们的轮廓形成了“立体”形象，因而立即“生动”起来。

有趣的是，带我们过来的老乡一边热情地给我们引路，一边却口气坚定地说：“他们都说是恐龙的脚印，我看是瞎说，一点都不像……”听他唠唠叨叨地尽情发表自己的观点，我们一点都不怪他，反而觉得他的说法很有意思。这也使我想起在道教四大圣地之一——安徽齐云山发现恐龙足迹时，由于一些足迹的大小与人的手掌相仿，因此被当地人认为是张三丰练功时留下的手印。更有趣的是，媒体的报道是这样说的：“经过科学家多年的深入研究，终于证实齐云山发现的印迹的确是恐龙足迹，而非张三丰的手印。……”风趣的古生物学家则干脆将其中一种恐龙足迹命名为“张三丰副强壮足迹”。

恐龙这一类远古时代的庞然大物一直以来都令人感到十分神秘和有趣，特别是深受孩子们喜爱。它们一直都是流行文学作品中的主角，也是科幻电影和动漫中残暴的霸主，一直激发着人们的想象力。恐龙足迹化石是恐龙留下的一种特别的化石，它并非恐龙身体的一部分，却也包含着非常丰富的信息。通过足迹化石，人们不仅可以了解恐龙的种类、分布等情况，还可以根据足迹的深浅，了解恐龙所处的环境，推算恐龙的体长、体重，判断恐龙的行走姿态和速度等。

恐龙足迹与恐龙骨骼、恐龙蛋化石的区别在于：骨骼及蛋化石是恐龙死后留下的，而足迹却是它活着的时候留下的，且反映了其生活的一个瞬间；骨骼及蛋化石可能是原地埋葬，也可能是因洪水、搬运等原因而异地埋葬，但恐龙足迹基本上都是留在原地的。

延庆国家地质公园内的恐龙足迹位于山体上，密集分布于从山底到山顶的区域。我们在公路边就可以清楚地看到在紫红色的砂岩中排列着大小不一、深浅各异的足迹，其中有植食性恐龙留下的“蚕豆”状和“三叶草”状足迹，也有肉食性恐龙留下的类似“鸡爪”、带有尖锐爪痕的足迹。它们有的硕大，有的很小，有的整齐地排列成串，有的却杂乱无章……

这个发现足以证明，北京曾有恐龙出没，而且数量不少、种类众多。专家认为，这批恐龙足迹化石属于晚侏罗世覆盾甲龙类、兽脚类、鸟脚类及可能的蜥脚类恐龙足迹。从此，世界上唯一有恐龙活动记录的首都，就成了北京又一张值得炫耀的名片。

2014年年底，恐龙足迹所在的千家店与龙庆峡、古崖居、八达岭所共同组成的延庆世界地质公园正式开园。同时，滦赤路也实施了改线建设，从而使这里的恐龙足迹化石实现了封闭管理，受到最大限度的保护。

文◎ 李湘涛

恐龙足迹

柳莺

莺是一类身形纤细、小巧玲珑的鸣禽，大部分比麻雀还要小。它们的羽色大多为比较单纯的橄榄色或带有褐色，长着细而尖的小嘴，鸣叫声尖细而清晰，主要栖息于林地等环境中。

在我国古代文学作品中，鸿雁、燕子、鸳鸯、杜鹃等鸟类多以自己独特的身形、鸣声、习性等，成为某类情景或事物的形象代表。由于莺有美好的外形、动听的歌声，通常象征着好风景、好时光，所以“莺”字在古诗中常常出现。唐诗中“几处早莺争暖树，谁家新燕啄春泥”（白居易《钱塘湖春行》）、“千里莺啼绿映红，水郭山村酒旗风”（杜牧《江南春》）、“留连戏蝶时时舞，自在娇莺恰恰啼”（杜甫《江畔独步寻花·其六》）等，都是脍炙人口的佳句。此外，莺歌燕舞、草长莺飞、莺莺燕燕、莺啼燕语、蝶意莺情等成语，也都表达了欢快、喜庆和美好的寓意。

不过，如果你查阅古文的注释，就会大吃一惊。原来，这些文学作品中的“莺”并非本文开头所描述的鸟类类群，而是指黄莺，也就是黄鹂。譬如，在关于著名的西湖十景之一——“柳浪闻莺”的民间故事中，“莺”就是指黄莺。传说，有一个名叫柳郎的后生，以织锦为业，常向柳丛中的黄莺倾诉心事。黄莺为之感动，变成了莺姑娘，两人相爱。后来，他们又在画眉、八哥、百灵、芙蓉等鸟儿的帮助下，在锦缎上织出了“织上杨柳就有色，织上黄莺便有声”的柳浪闻莺之景，即西湖十景之一。

黄鹂美丽可爱、歌鸣悦耳，成为诗人经常吟咏的对象，是情理之中的事。不过，古文中的“莺”未必都是黄鹂。首先，黄鹂的体型比较大，一般在乔木枝上栖息，但古文中的“莺”常与“柳”联系在一起，如“掷柳迁乔太有情，交交时作弄机声。洛阳三月花如锦，多少工夫织得成”（刘克庄《莺梭》）。而只有莺类才喜欢挂在柳枝上戏耍。其次，古文中常出现“流莺”一词，描述的是大群鸟儿觅食时，在树林中纷飞的情况，由于黄鹂只结小群而莺类才有大的群体，所以这个词描述的应该也是莺类。此外，“莺”字常作为女性的名字，“莺声”形容的是妙龄少女的歌声，这些都是取其娇小可爱之意。因此对于“娇莺”这个形象来说，还是莺类更为恰当。

莺类中最常见的是柳莺，北京人亲切地称它们为“柳串儿”。柳串儿不仅体型娇小、体色与树叶相似，而且常常在树枝密叶之间闪躲，除了它们喃喃细语一般“仔儿仔儿”的叫声，并不会引起人们的注意。其实，它们并非只在柳树上活动，但可能是湖滨、河畔一带柳树比较多，而它们站在柳条上时，就像几片柳叶一样随风飘舞，所以就被唤作“柳串儿”了。

北京的柳串儿有十余种，都是夏候鸟或旅鸟，包括黄眉柳莺、黄腰柳莺、冕柳莺、极北柳莺等，在迁来时几乎遍布于全市的山林、园圃及公园等处的树林、灌丛地带。其中，黄眉柳莺是全国各地最常见的柳莺之一。它的长相也很有代表性，头顶、上体主要为柳莺通常所具有的橄榄绿色，翅膀上有两道白斑，而一条淡黄绿色、若隐若现的眉纹则是它独有的识别特征。

黄眉柳莺筑巢的地点极为隐蔽，常在地表的枯枝落叶层中，或在地面凹窝中。巢的形状很别致，以树皮纤维及草茎编织成圆球状，一个形状很不规则的出入口开在巢的一侧，还有一层厚厚的苔藓和树皮盖在巢顶上。巢的内壁混有大量苔藓、杂草以及羽毛、兽毛等，既柔软又能起到伪装的作用。

柳莺所吃的昆虫大部分都是蠕象、蚜虫、叶跳蝉、蝇类和蚊类等，因此在消灭害虫方面有较大的作用。

文◎ 李湘涛

龙葵

在植物名称上，“葵”字用得比较滥。例如，大家最熟悉的、大花盘能随太阳转动的向日葵，是菊科一年生草本植物；园林中常见栽培的、开淡紫色或白色花的锦葵，以及近年来被人们视为保健蔬菜的秋葵，都是锦葵科的草本植物；而生长在南方、叶子像一个大蒲扇的蒲葵，为棕榈科的多年生常绿乔木，株高可达20多米……

据记载，“葵”最早所指的植物是冬葵，又名葵菜、东寒菜、冬苋菜等，属于锦葵科的一年生草本，曾经是古人常吃的一种蔬菜。《诗经·豳风·七月》“七月享葵及菽”中的葵指的就是冬葵。元朝《王祯农书》中甚至有“葵为百菜之王”之说。可惜的是，后来葵却在菜谱中消失了，据说是因为大白菜的兴起而造成的。不过，这个说法似乎并不能让人信服，即便大白菜把它赶下了“王位”，至少它在菜谱上还是能保留一席之地的。

除了上述的这些“葵”，在村边、田边、路旁、山坡、林缘、草地等处，还生长着一种常见的植物，叫作龙葵。它与上述那些“葵”都不相同，属于茄科。更有趣的是，大家都叫它“野葡萄”。

“野葡萄”的植株长得一点都不像葡萄。它是一年生直立草本植物，株高为25～100厘米，其根为圆锥形，由主根、侧根、须状根、根毛组成。它的茎不像

葡萄藤，而是直立，有很多分枝，微有棱却无毛，呈绿色或紫色。叶互生，有长柄，叶片为卵形，质薄，先端短尖，基部楔形至阔楔形，全缘或每边具不规则的波状粗齿，光滑或两面均被稀疏短柔毛。它在夏天开白色小花，5瓣，呈放射状，花蕊为金黄色。待秋风吹来时，花朵就枯萎了，枝头会冒出圆溜溜的果实。

其实，“野葡萄”只有球形的浆果有点像葡萄，未成熟时为绿色，成熟后变成黑紫色，看起来十分可爱，所以也有人称它为“黑姑娘”。在农村，“野葡萄”是小孩儿打牙祭的零食，但也不是什么时候的都能吃，只有完全成熟后变软的才好吃，有一股混合着辣椒、番茄、青草等诸多复杂味道的甜，所以在不同的地方还有黑甜甜、苦葵、野辣虎等俗称。在吃“野葡萄”的时候，其间还会夹杂一些比较硬的“芝麻粒儿”，这就是它的种子，一般每个浆果含20～50粒。

如果不小心吃下龙葵绿色的果实，嘴唇和舌头就会发麻。原来，在青涩的龙葵果实里含有大量的龙葵素，这就是导致嘴麻的原因。龙葵素是龙葵以及很多茄科植物的防身利器，其作用是防止那些贪吃的动物在果实未成熟时就来“搞破坏”。而当种子成熟后，外面的果皮就会收起这种“化学武器”，欢迎各种动物来采食，以便借助动物的迁移来扩大自己的势力范围。

实际上，龙葵素的毒性还是比较凶猛的，人及家畜如果误食过多，可能会引起脑水肿、肠胃炎、肺水肿等，并且伴随着呕吐、腹泻、呼吸困难等症状，甚至导致死亡。那么，在现实生活中为什么龙葵素引发中毒死亡的事情并不常见呢？这就要感谢我们的舌头了，因为当这种毒素的量达到危险程度之前，我们就已经能明显感受到苦麻的滋味了。

文◎ 李湘涛

蝼蛄

成虫

在鸣虫世界里，其实还有一种昆虫，钟爱鸣虫的人很少注意到，也没有人喜欢和赏玩。不但如此，人们还把它当作一种农业害虫，想方设法去除掉它。它就是拉拉蛄，也有人叫它土狗子、地拉蛄等。

拉拉蛄的大名叫蝼蛄，属于直翅目蝼蛄科，是一个打洞高手。它有一对粗短、奇特的扁平前足，好像泥水工使用的抹子一样可以把土抹平，前足的前端胫节上还长有4个像耙子一样的利齿，便于挖土打洞，这种足有一个很形象的名字——“开掘足”。蝼蛄一般会顺地面斜着向地下打洞，能打到30 ~ 100厘米的深处，这便是它的家。除了建造自己的家，蝼蛄还要在地下给自己修很多条通往其他地方的路，每一条路都与自己的家相通，弯弯曲曲，四通八达。如果它在土质松软的农田里挖掘通道，一分钟就能够挖20厘米长。

蝼蛄的这种本领可把老百姓给害苦了，因为它们在地下挖洞的时候，只要碰到农作物的根部，就会不分青红皂白，一律用“牙齿”咬碎、切断，大吃大嚼，饱餐一顿。不但如此，它们还会在夜间从洞里爬出来，啃咬庄稼的嫩苗。蝼蛄的胃口非常好，各种农作物都是它们的美味佳肴。在城市公园和绿化带中也有它们的足迹，因为草根也是它们的美食。

不过，人们对蝼蛄也不是毫无办法。因为常年过着暗无天日的地下生活，所以

若虫

蝼蛄对光线很迷恋。因此，在每年的4 ~ 5月及9 ~ 10月蝼蛄成虫的高发期，天黑以后可以用电灯、黑光灯等在村舍附近诱捕成虫。在市区，则可利用在街道或者公园灯光下蝼蛄云集飞舞的时机来诱捕，以达到控制蝼蛄种群数量的目的。

在北京，无论是城市还是郊野都有蝼蛄栖息，主要是华北蝼蛄，也有东方蝼蛄。华北蝼蛄的体型比东方蝼蛄大一些，一般雌成虫体长45 ~ 50毫米，雄成虫体长39 ~ 45毫米，颜色为黄褐色至暗褐色；东方蝼蛄体长为30 ~ 35 毫米，颜色为灰褐色，全身密布细毛。

在20世纪七八十年代，因为娱乐项目比较贫乏，夜晚就更没有什么可玩的了，所以抓蝼蛄玩也就成了当时北京小孩儿的一项晚间娱乐。也许是大人说的，也许是同伴说的，也许是自己发现的，蝼蛄有趋光性，因此，孩子们都知道要在夜晚的灯下捉蝼蛄。但是更多的不是为了听它们的叫声，而是看谁捉的蝼蛄跑得快。

那么作为鸣虫的蝼蛄，其鸣声真的不够吸引人吗？春末夏初或者夏秋之交，夜晚走在小路上，如果听到一种沉闷的“咕——咕——”低鸣声，并且好像是从地底下发出的，那么基本上可以确定是蝼蛄的“歌声”了。这种声音既没有韵律，也没有节奏，只有一个调门，跟螽斯、蟋蟀的鸣声简直没法比。不过没关系，在雌蝼蛄的心里，这种声音可是雄蝼蛄献上的动听情歌，吸引它们投向“情郎”的怀抱。

文◎ 杨红珍

栾 树

每年九十月份，秋风渐起，北京郊区森林的颜色也渐次多了起来，绿色未肯褪去，黄色和红色便已经开始登场。点缀于其中者，不乏一种被称之为栾树的树种。此后，随着百树叶片落尽、枝头尽显光秃的时候，这些栾树的枝头却非常显眼地挂着一盏盏紫红色的“灯笼”，似乎要照亮山野的天空。

栾树是隶属于无患子科栾树属的落叶乔木或灌木，树皮灰褐色或黑褐色，厚而具纵裂，仿佛历尽沧桑。它们每年都会有新枝生长，叶便丛生于这些新枝上。栾树的叶为羽状复叶，小叶可达近20片，纸质，对生或互生，呈卵形，具聚伞圆锥花序。枝头挂着的紫红色灯笼是其蒴果，但它们是深秋之后才变成这种颜色的，刚开始呈绿色。因为这些蒴果形似灯笼，栾树又被人们称为灯笼树。

栾树不仅在秋天的时候非常美丽，事实上，它们“一年能占十月春”。在春天，新长出来的叶片是嫩红嫩红的，到了夏天才渐绿，进入秋天，则复又转黄。因此，在具有成片栾树林的山区，这种颜色的转换定是奇观之一。6 ~ 8月份是栾树的花期，其时黄花满树，金碧辉煌。若再仔细观之，则会发现每一朵花的颜色其实也是随着时间变化的，起初为黄色，随后花瓣基部逐渐变成橙红色，可谓于细微处更加引人入胜。

如此风情万种的树木自然会受到人们的喜爱，古人也对其早有记述。《山海经·大荒南经》曰："大荒之中……有云雨之山，有木名曰栾。"根据沈括的《梦溪笔谈》记载，早在汉朝，人们就已经在庭院中栽种栾树。清朝吴其濬在《植物名实图考》中描述秋季的栾树"绛霞烛天，单缬照岫，先于霜叶，可增秋谱"。北京植物园现存两棵古栾树，据载为明朝所栽种，迄今已有500多年历史，乃为古栾树之最。

栾树的种子近球形，表面光滑，故在寺院中有人将其制为佛珠，称之为"木栾子"。宋人寇宗奭在《本草衍义》中称"今长安山中亦有。其子即谓之木栾子，携至京都为数珠"。

文◎ 黄满荣

马 蜂

当我们看见红色的消防车驶过时，最先想到的就是某处发生了火灾，但是谁又会想到，小小的昆虫也会惊动消防队员。原来，消防队员有一项任务就是“摘马蜂窝”。在日常生活中，人们把“捅马蜂窝”和“摸老虎屁股”放到同等危险的程度，可见，马蜂对人类的危害有多大！

十几年来，北京的消防部门每年夏天都会接到请求他们摘除马蜂窝的来电，有时候甚至更早，四五月份就会有马蜂窝，而且大有愈演愈烈之势。马蜂不再愿意安分地待在野外的大树上或灌木丛里，而是越来越多地入驻城市。它们在游乐设施的隧道里或者小区楼房的窗台下安营扎寨，它们的足迹几乎遍及北京的各个区。

马蜂，又叫胡蜂、黄蜂等，属于膜翅目胡蜂科。人们为什么会如此害怕马蜂呢？主要是马蜂蜇人且毒性较大，人被蜇后可能出现局部组织坏死，过敏体质的人甚至会有生命危险。而且它们的攻击性很强，一旦受到干扰，它们就会群起而攻之。因此，不管在哪儿遇到马蜂，千万不要去招惹它们。

马蜂巢

马蜂本来生活在郊区的森林里，在阴凉的树枝上筑巢。成年蜂虽然觅食蜜源性植物，但幼虫为肉食性，以森林里的小昆虫为食，很多害虫都被它们吃掉了，对森林有保护作用。但是，由于环境的破坏、植被的减少以及农药的喷洒等原因，它们在森林中的生存受到了很大威胁。而城市的绿化面积在不断增加，树木越来越多，给它们提供了栖息的环境和充足的食物。因此，马蜂才会来到城市中生活。

马蜂在维持森林的生态平衡中起着非常重要的作用。然而它们的数量越来越少了，我们应该保护它们，尤其是在野外尽量不要打扰它们。这不但是为了我们的安全，也是为了保护森林环境。

文◎ 杨红珍

迷卡斗蟋

“天下第一斗虫”这个名号，蟋蟀当之无愧。别看它们个头不大，但打起架来龇牙咧嘴、互相撕咬、绝不相让的劲头，大有“将军战死在疆场，凛冽不屈壮志酬”的架势。不过，斗蟋蟀一般不会有“战死沙场”的情况，输的一方会灰溜溜地跑掉。

在我国，斗蟋蟀具有悠久的历史，从唐朝就开始了，宋朝盛行。明清时代，上至宫廷内院，下至黎民百姓，都喜欢斗蟋蟀。明朝那位叫朱瞻基的皇帝对斗蟋蟀简直到了痴迷的程度，还专门让官窑烧制了很多蟋蟀罐，并在民间大量搜集好斗的蟋蟀，劳民伤财，怨声载道。民间斗蟋蟀也非常盛行，很多人为此倾家荡产。现如今，斗蟋蟀已经是一种非常理性的娱乐活动了，在北京十里河花鸟虫鱼市场，每年10月份都要组织一场别开生面的斗蟋蟀大赛。看来，喜欢斗蟋蟀和看斗蟋蟀的人还真不少呢！

除了观看斗蟋蟀，人们也喜欢听蟋蟀的叫声。蟋蟀的叫声清脆悠扬，婉转悦耳。它属于夜间鸣叫的昆虫，喜欢听声的人会把蟋蟀罐放在自己的枕畔，在夜晚享受这美妙的天籁之音。其实，蟋蟀的叫声有很多含义，在不受任何干扰的时候，鸣叫声怡然自得，音色清亮，就像我们哼小曲的那种感觉，非常惬意。遭到同类的干扰时，为了保护自己的领地不受侵犯，蟋蟀会发出恐吓的声音试图吓走对方，这时的叫声激越短促。如果对方就是来打架的，那它就会唱着战歌一决高下，获胜的那一方还会高奏凯歌，声音洪亮。在雌雄同穴时，雄蟋蟀便以“情歌”向雌蟋蟀求爱，发出清幽的声调，情意绵绵。交配的时候，雄蟋蟀常会发出“嘀铃——嘀铃——”的鸣声，犹如一曲《凤求凰》。

蟋蟀喜欢在田间的杂草和作物根部打洞，也会住在村舍屋宇的墙脚或者砖块瓦砾堆下。在北京的郊野，夏末秋初是蟋蟀成熟的季节，每到这时雄虫就开始呼唤自己的伴侣。

蟋蟀属于直翅目蟋蟀科。人们常说的蛐蛐，大名叫迷卡斗蟋。蟋蟀生性比较孤僻，喜欢独居，通常一穴一虫，只有到了发情期才会招揽异性同居一穴，享受甜蜜的爱情。北京人管雄蟋蟀叫“二尾儿”，因为它的尾部有两根长尾须；管雌蟋蟀叫“三尾儿”，或者叫“三尾儿大扎枪”，因为在它的两根长尾须之间还有一根更长的“扎枪”，这是雌蟋蟀的产卵器。雌蟋蟀不会叫也不打斗，一般人不喜欢养。历史上北京永定门的蟋蟀特别有名，不过，因为城市发展太快，到处是高楼大厦，现在别说是永定门了，就算在四环以内，也很少能听见蟋蟀叫唤了。

北京还有一种蟋蟀也值得一提，它的名字叫多伊棺头蟋，北京人叫它“棺材板儿”。主要是因为它的头非常突出，“面部”扁平，再加上宽长的身体，总体来看很像一个“小棺材”。它的声音也很好听，叫起来“嘁嘁嘁——嘁嘁嘁——”的。

文◎ 杨红珍

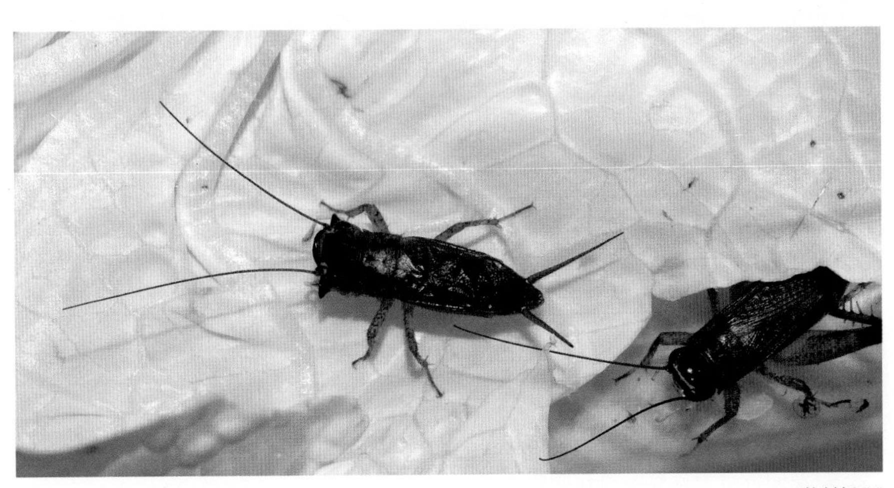

“棺材板儿”

棉蝗

蝗虫一词指的是直翅目蝗总科的昆虫，老北京人更愿意把它们叫作蚂蚱。它有一个大而发达的嘴（口器），吃起植物来，就像是挥舞着一把大镰刀，又快又狠。再加上它还有贪吃的个性和巨大的食量，蝗虫成了吞噬绿色植物的恶魔。也有人把特别能吃的人比作蝗虫。可见，人们对蝗虫并没有什么好印象。

蝗虫属于渐变态类型的昆虫，一生经过卵、若虫、成虫三个阶段，若虫期的形态和生活习性与成虫相似。雌虫的个头比雄虫明显要大，在腹部末端具有一个短而弯曲的产卵器，产卵器很坚硬，能够插入土中产卵。蝗虫产的卵呈块状，每块卵中大约有几粒到几十粒卵不等。产卵的时候，雌蝗虫腹部插入土中的深度和土壤水分的关系很大。在潮湿的土壤里，产卵器插得较浅，卵块基本上都是斜躺在表土中；而土壤干燥时，腹部插得较深，卵块和土壤表面基本垂直。蚂蚱的若虫一般被称为“蝗蝻”。刚孵化出的若虫没有翅，仅能跳跃，所以也叫作“跳蝻”。经过5次蜕皮后，蝗蝻便发育为具有两对翅的成虫。

北京的蝗虫大约有20多种，常见的有东亚飞蝗、棉蝗、中华剑角蝗、短额负蝗（北京人叫它“呱嗒扁儿”）、笨蝗（北京人叫它“土墩儿”）等。虽然这些蚂蚱或多或少对农业有些危害，但是它们也曾经给孩子们带来过很多欢乐。

“蹬倒山”这个名字听起来霸气十足。这是北京人对棉蝗的昵称。棉蝗身体壮硕，是东亚飞蝗的2~3倍，而且后腿力大无比，使起劲来，大有把山蹬倒的气势。棉蝗从小到大全身都呈青绿色，所以也有人叫它“大青蝗”。如果能够捉到一只大青蝗，其他小朋友可就有的羡慕了！

棉蝗属斑腿蝗科棉蝗属，个体很大，最喜欢吃的是棉花的叶子，对棉田的危害较大，这可能就是人们叫它棉蝗的原因吧。

棉蝗在北京一年发生一代，以产于土中的卵块越冬。第二年5月下旬孵化为幼蝻，脱皮6次后，大约在8月中旬至9月下旬陆续羽化为成虫，10~15天后成虫开始交尾产卵，9月下旬至10月下旬成虫相继死亡。成虫的寿命一般在25~40天。

雌成虫用自己腹端的背瓣和腹瓣在沙土中掘穴，直至把腹部全部插入沙土中才开始产卵。它喜欢将卵产在地势较高、土质坚硬干燥、人类耕作干扰少且向阳的地方。因为这些地方不易被水淹没，渗透性强，土壤通气性好，温度较高，有利于春季幼虫孵出。它尤其喜欢在棉田边缘的土壤中产卵，这样刚孵出的幼蝻就不怕找不着食物了。

1~2龄幼蝻食量很小，它们喜欢群聚，一般十几头幼蝻聚集在一起取食。3龄以后蝗蝻食量逐渐增大，群聚性逐渐减弱，到5~6龄后则开始大量分散取食。所以，棉蝗在大部分时间是散居型的。

文◎ 杨红珍

木 耳

办公室的窗外生长着一棵构树，其高度超过了这栋二层小楼。每年春天到来之后，它就开始吐芽，到盛夏时叶片已然变得十分繁茂，常常吸引喜鹊或乌鸦等鸟类前来追逐嬉戏。向窗外望出去，自是一片生机盎然的景象。

到了雨后的夏天，下得楼来，却发现树荫下别有另一番情景。在树根那里，已经长出了数丛密密麻麻的小蘑菇（鬼伞）；而在靠近基部的树干上，竟然绽放着几簇硕大的木耳。

木耳属隶属于担子菌门木耳科，其下有37种，其中我们比较熟悉的有黑木耳、皱木耳和毛木耳。木耳属真菌的子实体直径大多介于3 ~ 9厘米，通常呈耳状，因此得名。它们横向附于基物之上，有时具短柄。新鲜湿润的时候呈胶质，有韧性，但变干后硬而脆，易碎。

木耳可以在多种阔叶植物的树干或腐木上生长，如柳树、槐树、榆树等，当然也少不了刚刚提到的构树。因此，我们在北京周边的森林中总能偶遇木耳。人们经常根据木耳生长的基物对其命名。构树在古时称楮，长在其上的木耳因此被称为楮耳。类似的，长在槐树上的木耳称为槐耳。

我国古人早已知晓木耳是一种美味可口的食品，这从诸多历史文献中即可一窥端倪。最早记载木耳的是《礼记》，书中云“木栭……皆人君燕食所加庶羞也”，其中的“木栭”即指木耳。事实上，除了木栭之外，木耳在古代还有其他一些颇让人

感到意外的名称，如木蛾、木鸡等。李时珍在《本草纲目》对此做出了一番解释："木耳生于朽木之上，无枝叶，乃湿热余气所生。曰耳、曰蛾，象形也；曰栭，以软湿者佳也。曰鸡、曰枞，因味似也。"

陆放翁在其《冬夜与溥庵主说川食戏作》一诗中云"唐安薏米白如玉，汉嘉栮脯美胜肉"，而贾思勰在《齐民要术》中亦曾介绍黑木耳的烹调食用方法。由此可见，木耳因味鲜口感好而历来颇受人们的喜爱，其中犹以楮耳和槐耳为炽，不少文献均对它们有单独的记载。

既然木耳如此受欢迎，我们的祖先很早便开始琢磨如何栽培它们。较早记载木耳人工栽培方法的文献见于苏敬等人的《唐本草》，其中记载："桑、槐、楮、柳、榆，此为五木耳……煮浆粥，安诸木上，以草覆之，即生蕈尔。"古人不知木耳之来历，要煮浆粥放于木上，今人看来，这是多余的了。现在，我们已经可以利用段木甚至秸秆进行大规模的人工栽培。我国也是目前世界上最主要的木耳生产国之一。

即使现在市场有大量的栽培木耳，仍然有许多人喜欢野生的木耳。但这是可遇而不可求的。如果大家有幸在野外遇到了木耳，采摘时不妨留神一下，只采其子实体，不要破坏生长环境。这样当你再次造访时，说不定会有惊喜。

文◎ 黄满荣

七星瓢虫

不用说，你肯定认识瓢虫，半球形的身体就像一个缩小版的舀水的葫芦瓢。如果身披红色的外衣，再加上不多不少正好7个黑色的小斑点，谁都知道那就是大名鼎鼎的七星瓢虫了。七星瓢虫深受人们喜爱主要是因为它长得太漂亮了，而且红色在中国又是喜庆的颜色，所以民间对它的叫法也很喜庆，比如“红娘”“花大姐”等。在山西，它的名字叫“新媳妇”，这是因为在中国传统婚礼习俗中，新娘子穿的都是大红的衣服，跟七星瓢虫的颜色很像。小孩子看见七星瓢虫，就想将它拿在手里，但它往往一下子就飞远了。原来，它那硬硬的壳是能打开的，里面还有一对能飞的翅膀。其实，外面的硬壳也是翅膀，专业术语为“鞘翅”。

人们喜爱七星瓢虫，还有一个重要的原因，就是它是捕捉害虫的能手。七星瓢虫是广谱性的害虫天敌，可捕食麦蚜、棉蚜、槐蚜、桃蚜、介壳虫、壁虱等很多害虫。而且它的食量很大，一只七星瓢虫一天可以吃掉130多只蚜虫。因此，它又有了很多名字，如“活农药”“麦大夫”“害虫克星”等。七星瓢虫的幼虫也很喜欢吃蚜虫，而且食量很大。因此，聪明的成虫会把卵产在有蚜虫危害的叶片上，这样，幼

卵

幼虫

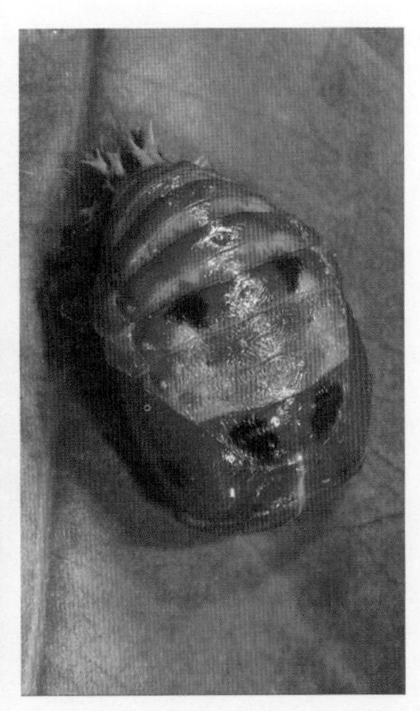
蛹

虫孵出来以后就能吃到丰盛可口的“饭菜”了。

在北京，七星瓢虫一年发生很多代。它们以成虫过冬，第二年4月开始活动。冬天，成虫会躲在小麦和油菜的根茎间，或者钻进向阳的土块下、土缝中休眠。一旦气温超过10℃，它们便会苏醒过来，开始新一年的“为民除害”。所以，我们一定要保护七星瓢虫。

七星瓢虫自身也有一系列抵御外敌的生存本领。虽然它有翅膀，一旦遇到危险就会张开翅膀飞走，逃离敌害。如果来不及飞走，它还可以通过装死的方式瞒天过海，即假装从树上掉落在地，脑袋和脚都收缩到身子底下，这样就会让敌害以为它死了，也就放过它了。这两种本领都是逃避天敌的办法，它还有一种积极进攻的方法，就是使用“化学武器”。当遇到敌害侵袭时，它的足关节会释放出一种极难闻的黄色液体，使敌害望而却步。

文◎ 杨红珍

七叶树

北京的潭柘寺历史悠久，其内有北京最古老的两株银杏，这是我所知晓的。因此，当我来到这里看到传说中的“帝王树”时并不是十分惊奇，倒是在同一院落中生长的两株七叶树颇让我感慨了一番。其雄伟挺拔之姿是我在其他地方所未见过的，据说这两株树高达25米，胸围约5.2米，以我之鄙见，也应当是北京最为古老的七叶树了吧。

七叶树与无忧树、菩提树及娑罗树并称佛门四大圣树。据传，佛祖释迦牟尼曾经居住在印度比哈尔邦迦耶城南的一个岩窟中，并在此讲经说法，而在岩窟周围生长着一大片繁盛的七叶树，故该岩窟又被称之为七叶岩、七叶窟或七叶园。释迦牟尼涅槃后，其弟子在此集结，统一经法。经此因缘，七叶树遂成为了佛教中的圣树。

七叶树隶属七叶树科七叶树属，为高大落叶乔木，具掌状复叶，每片复叶大多由7片小叶组成，因而得名，小叶呈长圆披针形至长圆倒披针形。每年4～5月为花期，总状花序呈圆筒形，其花杂性，雄花和两性花同株，白色。花开时节一树洁白，煞是壮观。其果球形或倒卵圆形，大约在10月份成熟。

因七叶树是佛教圣树，故在北京的寺庙中颇为常见。除了潭柘寺，在大觉寺、卧佛寺、灵光寺等处均可见到它们的雄姿。此外，北京的各大公园里也可

以找到它们的身影，如月坛公园就有一片不小的七叶树林，从东门进去后一抬头便可看到。七叶树也是一种良好的行道树。在2014年4月4日（首都全民义务植树日），北京市西城区组织的植树活动中，就在天宁寺桥北侧滨河公园内栽种了包括七叶树在内的百余棵树木。值得一提的是，尽管七叶树在我国很多地方都有分布和栽培，但七叶树的模式标本采自北京西山。

不过，长时间以来，七叶树常被误认为是另一种佛教圣树——娑罗树。

娑罗树又名娑罗双树，为龙脑香科娑罗属，主要分布在喜马拉雅山以南的地带。我国云南有一同属的树种为云南娑罗双，但是它们都不可能分布在中国的北方。按道理，这两者相差较大，不易混淆。但是在我国北方，七叶树却常被称为娑罗，其种子称为娑罗子，乃一味中药。如果说上述错误发生在民间倒还情有可原，糟糕的是在一些寺庙的介绍中也把七叶树当成了娑罗，实属不该。

这种错误从何而来呢？有人推测其渊源可追溯至玄奘。玄奘西域取经，不仅带回了大量的佛经，也带回了一些圣树的树种，并将其种植于坊州（今陕西黄陵、宜君一带）。至雍正年间，这些树苗已然长成参天大树，张虞熙曾以“瀑布开青黛，娑罗见月华”咏之。后来，乾隆皇帝也以“七叶娑罗明示偈，两行松柏永为陪”“豪色参天七叶出，恰似七佛偈成时”等诗句分别吟咏北京卧佛寺和香山寺的圣树。受气候条件所限，即使玄奘当年种下了娑罗的种子，它们也不可能在北方生长，因此，张虞熙和乾隆皇帝一定是误把七叶树当成了娑罗。不过我们无法责怪他们，毕竟他们也没有经过植物学的训练。但是直到今天还把七叶树当成娑罗，是不是应当反省一下呢？

文◎ 黄满荣

蛴 螬

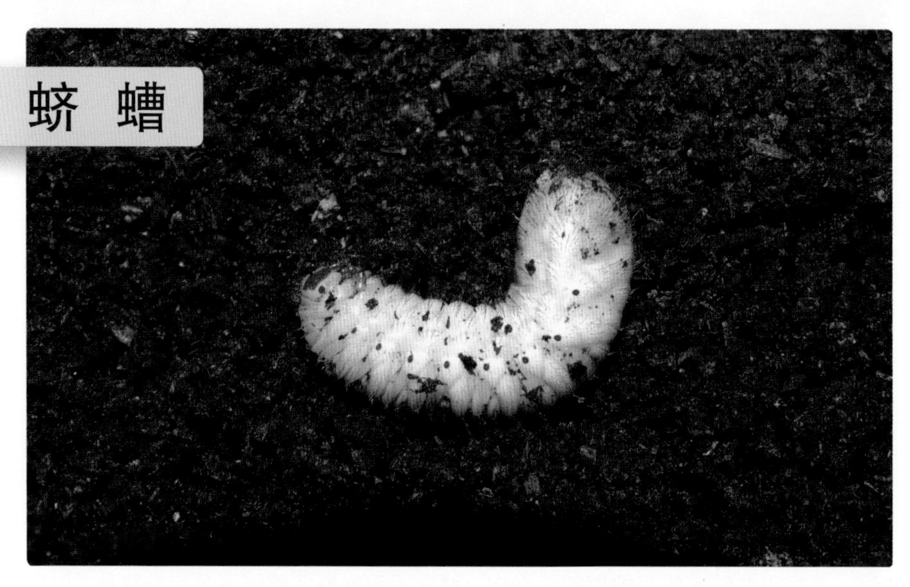

在田间翻整土壤的时候，或者搬起一块很久没动过的石头的时候，又或者在院子里搬弄花盆的时候，你都有可能会发现土中躺着一只又大又白的肉虫子，长得跟蚕宝宝一样长，但是却比蚕宝宝胖多了。它的身体弯曲呈“C”形，脑袋小而圆，颜色为黄褐色，与身体的颜色形成很大的反差。它就是蛴螬，家里养鸡的农户会把它捡起来喂鸡。

蛴螬是金龟子的幼虫，别名白土蚕、白地蚕、核桃虫、鸡婆虫、土蚕、老母虫、白时虫、蛭头、大牙等。蛴螬在地下活动，它的头部有一对“钳子”，能够切断植物的根、块茎以及幼苗，是世界性的地下害虫，危害多种农作物、经济作物和花卉苗木。

金龟子为完全变态昆虫。成虫体形为椭圆形或卵圆形，触角鳃状，成虫一般雄性比雌性大。它的前翅硬化为坚硬的壳，可以起到自我保护的作用，而且表面光滑，大多数具有金属光泽，是一类比较漂亮的昆虫。夏季是交配的季节，成虫交配后10 ~ 15天产卵。卵多产在树根旁松软湿润的土壤内，这样的话，幼虫孵化后就可以直接取食了。每头雌虫一次可产卵100粒左右。幼虫生活于土中，老熟幼虫在地下作茧化蛹。金龟子的卵、幼虫、蛹都过着暗无天日的地下生活，只有成虫有时候会在地上出现。寻找配偶、进而完成传宗接代的任务，都需要在地上进行。

金龟子

金龟子有夜出型和日出型两种，夜出型夜晚取食为害，多有不同程度的趋光性，而日出型则白天活动取食。有些金龟子还有假死现象，受惊后它们便掉落在地装死，这样就可以逃脱天敌的危害。这也是它们保护自身的一个手段。

金龟子一年发生的代数依种类不同而不同。在北京，小青花金龟和铜绿丽金龟一年发生一代，以幼虫在土中越冬。大黑鳃金龟1～2年发生一代，以幼虫和成虫在土中越冬。华北大黑鳃金龟两年发生一代，以幼虫和成虫越冬。近年来，蛴螬也成为北京草场的一大害。蛴螬在土壤中咬断草根，破坏草坪，使草坪枯黄。危害最严重的有大黑鳃金龟、铜绿丽金龟和暗黑鳃金龟等鳃金龟科和丽金龟科的蛴螬。

文◎ 杨红珍

日本钟蟋

在蟋蟀类鸣虫中，有些种类的鸣声具有强烈的金属质感，因而也被称为金声鸣虫。与其说是鸣声，不如说是乐器的演奏声，因为它们是通过左右翅相互摩擦而发声的。别看它们的翅膀一般都很薄软，但是演奏的声音却有金属敲击的美感，不急不躁，徐徐而来，充满穿透力，既不会让你听不清，又不会让你感觉嘈杂，因而受到人们的喜爱。金钟儿就是其中的一种。

金钟儿的大名叫日本钟蟋，也叫马蛉、金琵琶、油蛉、蛉虫等，它的叫声细细的，就像摇动铃铛发出的声音。鲁迅先生在《从百草园到三味书屋》中，有一段关于昆虫的精彩描述："单是周围的短短的泥墙根一带，就有无限趣味。油蛉在这里低唱，蟋蟀们在这里弹琴。翻开断砖来，有时会遇见蜈蚣；还有斑蝥，倘若用手指按住它的脊梁，便会啪的一声，从后窍喷出一阵烟雾。"鲁迅先生将油蛉的叫声比喻为"低唱"，可能是觉得它的声音轻细悦耳吧！当然，这个美妙的声音依然是雄虫发出的。与其他鸣虫一样，油蛉的雌虫是"哑巴"，但它们的腿上长着很敏感的"耳朵"，不怕找不到伴侣。

金钟儿属于直翅目蟋蟀科，全身黑色，头很小，身体稍扁平，腹部稍长。撇开触角和六条腿，当翅膀合在一起的时候，它的身体很像一颗黝黑饱满的西瓜子。它的触角很长，几乎超过了身长的两倍，而且触角的大部分是白色的，只有根部一两节是黑色的。细长柔软的白色触角，配上像黑西瓜子一样的身体，还有六条纤细的美腿，想一想都觉得可爱！

金钟儿在北京很常见。它们喜欢生活在阴暗潮湿的环境里，是夜间活动的昆虫，所以不喜欢阳光。日光照不到的石块和墙壁下、地表落叶和瓦片等覆盖物之下、潮湿的草丛和树根裂缝里都是它们的宜居之所。

除了长相和叫声之外，人们还喜欢它的性格魅力。金钟儿非常温柔平和，跟蛐蛐、蝈蝈那些性格急躁、爱打斗的鸣虫比起来，它的性格简直是太完美了。即使你把它放在手心或者近距离观赏，它也不紧不慢，仪态万方。

文◎ 杨红珍

三山五园

清王朝鼎盛时期，在北京西郊建成了“三山五园”，即香山静宜园、玉泉山静明园、万寿山清漪园，以及圆明园、畅春园。其中，“五园”还另有一说，即圆明园、长春园、绮春园、熙春园（今清华大学西部）、春熙园（今北京大学北部）。其实这也无须争论，因为“三山五园”只是民间对京西皇家园林的一个泛称而已。

历经百年沧桑，“三山五园”地区已经发生了巨大变化。但如今这里仍然保留着最后和唯一一座完整的皇家园林——颐和园，以及圆明园遗址、玉泉山、香山、清华园和未名湖等著名的文化游览区。

素有“神京右臂”之称的西山，峰峦连绵，自南趋北，其余脉在香山一带兜转向东，好像屏障一样拱列于京城的西面和北面。香山自然条件优越，植物种类丰富，更拥有“香山红叶”这一著名景观。每年秋季，香山红叶如火似锦，绚烂壮丽，使人不禁想起“霜叶红于二月花”的著名诗句。香山红叶主要涉及14个树种，总数达14万株，其中黄栌就有十万余株，是红叶的主体树种。此外，侧柏、油松也是这里较为突出的优势树种，各种混交林群落也有很多，林区内还分布着丰富的野生地被植物。

香山公园拥有一二级古树共计5866株，包括侧柏、油松、桧柏、白皮松、国槐、银杏、七叶树、皂角、元宝枫、楸树、榆树、栾树、麻栎等13种古树，其中静宜园内有“听法松”“凤栖松”“五星聚”，香山饭店内有“会见松”，碧云寺内有“三代树”“九龙柏”等，在松堂内还有华北地区最大的白皮松古树群。

颐和园同样拥有丰富的古树资源，总数达1601株，有油松、白皮松、圆柏、侧柏、楸树、白玉兰、桑树和国槐8种。古树群落主要分布于万寿山及长廊沿线、后湖

黑天鹅

两岸，其中侧柏主要分布于长廊区及万寿山前山中路南北两侧，油松主要分布于后山区，圆柏主要分布于万寿山前山，白皮松、国槐等其他树种散布于园中各处。

颐和园植被群落由乔木、灌木、藤本植物、草本植物和部分水生植物组成，在宏观上师法自然，由大量本土物种配植成针阔叶混交的人工群落，并与自然山区的植物群落达到一致。颐和园的水系植物景观与长河沿岸景观更具趣味性。

在颐和园中，万寿山依傍着昆明湖，山上树木苍翠，一派生机。万寿山因昆明湖湖水而灵秀葱茏。在湖水中生活着十多种鱼类，如马口鱼、棒花鱼、白条鱼、大鳍鱊、兴凯鱊、红鳍原鲌、翘嘴鲌、华鳈、中华沙塘鳢和草鱼等，此外还生活着中华鳖等水生动物。这里还是水鸟的天堂，每次大天鹅的光临，都会引起一阵轰动。

在被焚毁后的150多年来，圆明园已经逐渐形成了一个特殊的、接近自然的生态环境。这里生活着木本植物百余种、草本植物200多种，湿地植物也十分丰富，已经形成了较为稳定的芦苇、香蒲、莎草属植物群落。

作为北京城区附近具有大型水面的公园，颐和园和圆明园遗址公园内丰富的生物多样性是城区其他公园所不具备的，尤其是为各种鸟类提供了重要的栖息环境，其中包括种类和数量众多的鸣禽、小型猛禽、攀禽，以及各种鹭类、雁鸭类、董鸡和普通秧鸡等伴水而居的涉禽和游禽。因此，颐和园和圆明园遗址公园双双被选为首批“北京十佳生态旅游观鸟地”。

文◎ 李湘涛

香 山

花鼠

桑树

据《三国志·蜀书·先主传》记载："先主少孤，……舍东南角篱上有桑树生高五丈余，遥望见童童如小车盖，往来者皆怪此树非凡，或谓当出贵人。先主少时，与宗中诸小儿于树下戏……"

蜀汉先主刘备的故乡，在今河北涿州市，其实也就在北京的边上，沿京港澳高速公路南行60公里就到了。

由此可见：一、桑树是一种很古老的植物；二、北京及其周边地区自古就有桑树种植；三、如果你家的院子里有一棵大桑树，那么你今后说不定会成为"贵人"呢。

桑树自古就有"东方自然神木"之称。它是属于桑科桑属的乔木或灌木，一般高3～15米，树冠倒卵圆形，树皮灰白色，具条状浅裂。叶片卵形或宽卵形。雌雄异株，花单性，果实较瘦，多数密集成卵圆形或长圆形的聚花果，起初为绿色，成熟后变为黑紫色或红色，看上去像由许多小粒构成，这就是桑葚，以果肉鲜美、酸甜适口而被人们所喜爱。

桑树还是改变世界历史进程的物种之一。我国是世界上种桑养蚕最早的国家，栽培桑树已有7000多年的历史。那时，在桑树上生存着饱食终日的野蚕，它们摇头晃脑，悠闲自得。而我们的祖先在采摘桑葚的时候，发现它们能够吐丝结茧，于是就试着从茧壳里慢慢拉出又细又长的丝线，还把这种丝线织成了丝织品。等他们发现这种丝线做成的衣服要比麻纤维之类的衣服穿起来舒服得

桑叶与蚕

多的时候，我们的祖先就开始对蚕进行驯养家化，使它们能抽出更长、更柔软、更坚韧的蚕丝。“家蚕”也由此诞生。其实，蚕宝宝在化蛹之前吐丝结茧，是为了让自己能在茧壳的保护下，安全度过不食不动、毫无抵抗能力的蛹期。但是，因为出现了“聪明”的人类，蚕吐丝的作用也变得完全不同了。

从此，男耕女织成为中国人传统的生活方式。桑叶被用来养蚕，所以便有了“农桑”的说法。从“神农耕桑得利”、“伏羲化蚕”、黄帝“淳化鸟兽虫蛾”、嫘祖“始教民育蚕”等传说故事，到张骞奉命出使西域，开辟古老的丝绸之路，搭建东西文化交流的桥梁，都反映出我国栽桑养蚕文化对世界文明做出的重要贡献。

到了明清年间，每年春季皇帝都要在先农坛“亲耕”，皇后则要在先蚕坛“亲桑”，为天下的黎民百姓做出表率。北海公园的先蚕坛建于清朝乾隆七年（1742年），是清朝皇帝的后妃祭祀蚕神的地方，为北京的九坛八庙之一，也是北京现存较完整的一处皇家祭祀场所，里面种植的桑树已有百年树龄。

在我国传统文化中，桑树具有神圣崇高的地位，也具有丰富的文化内涵，如“桑梓”代表故乡，“桑榆”喻指晚年，“桑弧蓬矢”指男子志向远大，等等。

文◎ 李湘涛

麝鼹

你认识图片中的动物吗？十几年前，手机、网络还不像现在这样发达，当时北京一家报纸的新闻热线是通过刊登一张“怪物”照片的方式向读者求助它的名称的。很快就有读者给报社打来电话：“那东西是鼹鼠，在北京郊区特常见。”

20世纪90年代，我们在进行北京地区野生动物调查时，在大兴、顺义、通县等地的农田附近总会看到这儿一小堆土，那儿一小堆土。这些土堆都是鼹鼠在挖掘洞穴时堆积起来的。

在北京郊区生活的鼹鼠主要是麝鼹，老乡们称它“地里爬子”。它的主要特点是体毛通常为黑褐色，嘴尖，眼小。后肢细小，前肢发达，粗壮有力，脚掌向外翻，有利爪，便于快速挖土。

鼹鼠不是夜间活动的动物，只不过我们很少能够碰见它们。实际上，鼹鼠是用4个小时来疯狂地挖掘和吃东西，再用4个小时来睡觉，如此循环往复。鼹鼠视觉差，在地下“旅行”中主要依靠灵敏的嗅觉。更为奇特的是，它们还能利用地球磁场来定向。它们在地下挖掘四通八达的隧道不仅是建造洞穴，而且常常是为了寻找它们的主要食物——蠕虫。不过，如果顺便碰见其他能吃的东西，如蚯蚓、蜘蛛、蜈蚣、蜗牛等，它们也从不放过。

鼹鼠是体型最小的一类哺乳动物，却是体型最大的土壤动物，所以它们的耕耘对土壤所产生的影响也是最大的。它们活动时，在地面下方不太深的地方水平移动，不断挖掘接近表层的土壤。这样的“耕耘”方式与蚯蚓类似，但比蚯蚓的作用大得多。

此外，鼹鼠对人类的贡献还有很多。科学家在《自然》杂志上发表的一篇论文证实，鼹鼠会分泌一种自杀性物质——β干扰素，能够杀死过快增殖的细胞，这可能会为人类抗癌研究开辟新途径。

在仿生学方面，一台外形酷似鼹鼠的高智能机械设备不需要对地面“开膛破肚”，不用大面积开挖作业坑，很快就能铺完长100米、直径0.5米的地下管道。

因为鼹鼠的名字中有一个“鼠”字，再加上其与鼠类相似的长相、行为等，很多人都认为它是鼠类的一种，甚至一些专业人员也把它们混为一谈。

事实上，鼹鼠是隶属于食虫目的动物，而鼠类隶属于啮齿目，两者有很大的区别，特别是牙齿。老鼠的门齿强大，呈凿状，但缺少犬齿；鼹鼠有门齿和犬齿，但比较弱，臼齿的分化程度也相对较低，齿根也不像老鼠那样能终生生长。在外形上，鼹鼠的吻鼻部更为尖长，并明显超过下唇；尾毛更短而稀；前爪比老鼠发达，后肢却不如老鼠强壮。

虽然关于鼹鼠尚有诸多未搞清楚的谜团，并且在人类动物文化中甚少提及它，但一部动画片《鼹鼠的故事》却让它成为了家喻户晓的动物明星。1956年，捷克艺术家、插图画家和电影导演兹德涅克·米莱尔在布拉格以西的一处树林里被“鼹鼠土堆”绊倒之后获得灵感，创造出了一个全世界儿童都十分喜爱的动画形象。相应的鼹鼠玩具也风靡全球，小鼹鼠毛绒玩具还陪伴美国宇航员安德鲁·菲斯特尔（其妻为捷克人）搭乘“奋进号”航天飞机，完成了最后一次航天飞行任务。

文◎ 李湘涛

鼹鼠土堆

十星瓢萤叶甲

一年夏天，我忙里偷闲去郊外旅游，悠闲地漫步于林间小道时，突然发现一棵爬山虎叶子上有很多缺刻，有些叶子甚至被吃光了，只留下叶脉。好奇的我于是停下来，想看看到底是“何方妖孽”在作怪。翻开爬山虎的叶子，发现下面有很多甲虫，它们的背部微微隆起，鞘翅的颜色为橙黄色，很光滑，鞘翅上有几个黑色的圆斑，乍一看很像七星瓢虫。可是仔细一数，每一个甲虫鞘翅上都有10个圆斑，那么它肯定不是七星瓢虫了。进一步观察发现，它的身体也没有七星瓢虫那么圆，好像更长一点，有点椭圆的感觉。而且触角也不一样。瓢虫的触角为锤状，端部膨大，短小，而这种甲虫的触角比瓢虫要长很多，端部也不膨大。原来它不是瓢虫，而是一种叶甲，名叫十星瓢萤叶甲（从它的名字也可以看出来它跟瓢虫很像）。

十星瓢萤叶甲又名葡萄十星叶甲、葡萄金花虫，属鞘翅目叶甲总科萤叶甲科，寄主植物主要有葡萄、柑橘、山葡萄、爬山虎、紫藤、月季、蔷薇和牡丹等。

十星瓢萤叶甲曾经是葡萄产区的重要害虫之一。早先它对葡萄和野葡萄的危害比较大。成虫和幼虫都吃葡萄叶片，虫害大发生的时候葡萄叶子会被全部吃光，只剩下光杆叶脉，连葡萄的幼芽也难逃“虎口”。如今它的危害已经对葡萄构不成威胁了。近几年来，十星瓢萤叶甲对北京的爬山虎造成的危害日益严重。

十星瓢萤叶甲在北京一年发生一代，以卵越冬，成虫在被害植株基部附近枯

枝落叶下或土中产卵，卵黏结成块状。第二年5月下旬幼虫开始孵化，6月上旬进入孵化盛期。幼虫在清晨和夜晚出来活动和取食，白天基本上待着不动。幼虫老熟后钻入土中筑室化蛹，蛹期10天左右。7 ~ 8月份羽化为成虫。成虫羽化后经6~8天就可以交尾，交尾后8~10天便开始产卵。8 ~ 9月份为产卵期，每只雌虫可产700~1000粒卵。成虫的寿命一般为60 ~ 100天，进入9月份后开始陆续死亡。成虫有一定的飞行能力，它们喜欢白天出来活动，如果光线太强，就会躲在叶背面或荫蔽的茎叶上。

十星瓢萤叶甲的幼虫和成虫受到惊扰后，都会分泌一种黄色带有臭味的液体，能把天敌熏走，从而逃过一劫。它们还有一种自救措施，那就是掉落在地上装死。聪明的人类利用这一特点，将它们从树叶上震落，然后再集中捕杀它们。由于成虫产卵成块，所以刚孵化的幼虫基本上也成堆，人们也可以在幼虫还没来得及分散的时候，将有虫叶片摘下来集中处理，从而在它们造成严重危害之前就将其除掉。

文◎ 杨红珍

屎壳郎

相信大家对屎壳郎是再熟悉不过了，因为它有推粪球的习惯。就算我们没有亲眼在野外见过屎壳郎推粪球，也会在书上、电视上和博物馆里看见过。

屎壳郎推粪球的行为太有趣了。如果是一只屎壳郎推粪球，它会用后足抓着粪球，前足用力推地，倒着往后走。如果是一雄一雌互相合作，一个在前，一个在后。前面的一个用后足抓紧粪球、前足行走，后面的用前足抓紧粪球、后足行走。粪球越滚越大，甚至比它们的身体还要大。这时，一对屎壳郎仍然不避陡坡险沟，前推后拉，大有不达目的、誓不罢休的气势。

那么，屎壳郎推粪球是因为它们很顽皮，没事干推着玩吗？当然不是，屎壳郎是在辛勤劳动为自己的孩子造房子呢！因为屎壳郎是完全变态昆虫，它的卵、幼虫、蛹都要在粪球里生活。屎壳郎的头上长着一排坚硬的角，排列成半圆形，很像一把种田用的圆形钉耙，用来收集它所中意的粪土。屎壳郎把粪球推到一个合适的地方后，就用头上的角和三对足，将粪球下面的土挖松，使粪球逐渐下沉，再将松土从四周翻上来，直到将粪球全部埋进土中。随后，雌性屎壳郎便将卵产在粪球里。卵孵化为幼虫后，开始吃粪球里的粪便，不久，它们就变得肥胖起来，然后开始化蛹。整个幼虫期所需的营养全部来自这个粪球。

屎壳郎也叫蜣螂、推粪虫等，属于鞘翅目蜣螂科。北京约有20多种，在平原、山区均有分布。

在埃及神话传说中，屎壳郎是太阳神，负责太阳的升落,所以屎壳郎也被称为圣甲虫。不过，在其他国家，屎壳郎可就没有这么好的命运了。很多人无法接受它吃粪便的习性，所以在有些国家的文化中认为屎壳郎是魔鬼，是邪恶的象征。而在中国，屎壳郎虽然也被认为是低贱、卑微的生物，但其宽厚的身形、低调的黑色系外观也深入到传统文化中。关于屎壳郎的歇后语有很多，比如“屎壳郎推粪球——愣当足球健将”“屎壳郎上马路——冒充中吉普”等，虽然略带贬义，但也不乏趣味。不论其在各地文化中的角色如何，它们在生态系统平衡中都起着十分重要的作用。屎壳郎以粪便为食，是大自然的清道夫，是地球生物链上不可缺少的一环。此外，屎壳郎还能为一些开花时散发恶臭的植物传粉。

目前，我国屎壳郎的处境已经日趋严峻，迫切需要采取措施对屎壳郎进行保护。如果我们坐视不理，也许在不久的将来就只能在博物馆、影像资料中才能看到这些大自然的“清道夫”了。

文◎ 杨红珍

水 杉

北京植物园樱桃沟有一条木板栈道，在栈道的两侧挺立着一排排高大挺拔的乔木。它们躯干挺直，枝叶繁茂，姿态优美，仿佛训练有素的仪仗队，欢迎着来自四面八方的游客。这些乔木就是著名的水杉。

水杉隶属于裸子植物中的杉科水杉属，是一种高大的乔木，高达30米以上。树皮灰色、灰褐色或暗灰色，随着树龄的增加不断脱落更新，内皮则为淡紫褐色。其枝斜展，侧生小枝排成羽状，冬季凋落。叶扁平条形，上表面淡绿色，下表面颜色较淡，在侧生小枝上相互对生，排成两列，羽状，冬季与小枝一同脱落。球花单性，雌雄同株，雄球花单生于枝顶或叶腋，排成总状或圆锥状花序，雌球花单生于去年生枝顶或近枝顶。球果下垂，近四棱状球形或矩圆状球形，成熟前绿色，熟时深褐色。花期为2月下旬，球果11月成熟。

水杉是水杉属中现存的唯一种，乃我国特有种，野生种群分布于湖北、重庆、湖南三省交界的利川、石柱、龙山三县局部地区，海拔区间为800～1500米。这些地方的气候温和，夏秋多雨，土壤属性为酸性黄壤。但是在欧洲、北美和东亚，从晚白垩纪至始新世的地层中均发现过水杉化石。它们大约存在于距今250万年的冰期以前，但是没能在冰期期间存活下来，因此才留下了水杉这一“独苗”，被称为“活化石”。

水杉的发现是植物学史上的一段佳话。1939年，日本的三木茂发现了一种植物化石，它和红杉（*Sequoia*）相似，但又不尽相同，于是在1941年发表为*Metasequoia*。1943年7月21日，王战赴湖北恩施，路过四川万县（今重庆万州）时得知磨刀溪有“神树”存在，于是找到此树并采得枝叶、果实标本，后鉴定为水松（*Glyptostrobus pensilis*）。1945年夏，王战将一小枝和两个果实标本送给吴中伦，经郑万钧鉴定,认为不是水松，而是新类群，定名*Chieniodendron sinense*，但是并未发表。1946年四五月间，胡先骕认为这种植物即为三木茂发表的化石*Metasequoia*，于是在1948年5月，胡先骕和郑万钧联名发表论文，题为《水杉新科及生存之水杉新种》。

水杉的发表立即引起了国内外植物学界和古生物学界的轰动。美国加州大学伯克利分校古生物系主任拉尔夫·W.钱尼（Ralph W. Chaney）于1948年专程来华实地考察水杉。很快，这种优美的孑遗植物被世界各地引种。现在，全世界约有50个国家和地区栽培有水杉，甚至包括北纬60°的圣彼得堡及阿拉斯加等寒冷地区。

从2014年始，北京植物园在水杉区修建了喷雾景观，水杉林中云雾缭绕，令游客有如置身仙境。但是有一些游客，也许是为了更加深刻地体验仙境的感觉，竟然跑到栈道下方去拍照、嬉戏，对水杉区的地面植被造成了破坏。因此，为了保护水杉，也为了体现我们自己的文明素养，还请大家在水杉区游览的时候，不要随便离开栈道，而是好好享受“活化石”带给我们的夏日清凉吧。

八卦一下，水杉虽然在其家族内“茕茕孑立”，但它也是有亲戚的。与水杉关系最近的是加州红木和巨杉，它们分布于美国西岸的加州及内华达山脉西侧。虽然分布区很小，但它们却是植物界的巨人，尤其前者一直保持着世界最高树木的纪录，最高达115.61米，这几乎是树木生长高度的极限了。

文◎ 黄满荣

松 鼠

普通松鼠

前几年，去香山或八大处看松鼠，似乎成了北京人的一大乐事。

松鼠身体细长，双耳长而向上竖立，耳端还有一簇长而粗的黑毛，两眼炯炯有神。较短的前肢灵活自如，常常抱着食物，健壮的后肢十分有力，适于运动。它的背毛呈暗灰色，腹毛多为灰白色，尾毛长而蓬松，不时地向背部反转。

这种松鼠也叫普通松鼠，可能并非北京的“原住民”。从前，普通松鼠曾在河北、河南、山西和陕西等地有分布记录，随着天然针叶林的消失，它们在这些地方不见了踪迹。2005 年冬季，它们出现在香山玉皇顶附近，可能是逃逸的宠物或者是被人放生的。它们多在松树、槭树和栗树上活动，采食种子和坚果等，行动敏捷。在香山一带还常常能见到另外两种松鼠——花鼠和岩松鼠。事实上，它们才是这里的“原住民”。此外，2003年在东灵山小龙门林场还曾发现过隐纹花松鼠，是北京新记录的一种松鼠。

普通松鼠的分布几乎遍及整个欧亚大陆北部，而且由西至东，它们的颜色也由最为著名的火红色转变为灰褐色。松鼠为日行性动物，也不冬眠，即使是大雪封山的时候，它们也要冒着严寒出来觅食。但是，冬天里寻找食物毕竟是困难的。因此，松鼠非常擅长储存食物。一到秋季，它们就开始忙碌，把多余的食物埋藏起来，以备食物短缺的冬季食用。到第二年春天，那些被松鼠遗忘的“地下粮食”便

岩松鼠

长成了树苗。因此，松鼠还被誉为森林里的“播种能手”。

于是，松鼠怎样找到埋藏的食物就成了一个问题。一般观点认为，嗅觉对于它们找回食物具有重要意义。然而，嗅觉信息对贮食者和非贮食者的影响是相同的，如果仅凭嗅觉就能找回贮藏的食物，则不能体现出食物贮藏者的优势，贮食者应该有某种优于非贮食者的找寻方式，才是符合逻辑的生存之道。

因此，有学者认为，空间记忆可能是松鼠找回自己贮藏食物的一个重要手段，因为只有贮食者知道食物的贮藏点，从而能够体现出自身的优势。不过，这一假设至今还没有得到野外实验的证实。一只松鼠可能在短时间内完成数百个贮藏点，仅依靠空间记忆记住所有贮藏点也是值得怀疑的。而且，随着时间的推移，它们的空间记忆能力也会逐渐下降。可见，松鼠如何综合利用各种机制找回贮藏的食物，尚待科学家进行深入的研究和探讨。

有趣的是，有的松鼠为了避免它们冬季的食物储备被偷走，还会故意装作埋藏食物的样子，来欺骗可能正在盯着它们的其他同类或其他动物，如小鸟甚至人类。它们的演技非常高，可以达到以假乱真的程度。就连动物学家都对它们的高超骗局感到非常惊讶。

在传统文化中，松鼠也招人喜爱，从艺术装饰中就能看出来，最为常见的是葡萄松鼠纹。尤其在明清以后，这一纹样经常出现在瓷器、绘画艺术和装饰中，具有“多子多福”“子孙万代”的吉祥寓意。

这几年，松鼠在北京的数量越来越多，在植被比较好的公园里几乎都能见到它们的身影。不仅如此，松鼠的性情也从早期的羞涩变为了“贼大胆”。在很多地方，人们不仅能近距离观察、拍摄松鼠，也可以用手直接给它们喂食，从而为喜爱它们的人平添了一份乐趣。

只是，由于人们的“爱心奉献”，不少松鼠好吃懒动，身躯也变得肥胖了。因此，不打搅、不惊吓，才是对松鼠最好的关爱。

文◎ 李湘涛

酸浆

在东北老家上小学的时候，一到秋天，女同学的嘴唇中央就常常多了一个小红“球球”，十分有趣。这个小红球是一种野生植物的果实，叫作“红姑娘儿”，尤其受到十多岁小女孩儿的喜爱。她们用针在果实上扎一个小孔，就可以把其中的籽和肉弄出来，再用舌尖轻轻一卷，就可以一下一下地将果皮裹成小红球了。

“红姑娘儿”这个名字很有趣，但并无拟人化的意味。因为，在东北“姑娘儿”这两个字的发音是gū niǎng，并且是个儿化音。虽然只是在发音上拐了个弯儿，但这个词就是对应这种植物果实的。现在有的水果摊上写的是“菇蔙”，虽然字典上似乎没有后面这个字，却也真实地反映了它的植物属性。

其实，我们小时候，尤其是男孩儿，更喜欢的是另外一种“姑娘儿”——“洋姑娘儿”。它比“红姑娘儿”的果实略小，外皮黄白色，果实为黄色。“洋姑娘儿”的味道比较甜，好吃。而“红姑娘儿”有一股青涩的苦味，只有经霜打后才稍微变得酸甜一些。因此，人们常把它们用线穿起来，挂在屋角上，这也给东北寂寞的冬天涂抹上

了些许温暖的色调。

到北京工作后，才知道原来这里也有“红姑娘儿”，但要比东北少多了。据说，它是由元世祖忽必烈引入的。

“红姑娘儿”的大名叫酸浆，是茄科多年生草本植物，常生于京郊的田野、沟边、草地、林下、路旁及山坡荒地一带。它的茎直立，大的约1米高。夏季由其叶腋处伸出一个长花柄，上面开一朵乳白色的花。果实外有膨大的花萼，如灯笼状疏松地包围在浆果之外。这层纤维质口袋状的外壳，植物学称其为囊状花萼。刚挂果时外壳为青绿色，到秋天先是变为黄色，随后变为橘黄色。果实成熟时，薄薄的、鼓鼓的外壳就变成橙红色了。外壳上面有9条粗的纵纹，纵纹之间是网状的细纹。果实由果柄倒挂在秧子上的叶腋处，数量很多，就像一盏盏核桃大小的红灯笼，十分好看，因此它又有“灯笼草”“金灯草”“挂金灯”“灯笼果”等雅号。

文◎ 李湘涛

酸枣

90多年前，鲁迅在阜成门内西三条的一个四合院里，写下了一句著名的话："在我的后园，可以看见墙外有两株树，一株是枣树，还有一株也是枣树。"（《野草·秋夜》）这种有趣的写法及其寓意，至今仍为众多读者津津乐道。

枣树的确是老北京城区内最常见的树。早在战国时期，作为燕国国都的北京就被称为饶有"枣栗之利"的地方，但大规模种植枣树始于金元两朝。在与枣相关的民俗中，以洞房花烛夜在新人被窝中放上枣和栗子（取"早立子"的含义）最为普遍，但新人是不是嫌硌得慌就不管了。

如果说北京城区是枣树的地盘，那么郊外就是酸枣的天下了。有的山坡上，酸枣一株挨一株地连成一片，细枝细条，满身硬刺，低低矮矮，总也长不高的样子，单薄得近乎可怜，却很有筋骨和活力。它喜欢温暖干燥的环境，但适应性极强，耐碱、耐寒、耐旱、耐瘠薄，无论是山区、丘陵还是平原，都能生根、开花、结果，因此也是自然绿化的先锋树种。

6月间，酸枣树开出米粒状的小花，黄黄绿绿的，如夜空中的繁星，散发着一种淡淡的香味儿。秋风一吹，果实就长成了，红彤彤的，像珍珠，又像玛瑙，密密麻麻地挂在枝头，虽然仅有蚕豆大小，但核大肉薄，滚圆滚圆的，很光滑。摘一颗放进嘴里，味道酸酸甜甜，虽算不上很好吃，却很讨人喜欢。

在《三国演义》中，曹操在征张绣的行军途中有一个著名的“望梅止渴”的故事。类似的传说还发生在清朝康熙皇帝西征噶尔丹的路上，只是将士们遇到的酸甜果实换成了北方的酸枣。大获全胜之后，康熙皇帝仍意犹未尽，又将酸枣遍赏后宫，让妃嫔们共同品尝胜利的喜悦。

酸枣和枣的关系非常密切。大多数人认为枣为原生种，酸枣为它的变种；但也有人认为恰恰相反，即酸枣为原生种，枣为变种。

从表面上看，酸枣和枣的差异还是很明显的。例如酸枣虽然也有乔木，但主要为灌木丛，针刺发达，枝叶偏小，果小而多味酸，果核偏大，种仁饱满；而枣则多为中乔木，针刺较发达或无，枝叶较大，果大、肉厚、味甜，种仁多不饱满或无。我国古人很早就知道酸枣和枣的差异，在《诗经》中已有枣、棘之分，其中的棘便是小枝多刺的酸枣，而“荆棘遍地”“披荆斩棘”等成语中的棘同样是指酸枣。

酸枣又名山枣，属于鼠李目鼠李科枣属。它的繁殖能力极强，既能通过根的不断分蘖繁殖，也能利用种子传播繁殖。每年的花期长达70天左右，从当年的幼树到上百年的老树均能开花结果。有趣的是，酸枣树上长满托叶刺，果实难以采摘，但一些聪明的动物，如赤狐，却能够避开这些锋利的刺，取食到低矮树枝上成熟的果实，从而在客观上对酸枣种子的远距离传播做出了很大的贡献。

文◎ 李湘涛

螳 螂

螳螂是小孩子很喜欢的一种昆虫。它的模样生得很怪，长长的颈部上面顶着一个能做180°旋转的三角形的头，头顶上生有一对多节的、又细又软的、长长的触角，头部的一对巨大的复眼向外突出，胸部特别长，占身体长度的一半以上，两只前足总是收拢在胸前，前足上有很锐利的锯齿，像举着两把大镰刀。

小时候，家里的大人们告诉我，螳螂会算卦，所以我就把它当神一样供着，从来没有伤害过它。每当我和小伙伴看见一只螳螂，我们就会对着螳螂说："螳螂螳螂，哪里有鬼？"螳螂就会转动它的大脑袋然后停在一个方向；我们再问："螳螂螳螂，哪里有坏人？"螳螂又会转动它的大脑袋指向另一个方向。其实大家并不在乎那个地方是否真的有鬼有坏人，但因为它总有一个指向，所以儿时的我们觉得螳螂很神。

螳螂又名刀螂、拒斧、天马等。北京常见的螳螂主要有中华大刀螂、拒斧螳螂、薄翅螳螂和棕污斑螳螂。它们一般生活在草丛、灌木、树丛里，是农林害虫的重要天敌。它们不但能捕食像蚊子、苍蝇、蟋蟀以及蝶蛾类的幼虫、蛹等小型昆虫，还能捕食蝗虫、螽斯及蝉等大型昆虫。夏季，我们也会在城市的路灯下看到螳螂，它们正在那儿忙着吃蚊子呢！螳螂凶残好斗，食物缺乏的时候，大螳螂就会把小螳螂吃掉；雌雄螳螂交配后，雌螳螂也会吃掉雄螳螂以补充能量，从而有力气产卵。这可能也是它们千万年来形成的一种延续种群的策略。

在北京，螳螂一年发生一代，以卵鞘在枝条、篱笆和石头处越冬。第二年5月底到6月初卵开始孵化，幼虫经过8～9次蜕皮后发育为成虫，9月底螳螂开始走向衰落。雌雄成虫交尾后两天就可以产卵。产卵时，雌成虫一般头朝下，用它的中后足紧紧抓住附着物，腹部先分泌出一层泡沫状的黏胶，随即在黏胶上产一些卵，随即再分泌一层黏胶，再产一些卵，直至产完最后一粒卵为止。泡沫状黏胶很快凝固，形成坚硬的卵鞘。螳螂的卵鞘被中医称为"桑螵蛸"或"螵蛸"。

观察小螳螂孵化是一件非常有趣的事情。一个螳螂的卵鞘可以孵化出数百只小螳螂。刚孵化的小螳螂颜色很浅，非常可爱。到了孵化高峰，上百只小螳螂从卵鞘中爬出，密密麻麻地堆在一起，然后慢慢散开，各自寻找自己的归宿。

文◎ 杨红珍

卵鞘

燕雀

雄鸟

通过中学的语文课，我们都知道在秦朝末年有一个叫陈胜的牛人说过一句踌躇满志的话："嗟乎！燕雀安知鸿鹄之志哉？"

那么，"鸿鹄"是什么鸟？"燕雀"又是什么鸟？

课文中的注释说：鸿是鸿雁，鹄是天鹅，都是大鸟，比喻有远大抱负的人；燕是燕子，雀是麻雀，都是小鸟，比喻见识短浅的人。

我相信学过这篇课文的绝大多数同学，都和我当年一样，对胸怀大志的大鸟——"鸿鹄"钦佩不已，对碌碌无为的小鸟——"燕雀"嗤之以鼻。

从事动物学工作之后，才发现真的有一种名叫燕雀的、跟麻雀差不多大的小鸟，长着粗而尖、呈圆锥状的喙，常在平原、山地的林地、农田、旷野、果园和村庄附近等环境中活动。它们的头部和背部主要为有光泽的蓝黑色，腰部为白色，黑褐色的翅膀上有白斑，黑色的尾羽有黄白色边儿。颏部、喉部和胸部都是栗红色。估计是由于看上去色彩斑驳，所以它在民间又有虎皮雀、麻蜡、花鸡、花雀、麻蜡雀等一系列生动的名字。

燕雀兼有燕子和麻雀的一些习性，又有所不同。像燕子一样，它是一种候鸟，春来秋往，从不失信，但又不像燕子那样只吃虫子；它跟麻雀一样，主要以各种杂草种子、果实、嫩芽等为食，也吃昆虫、蠕虫等小动物，但又不是留鸟。

燕雀在5 ~ 7月繁殖。雄鸟和雌鸟常在树冠、灌丛间，或旷野矮草丛边相互嬉戏，有时跳跃，有时接吻，有时展翅伸颈，发出“啾—啾—啾”的鸣声。它们在桦树、杉树、松树等各种树木紧靠主干的分枝处营造杯状的巢，所用的巢材有枯杂草、细树枝、桦树皮等材料。外层常用苔藓等对巢加以伪装，巢内垫有柔软的兽毛和羽毛。巢筑好后雌鸟产下5 ~ 7枚绿色并带有红紫色斑点的卵，再用12 ~ 14天来孵化，雏鸟们就出生了。

从这些描述中，我们大体知道燕雀的生活虽不是惊天动地，但也算有滋有味、自得其乐。

陈胜之后，西汉时又有一个叫桓宽的人写了一本《盐铁论》，其中《复古》篇有这样的语句:“宇栋之内，燕雀不知天地之高；坎井之蛙，不知江海之大……”即是以燕雀和坎井之蛙等他们认为渺小、卑微的事物打比方，来告诫人们不要自高自大。

但我想说，燕雀的天地不仅没有古人说的那么不堪，而且完全超乎你的想象。

且看燕雀的迁徙。燕雀繁殖于从我国大兴安岭以北至俄罗斯和欧洲北部一带，在亚洲中部、印度北部和我国南方的大部分地区越冬。每年春秋两季，它们都集成数百只的大群，沿着河流、海岸线或山脉等一定的地势长途飞行。迁徙的征途危险重重，它们不仅要躲避猛禽等天敌的袭击，还要防备人类的乱捕滥猎，同时避开灯塔、烟囱、高大建筑物等人工设施。

在自然界，生物各有各的生活方式，鸿鹄有鸿鹄的志向，燕雀有燕雀的追求，它们从不会跟其他动物去做无谓的比较，而是努力做好自己的本分。

历史上，有多少怀着“鸿鹄之志”的英雄豪杰，如三国时的曹操、刘备等，相互争斗，杀得天昏地暗，民不聊生。正所谓“鸿鹄斗法，燕雀遭殃”。

对于我们自己，远离了学生时代，才逐渐懂得平凡才是生活的本质。

文◎ 李湘涛

雌 鸟

洋辣子

好多人见了毛毛虫或者听见“毛毛虫”这三个字，都会很恐惧或者很厌恶。这种反应大概是对毛毛虫身上的刺毛比较敏感，或者是害怕它浑身的刺毛对自己造成伤害。毛毛虫就是老北京话里说的“扑棱蛾子”的幼虫。事实上，绝大多数的毛毛虫都是对人体无害的。不过有一种叫作“洋辣子”的毛毛虫我们可要小心了。这种虫子的体色是那种特别显眼的黄绿色，背部还有一两道水蓝色的珠线，身体上整齐地排列着很多棘刺，每个棘刺上都有很多刺毛。

有些昆虫像枯叶蝶、竹节虫、尺蠖等，会想方设法地模仿周围的环境和物体，这样就可以不被天敌发现了。可是，洋辣子“打扮”得这么靓丽，就不怕被天敌给吃了吗？是的，它们不怕，因为它们身上的毛刺是有毒的，天敌吃了它们自己也会很痛苦的。所以，这种靓丽的体色正是为了向天敌预警。遇到这样的虫子，家长也会告诉孩子“千万别碰它”。老北京人管洋辣子叫溃溃儿，意思就是这种虫子的毒刺或体液沾到人身上，把人给“溃着了”。被“溃着了”的感觉可不好受，那是一种火烧火燎又万分攻心的剧痛，保准你以后对这种虫子敬而远之！如果你是过敏体质，那就更可怕了，有可能会昏迷甚至休克，危及生命。

在北京，洋辣子主要在枣树、梨树、柿树、杨树、柳树、槐树上生活，以树叶为食。夏季是洋辣子的“高发期”，当你在树下乘凉或者摘果子的时候，千万要小心。不过，被“洋辣子”蜇了以后，也不要过分慌张，只需用嘴把毒毛吹掉，然后用胶带粘贴受伤部位，把刺入皮肤的细毛清理掉即可。因为洋辣子的毒是酸性的，可以用浓肥皂水涂患处，也可以涂一些牙膏来减轻疼痛。要是有过敏性反应，就得尽快到医院治疗了。

其实，洋辣子是黄刺蛾的幼虫，又名麻叫子、痒辣子、毒毛虫、青刺蛾、八角丁等。黄刺蛾属于鳞翅目刺蛾科，在北京一年发生一代，秋后老熟幼虫常在树枝分杈、枝条和叶柄上吐丝结茧，并在茧内越冬。越冬幼虫于第二年5月中下旬开始化蛹，6月上中旬羽化为成虫。

黄刺蛾的茧呈椭圆形，灰白色，表面非常光滑，而且质地很坚硬。茧壳上还有几道长短不一的褐色纵纹，很像雀鸟的蛋，《本草纲目》中称之为“雀瓮”。黄刺蛾的茧大多都结在棘枝上，所以也叫它“棘刚子”。另外，黄刺蛾的茧与蓖麻籽也很像，无论是大小、颜色还是纹路，都几乎一模一样，民间称它为杨喇子豆或者杨喇罐。

文◎ 杨红珍

杨喇罐

异色瓢虫

在野外，我们会发现一种奇特的瓢虫，它的背部鼓鼓的，像半个彩色的小圆球，鞘翅表面光滑细腻、闪亮发光，上面还有一些小黑点，很像我们熟知的七星瓢虫。但我们只要数一下就会发现，这些瓢虫背上的小黑点要么不止7个，要么少于7个，而且黑点的大小也不一样。此外，还有一类更奇怪的瓢虫，它背部底色是黑色的，上面的斑点却是红色的，跟七星瓢虫的色彩正好相反。那么它们到底属于哪个种类呢？

答案是异色瓢虫。一听这个名字就知道它的身体颜色不一样。虽然身穿各种各样甚至差异很大的“花衣”，但它们确确实实是一个种。在北京，异色瓢虫是一种很常见的瓢虫。夏季是它们最活跃的季节，农田、果园、灌木丛、森林里到处都有它们的身影。科学家经过多年研究，发现异色瓢虫有100多种颜色变化，仅在北京，它就有50多种不同的色型。不过万变不离其宗，虽然它们的各色花衣令我们眼花缭乱，但是它们都有一个共同的特点，就是在鞘翅的近端部，也就是在快到身体末端的地方，有一道横向突起的皱纹，我们叫它“横脊”。别的瓢虫可都没有这个特征。所以，下次去野外的时候，如果再遇到穿彩色花衣的瓢虫，不妨观察一下它有没

幼 虫

蛹

有我们说的这个“横脊”，如果有的话，你就算是彻底认识这种瓢虫了。虽然认识了它会让你很高兴，但是千万不要惊扰它，它可是害虫的超级克星哦。像蚜虫、蚧壳虫、木虱等害虫都是它最爱吃的食物。

虽然异色瓢虫的成虫很漂亮，但它的幼虫却长得很丑。它的身上长着好几排瘤状突起，突起上面还长着几根长短不一的毛刺，让人看了很不舒服。不过，莫以长相论英雄，它的长相虽丑，心灵却很美。异色瓢虫的幼虫和成虫一样，都是害虫的劲敌，而且食量很大，对我们人类的贡献可是非常大的。

异色瓢虫在北京一年发生两代，以成虫越冬。冬季到来之前，成虫便会寻找背风温暖的大石缝、墙缝等地方躲藏起来，在那里度过寒冷的冬季。而且，它们喜欢成群结队地聚在一起，不吃不动，静静等待来年的春天。对异色瓢虫来说，这简直是一件一“聚”多得的好事，既可以在寒冷的冬季保持一些温暖，红黑相间的体色又能起到警戒和防御的作用。同时，那么多同类在一起，来年春暖花开的时候，它们很容易找到中意的对象来繁衍后代，继续为人类“降妖除魔”。

文◎ 杨红珍

优雅蝈螽

说起蝈蝈，人们首先想到的是那些推小车走街串巷卖蝈蝈的小贩，以及一群蝈蝈“扎扎扎……”似乎永不停休的叫声。

其实，北京的野外才是蝈蝈的家。每到夏天，蝈蝈们便开始了自己的演唱会。那绿油油的草丛是它们的舞台，而炎炎烈日则是舞台的灯光，不管有没有听众，它们都是那么地投入。蝈蝈总喜欢站在荆条、蒿子及一些小灌木上引吭高歌。

它们喜欢白天唱歌，而且不惧酷暑，天气越热、太阳越强，它们的歌声就越响亮。它们更喜欢大合唱，只要领唱一起头，其他的蝈蝈就都跟着唱起来。因此，夏日的中午，草丛里的蝈蝈也为休闲的人们提供了美妙绝伦的听觉盛宴。但是蝈蝈们欢叫可不是为了让我们欣赏，它们的目的是要通过美妙的歌声来召唤自己的另一半。

蝈蝈的歌声是通过一对前翅相互摩擦而发出的，有敲击金属的感觉，而且声音响亮，可以传至100～200米远的地方。因此，确切地说它们是在演奏，而不是歌唱。不是所有的蝈蝈都能发出声音。雌蝈蝈就是“哑巴”，因为它们不需要歌唱，只要听力好就行。它们的“耳朵”长在两个前腿上，凭借自己的好耳力，雌蝈蝈总能找到那个叫声最大、身体最强壮的雄蝈蝈作为自己的“白马王子”。老北京人管雌蝈蝈叫“驴驹子”。驴驹子的屁股上拖着一杆长长的“枪”，枪的长度几乎跟体长差不多，这是它的产卵器。虽然这杆“长枪”看上去挺碍事，其实并非如此，这是它们传宗接代的工具，雌蝈蝈早已习惯了。

蝈蝈是属于直翅目螽斯科的大型鸣虫，有深绿、翠绿、淡褐、草白、黑褐等各种体色，因此又有铁蝈蝈、翠绿蝈蝈、草白蝈蝈、山青蝈蝈之分。蝈蝈有一对非常锐利的牙齿，能够咬碎较硬的东西。抓它的时候要小心，如果被它那紫红色的獠牙咬一口，保证你疼得嗷嗷直叫。蝈蝈的胃口出奇地好，一旦有吃的，它就会张开它那巨大的咀嚼式口器，吃个不停。它的前胸背板宽大而发达，像一个缩小版的马鞍子，厚而坚硬。后腿很长而且发达，弹跳力很强，但翅膀很短，不善飞行。所以，蝈蝈在草丛里总是靠后腿一跳一跳地往前走。

蝈蝈在我国分布很广，南北都有，素有南蝈蝈和北蝈蝈之称。北京的蝈蝈属于北蝈蝈，又名京蝈蝈、燕蝈蝈，主要分布在山区和郊区。平谷和房山一带就以盛产黑色大铁蝈蝈而著称。因为铁蝈蝈的体色发黑，很像铁皮的颜色，所以也叫铁皮蝈蝈。

蝈蝈的正式名字叫作优雅蝈螽，不过从它的身形来看，好像有点名不副实。它有一个大大的肚子，显得很肥胖，一点都不优雅。

文◎ 杨红珍

中华地鳖

在老北京的平房区，我们会在厨房、墙脚、柴堆、杂物、石块等阴湿松土中看见中华地鳖。它是一种长相比较奇特的昆虫，卵圆形的身体黑亮黑亮的，没有翅膀，身体分为好多节。中华地鳖便是中药里面大名鼎鼎的“土元”。土元作为药用最早记载于秦汉时期的《神农本草经》，至今已有上千年。

土元是中医的叫法，民间一般叫它地鳖虫或土鳖虫，还有地乌龟、土退等名称，北京人则直呼“土鳖”。中华地鳖在国内分布非常广泛，在北京也很常见。其实，“土元”指的是地鳖虫的雌虫，雄虫有翅，不能作为药材。

中华地鳖是典型的渐变态昆虫，发育经历卵、若虫、成虫三个阶段。若虫和成虫在体形、生境、食性等方面非常相似，都喜欢阴暗潮湿的环境。雄成虫寿命较短，一般在两个月内就死亡。相比之下，雌成虫的寿命长得多，能活两年多。每年6～9月为交配和产卵的盛期，一头雄虫可与数头雌虫交配。雄虫完成传宗接代的任务之后，一周左右就会死亡。雌虫交尾一周后开始产卵，而且一次交尾即可终生产卵。

中华地鳖的卵粒黏合在一起，并在外面形成豆荚状的卵鞘。刚产下的卵鞘为略显透明的紫红色，之后颜色逐渐变深，最后变为棕褐色。中华地鳖的卵鞘一侧有一排锯齿形的钝刺，若虫孵化后，通过腹节的挤压将卵鞘的锯齿撑开，若虫便从此处钻出卵鞘。

若虫一般有9～11龄。1龄若虫由于不取食，所以身体生长缓慢；2～3龄若虫由于取食甚少，身体生长稍有增加；但从4龄开始，进入迅速生长期，身长及体重增加比较明显；4龄若虫至成虫，其体长和体重呈直线增加。3龄以下的若虫，体白色或淡黄色。3龄以上若虫与成虫极为相似，随龄期增长体色逐渐加深，最后变成黑褐色。由于中华地鳖若虫龄期较长，且为渐变态昆虫，因而其若虫所处的龄期和性别难以分辨。

中华地鳖还有一个很强的本领，那就是足断掉之后还能再生出来，不过断足后再生对它的发育有一定的影响，如虫龄增加或龄期延长。再生的足比正常足要小一点，而且颜色较浅。奇特的是，再生的足如果断掉，仍然可以再生。

其实，作为中药“土元”的地鳖虫除了中华地鳖之外，还有冀地鳖，后者在北京也有分布。这两种昆虫都属于蜚蠊目地鳖科地鳖属。

随着城市的发展，旧房翻新，平房改为楼房，原生态的地面逐渐硬化，土鳖们也逐渐失去了适宜的生活环境。

文◎ 杨红珍

土 元

中华剑角蝗

在农村，秋天是收获的季节，大人们在地里幸福又紧张地忙碌着，小孩儿放了学也会帮帮忙，但大多数时候是在地里玩。玩着玩着，草丛里会不时蹿出一只尖头蚂蚱，头的前端伸出一对触角，身材细长细长的，像扁担一样，两只后腿长而有力。一旦发现小孩儿想捉它，它便“拔腿就跳”——两只后腿一蹬，跳出很远。

因为这种蚂蚱的身体像扁担，跳起来会发出“呱嗒呱嗒”的声音，所以，北京人叫它“呱嗒扁儿”。不过这种声音是雄虫用腿摩擦翅膀发出来的，雌虫是不会发声的。

农村的孩子对它再熟悉不过了，每到秋收的时候，田间地头到处都是这种脑袋尖尖的呱嗒扁儿。

呱嗒扁儿属于直翅目剑角蝗科，大名叫中华剑角蝗，在我国分布很广。各地的叫法也不同，如尖头蚱蜢、老扁、大老扁、老扁呆、扁担钩等。呱嗒扁儿在北京一年发生一代。秋天，雌虫把卵产在土中，以卵在土中越冬。

昆虫也有自己的生存法则。呱嗒扁儿的身体大多为绿色，这样便可以隐藏在草丛里，躲过敌害的追捕；也有枯褐色的，和枯草的颜色很相似，同样不太容易被敌害发现。

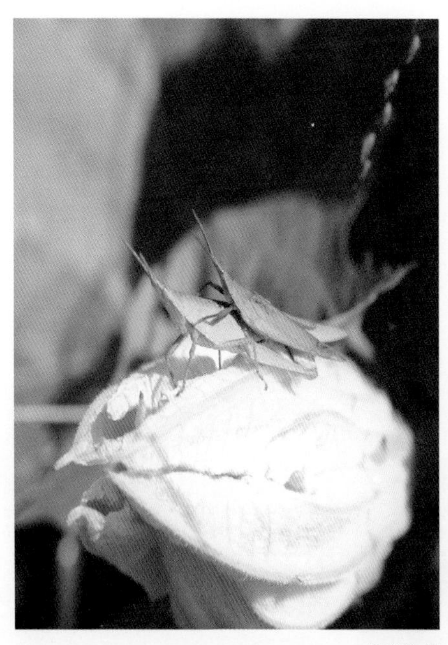

短额负蝗

中华剑角蝗

著名传统相声《文章会》中有这样的段子:“小严霜单打独根草，呱嗒扁儿甩子在荞麦梗上”，后半句讲的就是这种尖头蚂蚱的产卵行为。不过，人们把其他脑袋特别尖的蚂蚱也都叫作呱嗒扁儿。比如锥头蝗科的短额负蝗，在北京也特别常见，只不过个头比中华剑角蝗要小一些。虽然它们属于不同的科，但一般人很难将它们区分开。短额负蝗不但有尖尖的脑袋，而且它的后翅也就是贴身的软翅呈红色，非常漂亮，所以也有人叫它“红姑娘儿”。

人们有时候会发现两只短额负蝗“叠”在一起，即一只大的背着一只小的，无论是蹦跳还是飞行，它们都在一起。如果你以为这是妈妈背着自己的孩子，那就大错特错了。其实这是雌性呱哒扁儿背着自己的丈夫。和我们人类正好相反，雌性短额负蝗要比雄性大不少呢! 有时候它们在交配，不交配的时候它们也“腻”在一起。雄成虫常常趴在雌成虫的背上，这大概就是“负蝗”这个名字的由来吧。

文◎ 杨红珍

山 区

斑 羚

斑羚是北京唯一的野生羊类——且慢，你说的不是斑羚吗？它应该是羚羊类吧？

看来，我们在介绍斑羚这种动物之前，有必要把羊类和羚羊类的区别搞明白，尽管这并不容易。

羊类和羚羊类，以及牛类，都是属于牛科的动物。它们的角内部是空心的，与鹿类的实角不同，不分叉，角上没有神经和血管，脱落后也不能再生长，所以叫“洞角”。因此牛科动物也被称为“洞角”动物。

接下来，让我们先把牛科动物中的牛类说清楚。牛类的雌雄个体都有角，角的表面光滑，而且基部远远地分开。另外，它们的吻边没有毛，尾巴较长，且末端有簇毛串。

现在终于可以说说羚羊类和羊类了。羚羊类的特点是体型小，蹄形尖细，适于奔走，吻鼻部正常，上方没有凹槽，仅雄兽头上有角。而羊类的体型比羚羊类大，蹄形较宽钝，吻鼻部的上方鼓胀或有凹槽，一般雄兽和雌兽均有角，如果仅雄兽有角，则角的形状几乎是笔直的。

按照这些标准，斑羚虽然名字里有“羚”没“羊”，但它的形态特点是更接近羊类的。为什么说“接近”呢？原来，在庞大的羊类家族中，又分为高鼻羚羊类、羊羚类、羊牛类、绵羊类、岩羊类、山羊类、半羊类等类群。斑羚属于羊羚类，也就是形态介于羚羊类和山羊、绵羊等“正宗”羊类之间的动物，属于后两者的“旁系”亲属。

有趣的是，北京唯一的羚羊类是黄羊（仅在昌平南口有过记录）——一个名字里有“羊”没“羚”的物种！

如此说来，各地民间对斑羚的称呼反而更为“科学”。例如，在包括北京在内的华北、东北一带，人们叫它“青羊”或“山羊”，在中南地区人们管它叫“灰羊”或“野羊”，还有的地方叫它“麻羊”。

斑羚的体毛厚密而松软，通常呈灰褐色并有黑褐色的毛尖，远观时似有若隐若现的麻点。雌雄都有黑色的短角，长度仅在20厘米左右。两个角基部紧挨，向后上方倾斜，角尖再向后下方略微弯曲。整个角上有十多个横棱。

虽然斑羚在喜马拉雅山地区的栖息高度在海拔4000米以上，而在华北山地栖息的海拔高度仅有数百米，但它们活动的地带都有林密谷深、陡峭险峻的特点。斑羚在北京山区的野生种群数量很少。它们的食物主要是青草和灌木的嫩枝、果实以及苔藓等，在早晨和黄昏觅食活动较频繁。其叫声似羊，受惊时常摇动两耳，以蹄跺地，发出“嘭嘭”的响声，嘴里还发出尖锐的“嘘嘘”声。

斑羚的视觉和听觉都极为灵敏，并且善于跳跃和攀登，在悬崖绝壁和深山幽谷之间奔走如履平川，也能纵身跳下十余米的深涧而安然无恙。因此，如果危险临近，它们就会“飞檐走壁”，飞奔而逃。

斑羚逃生的本领，在初中语文课本《斑羚飞渡》一文中描绘得十分精彩，催人泪下。课文中讲述的是一群被狩猎者逼至绝路的斑羚群，分成年老的和年轻的两拨一起跳崖，年轻的斑羚通过跳起并踩在老年斑羚背上的一瞬间，借力跳到对面山崖，从而赢得种群生存机会的故事，堪称自然界中一曲生离死别、惊天动地的绝唱。

后来，不少人依据物理学、生物学的原理，并从动物保护的角度，对这篇文章提出了多方面的批评和质疑，也有人通过计算评估这个事情发生的可能性。事实上，这篇文章只是一个动物小说，而非单纯的科普文章，因此文中不乏作者合理想象的内容。但无论如何，学生们正是通过这篇文章，知道了斑羚这种绝大多数人只能在动物园里才能见到的动物。

文◎ 李湘涛

豹 猫

豹猫是我国最常见的猫科动物，没有之一。它也叫山狸、野猫、狸子、狸猫、麻狸、铜钱猫、石虎等，只比家猫略大。豹猫的头形较圆，从头部至肩部有四条棕褐色条纹，有两条白色的条纹从鼻部延伸至两眼间，并常常延至头顶。全身体毛为浅棕黄色，布满棕褐色至淡褐色斑点。耳背有淡黄色斑。胸腹部及四肢内侧白色，尾背有褐色斑点或环带，尾端黑色或暗棕色。

豹猫的栖息地环境多种多样，包括山地森林、灌丛、草丛和城郊、村庄的居民区附近。它是轻功高手，能够在林中悄无声息地行走。科学家只有将现代化的监控系统和古老的现场勘测手段相结合，才能弄清楚豹猫在野外的踪迹。每到夜晚，豹猫便在旷野中出没，显得极其神秘。它们以自信的眼神和敏捷的动作，在全身斑纹的掩映下，尽情释放着野性的魅力。豹猫主要为地栖，但攀爬能力强，在树上活动灵敏自如。它们还擅长游泳，从而在对付天敌和捕猎的过程中更加游刃有余。它的食物主要是各种小型动物，也吃浆果、嫩叶、嫩草等。

猫科动物的毛皮最为美丽，有的有斑点，有的有斑纹，有的兼具斑点、斑纹，有的则完全没有花纹或者花纹极少。人类对猫科动物毛皮的喜爱和追求，给它们带来了惨烈的灾难，尤其是有豹纹类毛皮的种类。现代各大时装发布会上，豹纹时装是永恒的经典和时尚。而野生的大型猫科动物却以令人吃惊的速度消失，它们被猎杀，毛皮被加工成时装，穿在时尚人群的身上。

北京曾经是豹的主要栖息地之一。1999年，在进行第一次全国野生动物调查时，我们就在东灵山亲耳听到了豹的吼声。这次调查的结果表明，北京当时至少有几十只豹。现在第二次全国野生动物调查正在进行之中，不知道北京还有没有豹了。如果没有了，那么豹猫就是唯一一种在北京生活的野生猫科动物了（流浪家猫还是除外吧）。

那么，豹猫的命运又如何呢？

在很多地方，由于大型猫科动物逐渐灭绝，豹猫在生态系统中的地位已大大提升，几乎已经取代大型猫科动物的地位，成为占主导地位的肉食动物了。

从前豹猫的毛皮不受重视，一是太小，二是不够威猛。但是，当大型猫科动物的贸易被严格禁止后，不法商人的目光和狩猎者的枪口就瞄准了拥有同样色泽和美丽花纹的豹猫等中小型猫科动物。这些种类的皮张较小，需多张拼接、加工成皮毯后才能制成衣料。在肆意的捕杀下，豹猫的生存也受到了严重的威胁。

威胁豹猫生存的因素还有栖息地的破坏。另外，施用农药进行鼠害防治也间接影响到它的生存，许多豹猫因捕食或误食被毒害的老鼠而中毒死亡。

豹猫在我国一直未被列为国家重点保护野生动物，但在《中国濒危动物红皮书》中被列为易危种，在《濒危野生动植物种国际贸易公约（CITES）》中被列入附录Ⅱ。另外，它在北京等地的地方法律中也被列为保护动物，从而在一定程度上得到了保护。

猫科家族中的大多数成员都面临着即将步华南虎后尘的悲惨境地，豹猫的处境也每况愈下。如果大家不想成为目送它们远去的一代人，就一起行动起来，保护这些美丽的生灵吧！

文◎ 李湘涛

赤 狐

赤狐生性多疑，行动之前大多先要对周围环境进行仔细地观察，因此有“狐疑”一词。其实，这是野生动物的正常表现，但人类却因此认为狐狸狡猾。

作为赤狐“狡猾”形象特征之一的小眼睛特别适于夜间视物，其眼球底部生有反光极强的特殊晶点，能把弱光合成一束，集中反射出去，所以在黑夜里常常是发着亮光的。在荒山、旷野里的古寺、废墟、坟墓附近，如果夜里有几只赤狐来回游荡，远远望去就像有很多忽隐忽现、闪烁发光的小灯。这常常使人产生恐惧，或者联想到精灵鬼怪，再加上赤狐固有的机敏、狡猾的习性，便有了各种传说，也为它赋予了神秘的色彩。

在我国古典小说《聊斋志异》以及古今中外许许多多的童话、寓言、故事和电影里，赤狐往往是化装成美丽女性的“狐狸精”。事实上，赤狐只偷食物，并不偷情，而是光明正大地“谈恋爱”。它们的尿液散发出一种浓烈的狐臊气味，并以雄性的最浓烈。这种气味渗透到森林或荒野的地面上，可以持续一个星期的时间，从而可以有效地招引异性的到来。

赤狐的听觉、嗅觉都很发达，善于奔跑，也是游泳和爬树的好手，行动敏捷且有耐久力。但它不像其他犬科动物那样以追捕的方式来获取食物，而是想尽各种办法，以计谋来捕捉猎物。除了跟踪、伏击等招数之外，它有时还会假装痛苦或追着自己的尾巴来吸引一些小动物的注意，待其靠近再突然上前捕捉。它比猫还会抓老鼠，能在鼠洞上方垂直跳起，再垂直下落，而此时受惊的老鼠正好从洞内往上蹿，于是就撞在“枪口”上了。

赤狐在防御时也透着“狡猾”。它的体内藏着一个秘密武器——肛腺，能分泌出几乎令其他动物窒息的“狐臭”，恶臭的气味使追击者不得不停下来。在危急的情况下，它也能通过蹿进羊群中、跳到河里隐藏等方法逃脱。它还会玩儿“吓死宝宝了”的游戏——有一套“装死”的本领，能够暂时停止呼吸，似乎已经奄奄一息，却趁敌害不备时，突然迅速逃走。

赤狐不仅是捕食者，也是随机杂食者。它几乎对所有的食物都感兴趣，包括蚯蚓、昆虫、蛾的幼虫、甲虫、鸽子、鼠类以及草莓、橡子、葡萄等野果或浆果。如果食物一时吃不完，它就会精心地选择一个隐蔽的“储藏库”，将食物一个挨着一个地摆放，小心地埋藏起来以备以后食用。埋好后还要精心掩饰，消除各种痕迹以后才离开，以免被其他动物发现。

赤狐具有很强的适应能力，甚至可以在沙漠或者北极圈内生存。它是彻底的“机会主义者”，既学会了与人类一起生活，又没有丧失它的野性。在欧洲和北美洲，赤狐存在于绝大多数城市中，因为这里能为它提供没有季节性限制的食物和水等资源，也使它摆脱了天敌的威胁和恶劣的环境。

可惜的是，在我国的城市中，由于人类的猎杀，狐狸的身影却渐行渐远。从前在北京的通州、房山、昌平、门头沟、怀柔、密云等地都有赤狐出没，而现在呢？但愿它们真的比人类还“狡猾”，在一些鲜为人知的地方，过着神仙一般的生活。

文◎ 李湘涛

大花杓兰

要说谁是北京最珍贵的花，大花杓兰如果认了第二，就没有第一了。

大花杓兰名不虚传，单生的花朵从茎顶脱颖而出，恣意开放。正如其名，它的花很大，直径可达5～6厘米，颜色为艳丽的紫红色。

最引人注目的，还有它那个大大的唇瓣，仿佛是一个没有盖子的球囊，因此大花杓兰也被称作“大口袋花”。这个“大口袋”也证明，大花杓兰不仅美丽华贵，还颇“睿智”。为了传宗接代，它精心模拟了一种蜜源植物——马先蒿，并且在其怪诞的唇瓣中暗藏玄机，从而欺骗鞘翅目和膜翅目昆虫以及小蜘蛛为其传粉。当一只昆虫被靓丽醒目的花朵吸引，来到光滑的唇瓣口时，却一个踉跄掉进了下面的“口袋”里。这只惊魂未定的昆虫此时或许想到了金庸的经典名作《倚天屠龙记》中武功高强的和尚“说不得”背着的那个难以逃脱的大口袋。幸运的是，大花杓兰对它并无恶意，只是通过精确的计算，让它首先经过柱头下面，然后接触花药，最后再从唇瓣基部的小孔爬出。这就保证了昆虫在进入另一朵花时，先把上一朵花的花粉传给这朵花的柱头，再黏附这朵花的花粉后才离去，从而巧妙地避免了自花传粉的发生。

大花杓兰的“聪明”还表现在“袋口”的正上方巧妙地生出一片华盖般的中萼片，像一把撑开的雨伞，有效地将雨水拒之“袋”外，从而避免雨水对花朵造成伤害。

杓兰因其稀世之美被称为“女神之花”，又因其花朵具有拖鞋样式的唇瓣而被人们称为“拖鞋兰”，传说它们是由“女神”维纳斯遗失在林中的鞋子变成的。杓兰是兰花家族中的一员，虽然我国的兰花种类非常丰富，但北京的种类极少，而且都躲藏在海拔1800米以上的亚高山草甸，以及林缘地区悄悄绽放。大花杓兰是多年生草本植物，株高30～60厘米，地上茎被短毛或几乎无毛，具有3～4枚互生的叶，呈椭圆形或卵状椭圆形，边缘具有细缘毛。每年5月中旬，它开始萌动发芽、迅速生长，6月就迫不及待地绽开美丽的花朵。它的蒴果为椭圆形，长约4～5厘米，种子细小如尘，数量极多，呈纺锤状或梭形，稍弯曲，成熟时为褐色。到了9月中旬，蒴果成熟并开裂后，植株的地上部分就干枯了。为了躲避寒冷的冬季，它们从每年9月到第二年5月一直在休眠，因此地上部分只能享受大约5个月的“阳光灿烂的日子”。

不过，在自然条件下，只能见到少量的大花杓兰实生苗，因为它从种子萌发至性成熟并开花结实，大约需16年之久。因此，无性繁殖在大花杓兰种群繁衍中占有重要位置。大花杓兰是多年生植物，其老的根茎不断死亡，潜伏芽发育成新的顶芽，不断产生新根茎，其理论寿命似乎可以看作是无限的。其实不然。大花杓兰有性生殖能力差，主要依靠“长寿”和无性繁殖来维持种群平衡，这种生存对策最怕的就是人类的干扰。大花杓兰的花大而美丽，是北京最具观赏价值的野生花卉。但最近几十年来，栖息地丧失、旅游开发和人为采挖等原因已经使得北京自然分布的大花杓兰野生种群呈现出植株数量稀少，且大多彼此隔离，呈零星状分布的濒临灭绝状态。在《北京市重点保护野生植物名录》中，大花杓兰被列为一级保护植物。

文◎ 李湘涛

东灵山

东灵山以其海拔2303米的身高，傲然挺立在京西的群山之中，是名副其实的京都第一峰。这里山峰峻峭，谷深坡陡。由于山体落差较大，植被垂直带明显，生长有高等植物近1000种，包括苔藓、蕨类、裸子植物和大量被子植物。蒙古栎、胡桃楸、山杨、黄花柳、白蜡树和春榆等树种表面覆盖着地衣。此外，大型真菌也有近60种。

被誉为“林中少女”的白桦林是东灵山面积较大、相较整齐的森林。海拔1500 ~ 1800米处的白桦林生长得最好，株高可达十余米，一排排，一片片，它那灰白而有光泽的树皮，优雅素净，清丽大方，在绿波翠谷中亭亭玉立，格外醒目。生长于海拔1400米以上的山梁或阴坡处的华北落叶松，株高可达30米。每到秋天，枝梢上挂满了黄澄澄的球果，弥散着沁人心脾的清香。

野生花卉种类繁多是东灵山的另一特色。杜鹃、大花溲疏、绣线菊等，红白相映，争奇斗艳；花香浓郁的暴马丁香、北京丁香、毛叶丁香和红丁香等，花色有白有紫，十分美丽；生长在沟内灌丛中的东陵八仙花，花球外围的白花如雪，看上去很像一个个小瓷碗；金丝蝴蝶又叫红旱莲，开着很大的金黄色花，雄蕊的花丝则像一把金黄色的丝线；大片的狼毒，开着白色或粉红色的小花，非常壮观。山顶灌丛草甸更是百花盛开，如繁星耀眼，金莲花、野百合、草乌、野罂粟、秦艽、杓兰等都颇为引人注目。大花杓兰又名大口袋花，花大而美丽，呈紫红色，多暗色条纹，是珍贵的北京市一级保护植物；金莲花的花朵形如酒杯大小的莲花，金黄耀眼；胭脂花的花朵在茎上成两层排列，十分有趣，花色为胭脂红色，极为艳丽；野罂粟的花为黄色，单独顶生，鲜艳醒目。

在保存完好的森林植被中，还生活着多种多样的野生动物，仅昆虫就有500余种。其中甲虫类有步甲、隐翅虫、叶甲、象甲、拟步甲、金龟和叩甲等，数量都很多。蝴蝶有100多种，其中布氏绢蝶、无珠山眼蝶、黄灰蝶、白斑绯蛱蝶、绿豹蛱蝶、赭纹诗灰蝶等都是北京的特有种。在近山顶之处还生活着两种有“冰雪精灵”之称的绢蝶——红珠绢蝶和小红珠绢蝶。它们都是高山种类，体毛发达，耐寒能力较强，喜欢在草甸植物之间飞飞停停，翩翩起舞。

在丰富的鸟类资源中，东灵山的雉鸡类尤为引人注目。除了褐马鸡，这里还生活着另外一种珍禽——勺鸡。它的雄鸟羽色尤为艳丽，体羽呈现灰色和黑色纵纹，下体中央至下腹深栗色，金属暗绿色的头部有棕褐色和黑色的长冠羽，两侧耳羽下各有一块大白斑，是其标志性的特征。春夏季节，雄鸟在清晨和傍晚时喜欢大声鸣叫，声音响亮而粗犷。

站在平坦开阔的高山草甸上，视野开阔，森林、远山景色十分壮观，令人心情舒畅，流连忘返。放养的寒羊、牦牛、伊犁马自由自在地徜徉其间，一派浓郁的高原风情。四季景色的不同，更使东灵山显得得天独厚，魅力无穷，令人神往。

文◎ 李湘涛

勺鸡

蓝刺头

银背风毛菊

多岐沙参

蒙古马兰

短尾蝮

在北京这样的现代化城市中，毒蛇的踪影一般很难寻觅。但是，在北京周边的山区，依然能找到毒蛇的踪迹。这就是蝮蛇。

提起蝮蛇，如雷贯耳。20世纪70年代，科教影片《蛇岛》的上映让全国人民了解了这个位于大连旅顺口西北面渤海之中的神秘小岛。蛇岛的面积仅有4平方公里，其上却盘踞着成千上万条蝮蛇，因而被称为“蝮蛇的王国”“蝮蛇的乐土”。

那么，北京的蝮蛇与蛇岛上的蝮蛇是同一种类吗？可以说是，也可以说不是。说是，是因为从前蝮蛇被认为只有一种，即所有的蝮蛇都是同一种。但随着分类学研究的不断深入，不仅蛇岛上的蝮蛇已经被确定为一个独立的物种——蛇岛蝮，而且分布在北京的蝮蛇也至少属于两个种——短尾蝮和中介蝮。需要指出的是，蝮蛇分类的复杂历史导致以往文献中记载的同物异名和同名异物现象甚多，也甚为混乱，而且各种观点的争论仍在进行。

短尾蝮的主要特征是头部呈三角形，有颊窝，体型较小，尾较短细。体背灰褐色或土红色，交互排列呈褐色圆形斑，也有深浅相同的横斑及分散不规则的斑点，体侧有一列棕色斑点。腹面呈灰白或灰褐色，杂有黑斑。中介蝮与其大体相似，但无论在形态上还是在分布、习性上都有一定差异。短尾蝮栖息的海拔高度比较低，其腹鳞数少，体背侧是交错或成堆排列的马蹄形圆斑，喜欢在晨昏活动；中介蝮栖息的海拔高度略高一些，其腹鳞数多，体背两侧有交错排列或连在一起的波纹状浅色横斑，主要在白天活动。

除毒蜥外，蛇类是爬行动物中唯一有毒的动物。在约2000种蛇类中，大概有400种是有毒的。毒蛇除上下颌像无毒蛇一样长有细小而尖锐的普通无毒牙外，在上颌骨上还长有较大而长的毒牙。毒牙的基部有沟或管与头后部的毒腺相通，当其猎食或对敌攻击时，能从毒腺内分泌出毒液，通过导管流入毒牙的纵沟或管内，然后借毒牙把毒液注入被攻击者体内，使其中毒而死。蝮蛇的毒牙为管状，略弯曲，呈羊角状，能活动，宛如毒液的“注射针头”。

蛇毒主要有神经毒、血循毒和混合毒（既含神经毒，也含血循毒）三大类。蝮蛇的蛇毒是含血循毒较多、含神经毒较少的一种混合毒。这种蛇毒是一种略带黄色的透明液体，黏性大且有一些小颗粒状物，化学成分复杂。毒液是蝮蛇捕食、消化和自卫的秘密化学武器，也是临床上良好的镇痛、止血药品。蛇毒中还含有多种溶细胞素，科学家正致力于这方面的研究，以期攻克更多的疑难病症。

蝮蛇在两颊部位各有一个凹陷似漏斗形的红外线感知器官，称为颊窝。其中有一层很薄的膜，对热非常敏感，甚至能感知周围气温千分之几摄氏度的变化。有了这个奇特的武器，再加上其他常规的感觉系统，就保证了它们极高的捕食准确率。

在北京，蝮蛇主要见于边远山区。由于它们喜欢盘曲成狗屎团的样子，故有“狗屎卷”“狗屎蝮”之称。幸运的是，它们遇到人的时候，一般都是退避三舍。只有当它们感到威胁或受到惊吓的时候，才会发动攻击。

文◎ 李湘涛

狗獾

狗 獾

狗獾头扁，耳短，眼小，身体肥大，显得很强壮、很凶猛。它的鼻端尖并具有发达的软骨质鼻垫，类似猪鼻。它的头部有三条白色纵纹，体毛主要是暗褐色与白色混杂。

狗獾在土木工程方面极具天赋，最擅长的本领就是打洞。它四肢粗壮，短小，尤其是前爪十分发达，适于挖土。挖洞时，它先是频率极快地舞动前爪把泥土扒到怀里，再用强有力的后爪飞快地向身后蹬土，让泥土在它身后飞溅，其掘进速度可与一台小型挖掘机相媲美。科学家通过对狗獾挖掘时运动特性的探究，为研制挖掘机器人找到了理论依据，使机器人具有更高的自主适应性，速度和精度也能得到提高。

狗獾有冬眠习性，一生中有近一半的时间在洞穴中沉睡。它一般11月初就进洞蛰伏，次年3月才出洞。挖掘是狗獾经久不衰的喜好，它能够在狭窄的隧道中灵活地退出或转身，以便从容地在隧道的各个方向开展挖掘工作。狗灌会在其冬眠的洞穴居住多年，有的洞穴甚至被一代代传承下来。洞穴的结构复杂，如同豪华的地下宫殿，有卧室以及配套的厕所和公共房间。洞口一般有多个，新的洞口处多虚土，常有足迹。洞内曲折蜿蜒，分主道及侧道，四壁光滑整齐，以干草、树枝、树叶铺垫。它们有规律地更换洞穴中的铺垫材料，因此洞穴非常干净。每个洞穴中的一群狗獾组成一个集体，称为“家族”。

狗獾为夜行性，栖息于森林、灌丛、荒野、草丛等地带。家族成员之间通过尾下腺体所释放的具有浓重麝香味的气体进行交流。这种交流包括标记领地和家族成员身份的建立。每只狗獾具有自己独特的气味，以及通过家族成员之间互相不断交换气味所建立的“家族气味”。一只狗獾如果在洞穴外面停留的时间过长，使得自己身上的家族气味消退，就有被家族成员驱逐的危险。

狗獾食性广泛，是一个采用机会主义捕食策略的广食者。它每年繁殖一次，通常在冬眠之前的9～10月发情，交配时间可达90分钟以上。雌狗獾可以和不同的雄狗獾进行交配，并且通过延缓着床机制，使受精卵具有较长的滞育期，直到早春才会产下一窝具有多个父亲的幼仔。

狗獾属于鼬科。北京人也叫它“獾子”。实际上，北京还有一种“獾子”，就是猪獾，又叫沙獾。它和狗獾长得很相像，主要有三点不同：一是猪獾喉部为白色，狗獾为黑棕色；二是猪獾鼻垫与上唇间裸露，狗獾被毛；三是猪獾每侧上下的前臼齿均比狗獾多一枚，而且上臼齿更接近方形。

有趣的是，在传统文化中，獾却是忠贞爱情的象征。美玉雕成的双獾挂佩常用作定情信物。在北京密云董各庄的一座清朝皇子墓中，就出土了一件青白玉双獾坠，应该是这位皇子生前的心爱之物。双獾或互相追逐，或亲昵嬉戏，或首尾相连，寓意男欢女爱、不离不弃。除了“双欢”造型外，一只喜鹊和一只獾叫“欢天喜地”，两只喜鹊两只獾就是“欢欢喜喜”，一大一小为“母子欢”或“父子欢”，三五只獾在一起则是“合家欢”。即便只有一只獾也不要紧，两件器物放在一处，仍然是“合欢”。

狗獾奇特的习性使人们很难在野外遇见它们，只能通过寻找足迹才能获得一些信息，而它们的足迹通常只在泥地或雪地上才较易被发现和识别。狗獾在行走时左后足与左前足重叠，右后足与右前足重叠。由于前足爪较长，后足爪较短，所以后足爪痕不如前爪明显，但趾印却较为明显。此外，人们通过狗獾因经常走动而在草丛中形成的通道式兽径，也可以大致判断出它们在夜间的活动范围。

文◎ 李湘涛

猪 獾

貉

对于“貉”（hé）字，大多数人都是通过“一丘之貉”这个成语认识的。这个常用于贬义的成语源于《汉书·杨恽传》中所讲的秦二世和匈奴单于都因为任用小人、诛杀忠良，竟以灭亡的故事，说明无论古与今，如果两者的品行一样恶劣，就没有本质的差别。

有趣的是，人们对“貉”这种动物，却谈不上熟悉。据报道，多年前一位北京国安俱乐部的工作人员在西三环莲花桥附近救助了一只胖乎乎的小动物，以为是“獾”。送到野生动物救护中心后，才知道这个小家伙不是獾，而是一只貉。

貉属于犬科，在北京的延庆、门头沟、密云、怀柔、顺义、通州等区都有分布。它跟鼬科的獾亲缘关系比较远，但也不是一点关系都没有。因为人们在野外都很难见到它们的“真容”，只能通过留下的踪迹分辨，于是就将貉与獾联系在一起了。

虽然动物的足迹在正常行走及奔跑时会有一定的变化，但貉和狗獾的足迹链以及方向都比较稳定，不像家犬那样方向多变。狗獾正常行走时，足迹链为双珠状，但后足迹叠在前足迹之上，看上去很像是单珠状；貉的足迹链在一般情况下均为双珠状，也会有参差不齐的散乱足迹。因此，野外判别还要结合对单个足迹的观察，不能轻易下结论。

狗獾的单个足迹为掌形，具有五趾且位置均处于掌印的前部，其中前足爪痕长，后足爪痕短。貉的足迹明显较狗獾的小，前后足均为四趾，趾印小于掌印。四趾的分布不紧凑，而是略微张开，呈圆弧状排列。这一点又与猫科动物相近，但后者没有爪痕。

更奇特的是，虽然貉和狗獾都是昼伏夜出的穴居动物，但貉不善挖掘，却善于利用狗獾的弃洞，而且很少加以修整，因而洞口附近往往又脏又乱。如果找不到狗獾的洞，它们只好利用天然的石缝、树洞等为巢，并常在洞口周围胡乱走动，使足迹不清，以“遮人耳目”。貉一般将粪便排泄到固定地点，常一穴一处，日久便积累成堆。

由此可见，貉对洞穴的依赖性比起狗獾来相差甚远。即使在冬季寒冷的北方，貉也只是在洞中“冬睡”，而不是像狗獾那样冬眠。也就是说，它只是处于非持续性的昏睡状态，遇天气温暖时或受到干扰时，就会出来活动或觅食。在犬科动物中，这是貉独有的习性。

貉的长相也很有特点：体形似狐而小，比较肥壮，腿短，尾毛蓬松。身体以乌棕色为主，毛尖黑色，显得花杂而斑驳。它的面颊上有灰白色的长毛，眼周及眼下部还有倒“八”字的黑纹，组成了一块天然的“海盗式面罩”。

貉为杂食性，但性情较温顺，活动范围狭窄，行为也较笨拙。它们时常弓着背部，多为直线往返，不如其他食肉动物那样狡猾而敏捷，但也有爬树捉鸟、下水捕鱼捞虾等“绝活儿”。雄貉和雌貉之间具有非常高的配偶忠诚度，结成伴侣后就会长期一起生活，雄貉在雌貉产崽期间还要担负起外出猎食的重要任务。不过，一旦雄貉在外出过程中与其他雌貉有所接触，沾染了那只“貉精”的气味，回到洞穴后便会遭到“妒妇”的疯狂撕咬。

北京人管貉（háo）叫“貉子”，除此之外，háo的发音只用于“貉绒”一词。在古代，朝廷官员的穿着有“一品玄狐，二品貂，三品穿狐貉”的说法。在我国分布甚广的貉也常常按照毛皮兽的习惯叫法，以长江为界，分别称为南貉和北貉。

文◎ 李湘涛

褐马鸡

“在我国繁多的鸟类中，有的鸟是我国特产的珍稀鸟类，如褐马鸡。……褐马鸡野生种只分布在我国的山西省北部、河北省北部和西北部等地。”——这是20世纪90年代以前初中动物学课本中对褐马鸡的一段描述。

虽然与北京相邻的河北小五台山就是褐马鸡的主要栖息地之一,但从前在北京的确没有发现过野生的褐马鸡，只在周口店发现过晚更新世的褐马鸡化石，为北京历史上曾经有过褐马鸡的分布提供了些许实证。

1990年春天，北京门头沟区齐家庄乡洪水口村一村民在该村附近的东灵山大榆木沟猎杀了一只褐马鸡。在警方处理案件的同时，我和两位工作人员前往东灵山去一探虚实。

褐马鸡毕竟属于濒危物种，想要在野外找到它们并不容易。每天早上，天刚蒙蒙亮我们就开始爬山，直到天黑才返回，风雨无阻。可是好几天过去了，不仅没有看到褐马鸡的踪影，甚至连根“鸡毛”都没发现，倒是不止一次听到了令人毛骨悚然的豹子的吼叫声。

我们不禁感到茫然，但决心并没有动摇，因为这里有多条长满灌丛的沟谷，向阳背风，距水源近，能见度差，便于隐蔽，灌丛上果实累累，很适合褐马鸡活动、觅食。功夫不负有心人，某天正当我们耐心寻觅的时候，林中忽然传来了一阵“沙沙”的声音，令所有人感到惊喜。果然，在不远处出现了一群褐马鸡，数量足有50只！它们美丽的羽色和优美的体态更是名不虚传，雌雄成鸟全身都是锃亮的浓褐色，耳后有两簇白色的羽毛向脑后直冲上去，形成一对刚劲有力的“羽角”。它们还长着鲜红的脸颊，粉红色的嘴和双脚，特别是那高高翘起的尾巴，羽毛披散下垂，就像蓬松的马尾，非常别致。

褐马鸡的巢和卵

这群褐马鸡在林中悠闲自在地寻觅食物，时隐时现。忽然，天上的苍鹰引起了它们的警觉，其中一只褐马鸡发出惊叫后便沿着小溪向上游方向跑去，其余的紧随其后，宛如一群骏马在山林中疾驰而去。

褐马鸡古称“鹖”。《禽经》中记述：“鹖，毅鸟也。毅不知死。”三国魏诗人曹植在《鹖赋》序中写道：“鹖之为禽，猛气其斗，终无胜负，期于必死。”这是因为褐马鸡的雄鸟在每年的繁殖期都要为求偶发生激烈的争斗，据说有时达到斗死方休的地步。所以，从战国赵武灵王时起，历代帝王都用褐马鸡的尾羽装饰武将的帽盔，称为“鹖冠”，用以激励将士。这种制度一直延续到清朝末年。

由于数千年的战乱、猎捕和栖息地的被破坏，褐马鸡的野外数量变得稀少，分布区也只剩下了几个“孤岛”状的地区。因此，在北京地区能发现它的栖息地，实在难得。继首次在野外发现之后，我们又对东灵山褐马鸡的种群进行了多年的跟踪调查，并呼吁社会各界加强对它们的保护。现在，褐马鸡美丽的身影仍然在东灵山一带时隐时现，令人感到欣慰。

文◎ 李湘涛

黑鹳

密云黑龙潭峡谷蜿蜒曲折，岩壁陡峭奇耸，三瀑十八潭贯穿其中。50多米高的瀑布仿佛从天而降，烟霭升腾，弥漫山谷，展现了大自然的鬼斧神工，使人心旷神怡。

20多年前，我第一次来到黑龙潭，不是为了欣赏这里的山水，而是因为在这里发现了筑巢繁殖的黑鹳。

在峡谷的入口处，赫然写着“鹤鸣谷”三个大字，是在这里发现了黑鹳之后特意写上去的。然而，这三个字中有两个字用得不对。鹳和鹤并非同类，而且除了喙、脚等形态上的差异外，最主要的区别就是鹳不能像鹤那样发出响亮的鸣叫声。

古人很早就对鹳有所认识。三国时期吴国陆玑撰《毛诗陆疏广要》上就曾记述：

“鹳，鹳雀也。似鸿而大，长颈，赤喙，白身，黑尾、翅；树上作巢，大如车轮，卵如三升杯。”这里虽然说的是白鹳，但对鹳的形态和生态学特点的描述都十分到位。

山西永济的鹳雀楼，据说也是因时常有鹳栖其上而得名。唐朝诗人王之涣的一首《登鹳雀楼》不仅成为千古绝唱，也使鹳雀楼从此名扬天下。

更古老的鹳文化可以追溯到新石器时代仰韶文化中期（约公元前4000～前3500年）的《鹳鱼石斧图》。这幅绘制于陶缸腹部的彩陶画1978年出土于河南省临汝县，现藏于中国国家博物馆。画面左侧的鹳整体肥硕，背部圆凸，圆眸，长颈，短尾，长足，昂首挺立，长而直的喙上叼着一条似乎摆动着尾巴的大鱼。画面线条流畅，形态古朴，富于动感。

黑鹳是一种体态优美、体色鲜明、活动敏捷、性情机警的大型涉禽。雌雄成鸟长相相似，身高都在一米以上。身体有三处呈鲜红色，一处是长而直的喙，一处是裸出的长腿，还有一处是眼周的裸出部分。它身上的羽毛除胸腹部为纯白色外，其余都是黑色，但在不同角度的光线下，可以映出变幻多端的绿色、紫色或青铜色金属光辉，尤以头颈部的羽毛更为明显。

黑鹳是一种长距离迁徙的候鸟。它的食物以鱼类为主，也吃其他水生动物。一旦发现目标，它们便在浅滩上走走停停，潜行至猎物附近啄食；有时也在浅水中频频走动，捕前啄后，追赶鱼群，弄得水花四溅。追到食物后便用长喙对准目标，猛插下去，将其吞食。

每年春天，来到繁殖地的黑鹳便成双成对地在高空中盘旋、嬉戏，雄鸟和雌鸟相互追逐，紧密相随。雌鸟在盘旋时，往往会放慢滑翔速度，双腿下垂，似乎在等待着雄鸟的靠近。它们也用垂颈、点头或频频鸣叫的方式来表达爱慕之情，还不时夹杂着上下喙的叩击，或雄鸟和雌鸟间用喙相互亲吻、磕碰所发出的清脆的、如同敲击竹板似的“嗒嗒”声。它们的巢一般直径达1～2米，多建在环境偏僻、避风向阳的悬崖峭壁处，有时经过成功繁殖以后未受干扰的旧巢也可以连年使用，但每年都要重新修补和增加新的巢材，从而使巢的体积随使用年限的增加而变得越来越庞大。

北京的黑鹳从前被认为只有夏候鸟，在密云、门头沟、延庆、房山等地都发现过它的巢。从2003年起，在房山十渡拒马河流域又出现了稳定的越冬群体，使黑鹳在北京的居留类型更为丰富多样。因此，房山十渡也被中国野生动物保护协会授予了“中国黑鹳之乡”的称号。

文◎ 李湘涛

红交嘴雀

鸟嘴的专业术语叫作“喙”。喙是鸟类取食的器官。不同鸟类喙的形态结构及功能千差万别，其“花样”之多、功能之巧，均为其他动物所“望尘莫及”。

鸟喙的差别主要是鸟类由于食性差异而造成的。不同形状的鸟喙可用于捕捉、叼住、啄取、撕咬、分割以及从水中过滤食物，有时也用于攀登、修饰、争斗和筑巢等。每种鸟的取食习惯都与其喙的形状和大小有着直接的关系。鸟喙的多样化使它们能够取食不同的食物，也使得多种不同的鸟可以在同一个地域中生活。

在诸多不同形状的鸟喙中，红交嘴雀的喙堪称一朵奇葩。一般来说，无论鸟喙如何怪异，都是上下吻合、左右一致，但红交嘴雀上下喙的尖端却是形状弯曲、错落不一、左右交叉的。它的喙看似剪刀，但又没剪刀那么直；像是钳子，但又比钳子更为灵活。这种又像剪刀又像钳子的喙，也是它名字的由来。此外，它还有交喙雀、青交嘴、红交嘴、交雀等俗名。不过，它并不是一出生就长着这样的喙，而是在生长过程中慢慢形成的。

红交嘴雀主要以落叶松、云杉、冷杉等针叶树的种子为食。松子营养丰富，但却被坚厚的松果包裹着，取出里面的种子并不是轻而易举的事。那么，红交嘴雀是怎样吃到的呢？它先用“钳子”上端掰开松果的鳞片，再用下端从侧面剜出球果基部的松子，并托着松子避免其脱落，接下来伸出肌肉发达的舌头，将松子舔入喙中。看来，这种形状奇特的喙，似乎是专为取食松子而生的。

由于松子一般都比较重，不易被风吹落而散布开来。那些没有被红交嘴雀吃掉而散落在地面上的松子，来年就会发芽生长。可见，红交嘴雀在无意之中为这些针叶树散布了种子。

在北京，红交嘴雀为冬候鸟。它比麻雀稍大。雄鸟羽色艳丽，主要为朱红色，尤以头、腰和胸部较鲜亮，两翅和尾羽为黑褐色。雌鸟的头部和上体主要为灰褐色，两翅和尾羽也是黑褐色，但头顶、腰部、腹侧和两胁均染有鲜亮的黄绿色。总的来说，雄鸟和雌鸟羽色的搭配堪比“红花”和“绿叶”，相得益彰。

有趣的是，红交嘴雀有的上喙尖向左、下喙尖向右，有的则正好相反。这是为什么呢？目前最让人信服的一种解释是，这种喙尖方向的变化，可以减少不同个体取食同一松果时的相互影响，提高取食效率，因此这是它们适应取食松果的一种种群内自我调节。但这种机制是随机决定，还是符合某种遗传规律，抑或是在喙发育过程的关键时期受环境和不对称肌肉发育的影响，目前尚无定论。

红交嘴雀食性上的高度特化促使其在形态、行为上产生了一系列的适应性演化。而针叶树也为抵御红交嘴雀的取食演化出较厚的木质种鳞，于是它们成为了研究种子采食者和植物之间协同进化关系的一对理想物种。

文◎ 李湘涛

虎斑颈槽蛇

现在，北京野外发现的蛇类“新记录”越来越多，不过，这些“新记录”的蛇绝大多数都是被“好心人”放生到野外的。至于这种不负责任的行为会给生态环境带来哪些不利的影响，还需要进一步的研究。

北京的蛇类，除了蝰科的蝮蛇外，都是属于游蛇科的种类，包括黄脊游蛇、赤链蛇、蓝颈锦蛇、棕黑锦蛇、白条锦蛇、红点锦蛇、黑眉锦蛇、王锦蛇、团花锦蛇、玉斑锦蛇、双斑锦蛇、乌梢蛇和虎斑颈槽蛇等，其中虎斑颈槽蛇在山区、丘陵或平原地带均比较常见，常出没于林缘、路边、农田、菜园、水沟边的近水潮湿处，尤其喜欢隐伏于草丛中。

虎斑颈槽蛇俗称竹竿青、雉鸡脖、野鸡顶、野鸡脖子等。从后面三个名字中，我们可以猜到，它一定是一种体色花杂而艳丽的蛇类。事实的确如此。它的头背为绿色，眼附近有多条黑纹，颈部正中有一较明显的颈沟，枕部两侧有较大的“八”字形黑斑，间以红色；身体背面主要为翠绿或草绿色，前段两侧黑色与橘红色斑块相间；身体后段橘红斑不显，只有黑斑；腹面主要为黄绿色。

虎斑颈槽蛇所属的游蛇科，是世界上分布最广、数量最多的蛇类，共有1800种左右，约占所有蛇类的65%。游蛇科也被认为是进步的蛇类，有陆栖、树栖和水栖。最引人注目的是其头骨的变化。游蛇具有可以活动的方骨，左右下颌骨在前端并不愈合，而是被有弹性的韧带连在一起，因此能吞食较大的动物。当猎物比它的头部还要大的时候，蛇的上下颌不会脱臼，张开角度最大可达150º，上下颌相互独立运动，像棘轮一样交替着把猎物推到咽喉处。

人们通常把具有沟牙和管牙的蛇视为毒蛇。然而，虎斑颈槽蛇等既无管牙也无沟牙的游蛇科种类却频频使人中毒，甚至导致伤者严重出血、休克死亡。这是为什么呢?

原来，在虎斑颈槽蛇这些所谓的“无毒”蛇中，也有与毒蛇的毒腺相似的腺体，即杜福诺氏腺体。当它们张开大口吞咽猎物时，依靠上下颌左右移动增加压力，挤出毒液，并使毒液沿牙齿表面流入猎物的伤口而引起中毒。因此，它们也被称为“后毒牙类毒蛇”。

不过，后毒牙类毒蛇的毒牙长在上颌骨的后端，虽呈利刃状，但较短，而且杜氏腺没有特化的腺体肌肉，毒液分泌量有限，毒性亦相对较轻。

虎斑颈槽蛇白天出来活动，行动极快，受惊发怒时，能昂首举颈，或作“乙”状弯曲，膨扁颈部。它的主要食物是蛙、蟾蜍、鼠类，偶尔也吃鱼、鸟、昆虫等。不过，当它们从冬眠中的蛰伏中苏醒后，进行的第一个游戏是忙着向异性大献殷勤。

雌蛇常常主动发出特有的求偶气味，于是雄蛇很快逐味而至。它们用身体互相摩擦，口吐芯子。雄蛇的头部腹面以及两侧均生有疣粒，这是它们的抚摸媒介，可以用来轻轻地抓搔雌蛇，引它动情。雄性虎斑颈槽蛇有两个阴茎，隐藏在其泄殖腔里面。有趣的是，位于右面的一个通常会大一些，这就意味着它们在交配时是个“右撇子”。

文◎ 李湘涛

黄喉鹀

对于非鸟类爱好者来说，一般都不知鹀为何物。即使见了，恐怕也会称之为“麻雀”。

粗略一看，鹀的确形似麻雀，但如果借助望远镜仔细观察，再对照鸟类图鉴，就可以将它们与麻雀相区分了。鹀主要吃种子，也吃昆虫，因此喙比较结实，呈锥形。特别是上下喙边缘不紧密切合而微向内弯，因而在闭嘴时上下嘴之间有一点缝隙，这样能够比较容易地将种子咬碎去壳。

其实，不仅普通人对鹀不太认识，即使是鸟类学家，也仍在研究它们的形态学、生态学、遗传学等特征，以此不断探索这个类群的亲缘关系。

“鹀”，这个名字很古怪。而它的英文名“bunting”也源于古英语中一个无法确定词源的词——“buntyle”。无论如何，鹀成了一个特定的鸟类类群的名称。这是一个大家族，在我国就有6属31种。鹀多为候鸟，北京处于其迁徙路线上，所以也有20种之多。这些鹀类中有很多种都看上去比较暗淡，体羽为灰褐色，多条纹，类似麻雀的羽毛，如本文开头提到的那样。但实际上，鹀在羽色方面表现出丰富的多样性，其中不乏一些羽毛艳丽的种类，如褐头鹀、黄胸鹀、栗鹀等。更多种类则是繁殖期的雄鸟在头部等部位呈现出更为惹眼的羽色，用于求偶炫耀。

黄喉鹀属于颜值较高的种类，在北京俗称黄眉子、春暖儿、探春儿等。雄鸟的头上有一个短而竖直的黑色羽冠，胸部有一块半月形的黑斑，喉部为鲜黄色，并因此得名。黄喉鹀生性活泼，喜欢频繁地在灌丛与草丛中跳来跳去或飞上飞下。每当春季来临，雄鸟便在醒目的枝头大声鸣唱，宣告自己的领地。当有雌鸟接近时，雄鸟便对其进行追逐、纠缠，甚至双双跌落地面。

黄喉鹀雄鸟的叫声清澈、婉转而富有韵味，它们还能发出一连串悠扬而密集的鸣唱，让人产生有多只鸟儿在一起鸣叫的错觉。占据领域的雄鸟对领域内或边界附近出现的同类鸟或陌生鸟会做出紧张程度不同而有规律的反应。它们可以容忍邻鸟的鸣唱，这种容忍对于整个种群的生存和繁衍是有利的。但对于入侵行为，即使仅仅在领域边界上出现，它们也会表现得十分不安。

有趣的是，尽管鹀的大部分种类都是单配制，但配偶外交配现象却不鲜见，因此“非婚生”的雏鸟在不少巢中都有很高的比例。

虽然有些鹀类属于濒危物种，但总的来说，鹀的种群数量还算丰富。不过这并不意味着对它们的保护可以掉以轻心。

在我国南方，黄喉鹀的一个近亲——黄胸鹀，被叫作“禾花雀”。广东民间认为禾花雀具有滋补壮阳之功效，这种“饮食文化”给黄胸鹀带来了灭顶之灾。

人类活动所导致的濒危或灭绝的动物，大多数都是那些原本就数量稀少且分布范围较窄的物种。而像禾花雀这样分布极广、数量众多却因遭到人类的过度捕杀而导致野外种群数量急剧下降、濒临灭绝的物种，相对还比较少。它的遭遇颇似20世纪初灭绝的旅鸽——一种同样曾经分布极广、数量极多的鸟类，在遭到人类过度捕杀后，迅速灭绝。

与黄胸鹀在我国南方的境遇不同，黄喉鹀在我国北方是以另一种形式进入贸易市场的，即因其外形优美、叫声悦耳而成为一种观赏鸟。类似的还有黄眉鹀、灰头鹀、田鹀、三道眉草鹀和小鹀等。虽然被猎捕的目的不同，但它们的命运却有可能是殊途同归。

鸟类的保护工作仍然任重而道远。

文◎ 李湘涛

金雕

武侠小说《神雕侠侣》中的神雕引发了读者的无限遐想。那么，在自然界中“神雕”是否真实存在呢？

如果要找“神雕”的原型，金雕当之无愧。它是一种性情最凶猛、体态最雄伟的猛禽，堪称“雕中之王”。它身体强壮，喙强大而尖锐，两眼炯炯有神，翅膀宽大有力，长满羽毛的腿十分粗壮，趾上长着又粗又长的角质利爪。它的羽毛主要呈栗褐色，头顶呈现出美丽的金色光泽，在阳光下熠熠生辉，因而得名。

金雕是留鸟，喜欢在高山岩石峭壁之巅，以及空旷地区的高大树木上歇息。它善于翱翔和滑翔，常在高空中一边盘旋，一边俯视地面寻找猎物，两翅上举呈“V”状，用柔软而灵活的双翼和尾部的变化来调节飞行的方向、高度、速度和飞行姿势。发现目标后，金雕会以每小时300公里的速度，以迅雷不及掩耳之势从天而降，并在最后一刹那戛然止住扇动的翅膀，然后牢牢地抓住猎物。它捕食的猎物有数十种之多，如雁鸭类、雉鸡类、松鼠、狍子、鹿、山羊、狐狸、旱獭、野兔等。

金雕的眼睛很大，它的眼睛既是远视眼，可以观察远处的目标，又是近视眼，不会放过近处的猎物。这是因为它眼内睫状肌的活动能力很强，可以迅速改变水晶体的形状，在极短的时间里，

有效地调节远近视力，提高高速运动时的视物本领。

不过，“硬汉”也有“柔情”的一面。每到繁殖期，金雕雄鸟便在空中向雌鸟大献殷勤。当空气被加热到足够的温度，产生上升的热气流时，它们展开双翅，比翼双飞，呈螺旋式攀升到高空，表演令人惊叹的各种飞行技巧。有时，它们在飞行中还用各自的飞羽相互接触、碰撞，更显亲密无间。在炫耀游戏中，雄鸟会陡然提升高度，双翼半合拢，冲向雌鸟，佯装攻击，却又顺势攀升到高空，然后再重新开始同样的动作，如此反复数次。雌鸟则翻转身体、背部朝下，假装以利爪回击雄鸟的攻击。

金雕的繁殖期较早，早春二月就开始筑巢、产卵。它们的巢大多建于悬崖峭壁等位置险峻、难以攀登的地方，每窝产卵多为两枚。不过，当巢中食物不足时，先孵出的个体较大的幼鸟常常会啄击后孵出来的个体较小的幼鸟。如果亲鸟长时间不能带回食物，同胞相残则不可避免。虽然听起来比较残忍，但这也是它们依照自然法则进行的自我调节，以保留强壮个体，使物种得以健康繁衍。

金雕在北京仅见于松山、雾灵山、十渡和石花洞等地，种群数量也非常稀少，但对于维持生态系统的平衡具有重要作用。

文◎ 李湘涛

荆 条

战国时期，赵国蔺相如因完璧归赵以及渑池之会中的功劳而被加封至上大夫，官居在战场上出生入死的武将廉颇之上。后者不服气而欲加羞辱，蔺相如远避之，言文武两人相斗，乃利于敌而祸于国也。廉颇闻之，幡然醒悟，遂光其脊背，身负荆条，至蔺府请罪。此乃我国历史上有名的“负荆请罪”一典之大概也。

廉颇背负的荆条，乃是我国古代用于施用鞭刑的刑具。行刑之时，以荆条鞭打受刑者背部。至南朝时，梁武帝定鞭杖之制，杖以荆条制成，分大杖、法杖、小杖三等。北齐北周时杖刑被列为五刑之一，其后相沿至清末。

看了这些介绍，也许有人对荆条产生了兴趣，那么，请列位看官莫要着急，容在下一一道来。

荆条，又称黄荆柴、黄金子、秧青，乃马鞭草科牡荆属下黄荆的一个变种。黄荆是一种落叶灌木或小乔木，其枝四棱形，具掌状复叶，小叶通常5片，长圆状披针形至披针形，顶端渐尖，基部楔形，边缘光滑或有少数粗锯齿，表面绿色，枝及叶背面皆密生灰白色茸毛。每年4～6月花期，聚伞花序生于枝条顶端，花萼钟状，花冠淡紫色，顶端5裂。果实7～10月成熟，核果近球形。荆条与黄荆的区别在于其小叶片边缘有缺刻状锯齿，浅裂至深裂。

荆条与黄荆的分布区也稍有差异。黄荆主要分布于长江以南各省，北可达秦岭淮河，非洲东部、亚洲东南部及南美洲也有分布。荆条则从长江流域各省至东北辽宁均有分布，北京郊区普见于山坡及路旁。它们耐寒、耐旱，也能在瘠薄的土壤上生长良好，尤喜阳光充足的环境，多自然生长于山地阳坡的干燥地带，形成灌丛，或与酸枣等混生为群落，或在盐碱沙荒地与蒿类混生。北自太行山、燕山，南至中条山、沂蒙山、大巴山、伏牛山和黄山，荆条在这些山区形成天然绿色屏障，保护着我们的秀美山川。

在传统文化中，除负荆请罪外，还有另一个与荆条有关的成语，那就是荆钗布裙，即以荆枝作钗，粗布为裙，用于形容妇女装束朴素。由此看来，我们古人的生活与荆条的关系还真不浅呢。

文◎ 黄满荣

喇叭沟门

喇叭沟门因有三条大沟交会于此、形似喇叭口而得名。这里位于怀柔区最北端，地处燕山山脉。山中多奇峰怪石，沟谷纵横，有多条长达数十千米的山间溪流，呈扇状分布于汤河两侧。潺潺的林溪像银色的飘带，装点着翠绿的原野。

喇叭沟门为北京地区天然林植被保存最好的地区之一，植被类型多样，阔叶林树种主要有蒙古栎、山杨、白桦、胡桃楸等；针叶林主要有油松林、侧柏林等；此外还有三裂绣线菊灌丛、荆条灌丛、平榛和毛榛等灌丛以及野青茅草甸。最令人惊叹的是，在海拔1000米以上的山地中有保存较为完整的蒙古栎天然次生林。蒙古栎属落叶乔木，高可达30米，树皮灰褐色，是珍贵的北京市一级保护植物，也是营造防风林、水源涵养林及防火林的优良树种。这样大面积的蒙古栎成熟林在北京仅此一处，林中残存着一些树龄在100 ~ 120年的老龄树，林相完整，颇有原生性森林的风貌。

喇叭沟门也是野生动物生存和繁衍的理想场所，有30多种兽类、100多种鸟类以及白条锦蛇、虎斑颈槽蛇、王锦蛇、乌梢蛇和中国林蛙等两爬类动物在此栖息。而近几年新发现的花尾榛鸡则是北京市的鸟类新记录。

花尾榛鸡在满语中被叫作“斐耶楞古”，意思是“树上的鸡”，后来取其谐音，称为“飞龙”。它体型中等，体羽灰棕色，上面有暗栗褐色的横斑。雄鸟与雌鸟的区别主要是雌鸟的颏和喉是棕白色的，而雄鸟的颏和喉是黑色的，边缘是白色的一圈。另外，雄鸟的头上不仅长有一个短短的羽冠，而且在繁殖期间眼眉上裸露的皮肤变为红色，十分美丽。

花尾榛鸡是典型的森林鸟类，在我国主要分布在东北、河北兴隆、天津北部以及新疆极北部地区。由于从前一直被狩猎，并作为岁贡鸟进贡给皇帝，用于烹制美味佳肴，所以花尾榛鸡野外数量不断下降，学界一度认为分布在天津北部和河北兴隆一带的花尾榛鸡已经灭绝。因此，花尾榛鸡在北京喇叭沟门的新发现格外引人注目。

文◎ 李湘涛

花尾榛鸡

黄纹石龙子

王锦蛇

栗

栗子是一种常见的干果。在北京的冬日街头，那些深褐色的、冒着热气、飘着香味的糖炒栗子刚出锅，店外就排起了长长的购买队伍，俨然北京一景。结出香甜可口的栗子的这种植物就是栗，又名板栗、中国板栗，是壳斗科栗属的植物，多见于山地，现已广泛栽培。

栗原产于我国，在有农业活动之前，原始人就已采集栗类坚果食用。它已有2000 ~ 3000年的栽培历史，是人类最早栽培的果树之一。历代图书文献均不乏有关栗的记载，如《诗经》提到“东门之栗”，《论语》提及“周人以栗”，《楚辞·招隐士》中也写道“坱兮轧，山曲弗，心淹留兮恫慌忽。罔兮沕，憭兮栗，虎豹穴，丛薄深林兮人上栗”，说明它在春秋战国时期就已是重要的经济树种。事实上，古文中提到的“栗”除了板栗外，可能还包括其他两种为采收坚果而栽种的栗类，分别是锥栗和茅栗，三者中以板栗的果实最大。

北京的栗为栗中的佼佼者。特别是怀柔板栗，在国内外都享有盛名。位于怀柔区沙峪村的栗园里，保存着许多有着上百年历史的栗树，可追溯到明清时代，故以“明清栗园”命名。其中有一棵非常出名的栗树，树干直径达1.7米，三个人都搂不过来，被称为“古栗王”，已经有800年的历史，是现存历史最悠久的栗树。

栗树一般都是20 ~ 40米高的落叶乔木，只有少数是灌木。其坚果包藏在密生

尖刺的总苞内，因此板栗也是带刺的果实。一个总苞内有2～3个坚果，成熟后总苞裂开，坚果脱落。平常我们看到的栗子就是脱离总苞的坚果，呈紫褐色，披黄褐色茸毛，果肉淡黄。板栗的果期为7～8月，正如我国古代农事历书《夏小正》所记载的“八月栗零”。

栗也是绿化结合生产的良好树种，对气候土壤条件的适应范围较为广泛，对抗有害气体的本领较强。因此，京郊的老乡们都叫它“铁杆庄稼”。

文◎ 毕海燕

列 当

如果你去西北地区旅游，一定会有人向你推销素有“沙漠人参”之美誉的名贵中药材——肉苁蓉；如果你去游览美丽的长白山天池，又会有人会向你推销有“不老草”之称的草苁蓉。

北京的野外没有“沙漠人参”，但却能见到“不老草”，它的正式名字很响亮，叫作列当。其实，无论肉苁蓉还是草苁蓉，都是列当科的植物。与一般高等植物不同的是，它们虽然是一年生草本植物，但却营寄生生活。其自身缺乏叶绿素，自己并不能进行光合作用，而是通过维持远高于寄主植物的蒸腾速率，并借助特化的寄生器官——吸器，从寄主中掠夺营养物质、水分和生长激素等，才能满足自身的生长需要。

肉苁蓉生活在沙漠地带，它选择的寄主是沙漠中的一种小乔木（有时也呈灌木状）——梭梭。而生活在北京阴湿凉爽的山区地带的列当，则大多选择蒿属植物来寄生。

列当的寄生方式非常奇特。它通常只寄生于寄主植物的根上。列当种子很小，贮存的能量物质有限，发芽后仅能维持几天的生命。种子在发芽后与寄主根系木质部黏结，形成吸器，才能继续存活。列当能产生大量的种子，而且种子的生命力能在土壤中保持很长时间，可达数年，甚至10年以上。成熟的列当种子在适宜的温度、湿度条件下，吸水膨胀后，还必须有发芽刺激物质的作用才能开始萌发。如果没有发芽刺激物质，即没有寄主生长的情况下，1～2周后这些种子就会进入二次休眠，待到寄主出现时再发芽。这也是列当这种寄生植物对大自然的一种巧妙的适应。

当具有萌发活力的列当种子与生长旺盛的寄主

植物的根部接触后，寄主根部分泌的次生代谢物质就会刺激列当种子，再加上合适的温度、湿度及土壤酸碱度等环境条件，寄主植物的根尖就会诱导列当种子的萌发和胚根的向性生长。发芽后的列当胚根先伸长生长约3～4毫米，但要完成寄生过程，还必须从寄主植物再获得一种吸器诱导物质，形成乳突状的黏性吸器。这些吸器吸附在寄主根部。并穿入寄主根的木质部，和韧皮部形成寄生关系，并形成地下块茎。

越冬之后，列当的地下块茎才长出地面，逐渐长成地上植株，高度一般为15～50厘米，全株密被蛛丝状的白色茸毛，根茎肥厚，直立茎为暗黄褐色，具明显的条纹，在基部膨大且不分枝。它的叶互生，卵状披针形，呈黄褐色的鳞片状，没有叶绿素。一般生于茎下部的鳞片较密集，上部的渐变稀疏。花期一般都在6～8月，果期在8～9月。它的花为穗状花序顶生，主轴比较粗壮，花序长度为10～20厘米，约占茎的1/3～1/2。花冠多为深紫红色。因此，在长白山的传说故事中，由列当化身而成的那位用“不老草”治病救人的仙女就是一位头戴紫色花冠的美丽仙女。

除了草苁蓉，列当还有许多非常形象的别名，如独根草、兔子拐棒、兔子腿、降魔杆、蒿枝七星、山苞米、马木通等。在北京，列当还有一个“小伙伴”——黄花列当。其花冠为黄色，花药的缝线处有长柔毛，与列当有所不同。但它的寄主也主要为蒿属植物。

文◎ 李湘涛

沫 蝉

夏秋季节，当你在郊外游玩或者公园散步的时候，可能会在某些植物的叶片或茎干上看到一堆像泡沫似的东西。只要你轻轻拨开这堆泡沫，就会看到里面有一只小虫在蠕动，这就是沫蝉的幼虫了。起初人类还不认识沫蝉的时候，以为这一堆泡沫是杜鹃鸟的分泌物，因为两者几乎在同一个时期出现，所以还给它起了一个名字，叫鹃唾虫。但事实上，它跟杜鹃一点关系都没有。

沫蝉总是把自己隐藏在泡沫里，所以我们又叫它“吹泡虫”或者“泡泡蝉”。 沫蝉躲在这些泡泡里是为了好玩吗？当然不是。沫蝉是为了免受烈日暴晒并躲避天敌捕杀，在千百万年的演化中练就了这种“隐身术”，以此安全地度过幼年时代。沫蝉一旦长大变为成虫，便既会飞又会跳，再也不需要用泡沫来掩护自己了。

起初人们以为沫蝉的这些泡沫是它用嘴吹出来的，所以才给它起了“吹泡虫”这个名字。但是后来，科学家发现，在沫蝉腹部下端的气门开口附近有一个特殊的腺体，能分泌一种胶质的液体，当这种液体和气门排出的气体混合在一起时，就会形成可以保护自己的泡沫。

沫蝉是同翅目沫蝉科的一群个头很小的小家伙，成虫体长不超过14毫米，幼虫体长不到6毫米。沫蝉以植物的汁液为食，头部的刺吸式口器可以刺入植物的叶片或茎干中吸食汁液。北京的沫蝉主要有尖胸沫蝉、圆沫蝉、象沫蝉、中脊沫蝉、曙沫蝉等。

沫蝉被认为是自然界新的“跳高冠军”，比世界上任何一种昆虫跳得都高。沫蝉最高跳跃高度相当于自己身高的100多倍，这大约相当于一个人一跃而起，跳到200层左右的摩天大楼的高度！而且沫蝉跳跃的速度非常之快，可以在一毫秒之内完成一次跳跃。沫蝉之所以有如此高超的弹跳能力，是因为它的后腿肌肉非常健壮，就像一个随机待发的弹弓，可以在瞬间释放出储存在肌肉里的能量，跳跃后会迅速积蓄力量再次跳跃。

文◎ 杨红珍

狍 子

鹿是人们熟知的动物。它是一个大家族，在分类学上隶属于鹿科。其中体型比较小的一般叫麂，如小麂、河麂等；体型比较大的才叫鹿，如梅花鹿、马鹿、麋鹿、水鹿等。有趣的是，有一种体型中等的鹿，既不叫麂，也不叫鹿，而是有一个跟其他“小伙伴”毫无共同点的名字——狍子。

从这个名字上，似乎能体现出人们对这种动物的蔑视，也就是认为它不能与其他鹿类具有同等地位。

就拿鹿类最值得炫耀的特征——头上的实角来说，由于它既是一种雄性的装饰品，又是同类间竞争配偶和抵御外敌的兵刃，因此大多数种类的鹿角都是分叉的，有的很大，甚至非常复杂，姿态也十分优美。而狍子就相形见绌了，不仅雌兽无角，就连雄兽的角也是又短又小，勉强分为三叉，第一、二叉向上，第三叉则向后偏内。与麋鹿、梅花鹿、马鹿、白唇鹿、水鹿、坡鹿、驼鹿、驯鹿等大型鹿类雄伟的大角相比，哎，真是不好意思……

不过，虽然狍子的“兵器”一般，但其功能却并不逊色。它与其他鹿类一样，也是由一头雄兽占有“妻妾群”的动物。成年雄兽之间必须通过争斗来取得交配权。每当这个时候，勇士们都会“扬眉剑出鞘”，用头上的角去进行一场激烈的格斗。

在生活的其他方面，狍子也显示了鹿科动物的特点。它们一般以灌木的嫩枝、芽、树叶、树皮等为食，亦食草类，

缺食时也吃地衣、苔藓，也喜欢到溪边饮水，还常吞食泥土以获取其中的一些矿物质。狍子全身呈棕黄色，体态轻盈，主要在早晨及黄昏活动。它们往往三五成群，行进时作为“头领”的成年雄兽走在前面，雌兽和幼崽跟随在后面，往返时常常循着一定的路径。

如果说狍子有哪些地方超越了其他鹿类，那就是它们适应环境的能力，尤其是对山地环境的适应能力。以它在我国的分布情况为例，它在东北与梅花鹿、马鹿等大型鹿类共享大小兴安岭、长白山等食物丰富的栖息地，并一路向南，经北京一带的燕山山脉进入太行山脉，穿过河北和山西，到达陕西南部的秦岭—大巴山系，随后在横断山系进入了毛冠鹿、水鹿等南方鹿类的势力范围，到达接近其分布区最南端的西藏东南部和云南西部一带。此外，它在我国新疆北部一带还有大片的分布区。在国外，狍子广泛分布于欧洲、俄罗斯、中亚各国、蒙古和朝鲜等地，可以说是欧亚大陆分布最广、数量最多的一种鹿类。

尽管如此，人们仍然对狍子缺乏足够的重视。在我国传统文化中，鹿被视为祥瑞之兽，有“千年为苍鹿，又五百年为白鹿，又五百年化为玄鹿”之说。它与蝙蝠、桃和喜鹊一起，寓意“福禄寿喜”。此外，一只奔鹿为“一路顺风”，两只或数只奔鹿为“路路亨通”，一鹤一鹿与松树为“鹤鹿同春”等。不过，这里的鹿通常都是梅花鹿，有时也会出现马鹿、麋鹿等。但是狍子似乎从未登上过这样的大雅之堂，反倒常被人称为“傻狍子”。

狍子有一个致命的弱点，就是在逃脱危险之后，还会返回原地，去了解一下情况，于是便再次撞上了猎人的枪口。其实，人们猎杀狍子并不是只有这一招，从前有“棒打狍子”的传说，现在则普遍采用下套子、投毒等手段，终于把遍布山林的“傻狍子”打成了濒危物种。

到底谁是“傻狍子”？

文◎ 李湘涛

石黄衣

长城是我国著名的历史文化遗产，是古代各个政权为抵抗北方游牧民族的侵扰而修建的军事建筑，其东西绵延上万华里，故称为万里长城。目前在北京保留较好的长城为明代修建，它蜿蜒穿行于崇山峻岭之间，以其巍峨雄伟而吸引国内外游客纷纷前来游览。来华的各国政要及名人当中，以一登长城为快者占十之八九。

在一些险要的地方，长城因年久失修而不适于游览，却更加吸引那些喜欢冒险的户外运动爱好者纷纷寻访。若你正好是其中的一员，那么，你在这些地方不仅能观赏到奇峻的美景，领略到历史的沧桑，而且只要你稍微停留一下，凝视一下这些从古代留下来的砖头和石块，你就会发现，它们已经被一种橙黄色的生物打上了印记。

你也许会好奇，是什么生物如此顽强，可以在岩石或砖头上生长得如此恬然美好？其实，这是一种地衣，更具体地说，它叫石黄衣。

地衣是一类与藻类或蓝细菌共生的真菌，这是2016年以前的看法。最新的研究表明，除原来认为的真菌之外，在地衣体上皮层还存在一种之前从未被发现过的担子型酵母，与子囊菌、藻类或蓝细菌共生。当然，这一最新的发现并未改变地衣是最典型共生体这一事实，反而说明这种共生关系更加细致、更加复杂。这种共生关系是如此紧密，以至于产生出了有别于真菌和藻类或者蓝细菌单独生活时的一系列特征。例如，在典型的地衣体内，藻类或蓝细菌分布在一层薄薄的区域内，该区域上面和下面（或外面和里面，视地衣体的生长型而定）都是由真菌的菌丝组成，因此真菌负责地衣体的固着作用，为藻类或蓝细菌提供机械保护，并过滤强光，避免它的共生伙伴受到强光的伤害。此外，真菌还负责从基物或空气中吸收各种无机盐和水分提供给藻类或蓝细菌。而后者投桃报李，具有叶绿素的它们通过光合作用合成葡萄糖或果糖等有机物并提供给真菌。这种合作关系使得地衣的生长能力十分惊人，它们几乎可以生长在任何基物表面，如岩石、土壤、树枝，以及人们丢弃在野外的衣服乃至乌龟壳和铁制品。从严寒的南极，到干燥的沙漠，再到富饶的热带雨林，我们均可以见到繁盛生长的地衣。

根据地衣体的形态不同，地衣大体上可以分为壳状地衣、叶状地衣和枝状地衣。壳状地衣的地衣体不是很明显，真菌的菌丝体和藻类或蓝细菌深入基物当中，仅以其繁殖结构示人。顾名思义，叶状地衣就是长得有点类似于高等植物的叶片，它们平铺或者直立在基物表面。而枝状地衣则类似于我们通常观察到的小灌木，地衣体近似圆柱状，或多或少具有分枝，直立或悬垂于基物表面。但是这三类地衣体形态并不是截然分开的，而是在彼此之间有一系列的过渡类型。

石黄衣是一种叶状地衣，它们通常生长在岩石或者树干表面，地衣体紧贴在基物表面，近似圆形，边缘深裂，表面皱缩，呈橙黄色，颇为美丽。就像大多数地衣一样，石黄衣的生长速度十分缓慢，每年的生长速度以毫米计。因此，这些长城砖头上的石黄衣，很可能在长城修好没多久就已经开始生长了。了解了这点，处在当下的我们就与驻守在长城的古代士兵们似乎有了某种联系。

虽然地衣可以生长在南极和沙漠等极端环境当中，但是它们对空气质量却极为敏感。大气中的二氧化硫及氮化物均会使地衣体解体，因此在空气污染严重的大城市，我们无从寻找地衣的芳踪。因此，想对地衣增加一些了解的朋友，请你辛苦一点，爬爬长城，钻钻森林，说不定会找到惊喜。或者，我们共同努力，保护环境，让蓝天重来，这时，地衣就会回来陪伴我们，陪伴我们的子子孙孙。

文◎ 黄满荣

丝带凤蝶

雌 蝶

一首小提琴曲《梁祝》响彻了整个地球，有多少人因为梁山伯与祝英台的凄美爱情而黯然神伤，又有多少人为自己没有生在那个禁锢自由恋爱的封建社会而沾沾自喜。这个动人的爱情故事也让一些蝴蝶爱好者好奇这对有情人死后，他们到底化作了哪种蝴蝶，或者说哪种蝴蝶更适合这对忠贞不渝的有情人。虽然中国昆虫学会蝴蝶分会最终将玉带凤蝶（代表梁山伯）和美凤蝶（代表祝英台）认定为“梁祝蝴蝶”，但还是有很多人更希望梁山伯和祝英台化身为优雅飘逸的丝带凤蝶。

雌雄丝带凤蝶的翅色完全不同，雄性丝带凤蝶白净素雅，翅面白色或淡黄色，具有褐色或者黑褐色的斑纹，两后翅外缘各有一处红色的横斑，横斑连在一起形成一条红色的“丝带”。雌性丝带凤蝶华丽浓艳，白色的翅面镶嵌着黑、红、蓝三色斑纹或横带，两后翅的后缘也形成了“丝带”。雌雄凤蝶都有两个长长的尾突，雌蝶的尾突要比雄蝶的稍长一些。由于两只蝴蝶常常形影不离，加之很多人希望丝带凤蝶是梁祝化成的蝴蝶，所以丝带凤蝶也叫“梁祝蝶”。

丝带凤蝶又名软凤蝶、软尾亚凤蝶等，不但形体婀娜优雅，飞翔的时候也轻缓飘逸。雌雄蝴蝶在一起轻舞，忽上忽下，曼妙缠绵。因此，丝带凤蝶有凤蝶中的“优雅仙子”之称。唐朝祖咏《赠苗发员外》中有“丝长粉蝶飞”的诗句，说的就是尾突细长如丝、婀娜多姿的丝带凤蝶。

在北京，丝带凤蝶的成虫4月就出现了，一直活跃到8月，在山区数量较多。丝带凤蝶的幼虫主要以马兜铃的叶子为食物。雌蝶在寄主植物或附近植物的叶上大量产卵，这便保障了幼虫刚孵化就有充足的食物可吃，因此有时候我们会在一棵马兜铃上见到大量的幼虫。幼虫长大后，活动能力慢慢增强并开始分散。因为它为害马兜铃，所以丝带凤蝶又被称为马兜铃凤蝶。

别看它成年时期美如仙女，幼年时期可是丑得一塌糊涂。它全身黑黑的，身上有许多白色小刺，丑得有些恶心。蛹的长相也不怎么样，像一片枯黄卷起的树叶。

文◎ 杨红珍

雄蝶

蛹

松　山

红脚隼

松山位于延庆境内，主峰大海坨山海拔2241米，群山叠翠，溪水淙淙，怪石嶙峋，构成雄、幽、奇、特、秀的自然景观，令人流连忘返。

松山以松树为其特色，并因此得名。早在清嘉庆十一年（1806年），这里就有“松柏耸翠，黛色横天”的名声。在深山幽谷中，生长着繁茂森蔚的油松林。风起时，阵阵松涛之声，更让人领略到松的胜景。有的松挺立山巅，直插蓝天；有的松生在山石缝中，盘根错节；有的松斜挂于陡壁之上，在半空中俯瞰大地……

在松山保护区北部约有200公顷的天然油松林，很多树龄已达100年以上，一般树高8 ~ 10米，胸径30厘米，树龄多为50年左右。最古老的一株树龄约为350年，胸径为90厘米，树高14米左右，有“松树王”之称。

这些生长在坡地上的天然油松，树皮裂成不规则的鳞状块片，下部树皮一般呈灰褐色，上部树皮多显出红褐色。它们树干粗壮通直，胸径很粗。大枝向四周平展，或倾斜向上生长。小枝都较粗壮，呈黄褐色，泛着光泽。较小的油松树冠为塔形或圆锥形，中年树的树冠则呈卵形或不整齐的梯形，老年树的树冠多为平顶，整体上呈扁圆形或伞形——无论什么树龄的植株，树形都很优美。

种类丰富的兰科植物也是松山的一大特色。保护区内共有兰科植物18种。其中，

果子狸

大花杓兰、紫点杓兰都是北京市一级保护植物。松山的兰科植物主要集中分布于北沟和小海坨山，以二叶舌唇兰、紫点杓兰的数量较为丰富。它们主要分布在落叶阔叶混交林下，乔木层和灌木层产生的枯枝落叶堆积腐烂，与土壤混合形成了含有丰富腐殖质的腐叶土，疏松而透气，是兰科植物生长的优良基质。如珊瑚兰、尖唇鸟巢兰、沼兰等主要分布在白桦林下；二叶舌唇兰大量分布于胡桃楸林下等。此外，在亚高山草甸也分布有一些兰科植物，如手参、杓兰等。兰科植物的花期集中在6～8月，而且很多种类都在同期开花，如紫点杓兰、大花杓兰、凹舌兰、二叶舌唇兰和角盘兰等均有重叠的花期。

松山是北京市唯一的国家级自然保护区，保存着北京市最完好的森林生态系统，除了油松天然林，还有落叶阔叶天然次生林、山顶草甸以及多种由灌木杂草组成的群落。由于区内山体高大、植被茂密、水源丰富，也为野生动物提供了理想的栖息场所。

松山的溪流是永定河水系源头的一部分。在起伏的峰峦之间，潺潺溪水常年不断。由于这里水温较低，所以生活着不少特有的冷水鱼类，如洛氏鲹、张氏鲹、赛丽高原鳅、达里高原鳅等。广泛分布于中低山地和沟谷中的中国林蛙，夏季虽然常离开溪水到林中活动，但在一些水流缓慢或溪流变宽的水域内繁殖。此外，由于溪边杂草丛生，并散生有乔木、灌木，不仅褐河乌、翠鸟、鹊鸲、红尾水鸲等溪边生活的鸟类很常见，其他大多数鸟类也都喜欢到溪边饮水。

在这里栖息的诸多哺乳动物中，数量稀少的野生果子狸十分珍贵，它也是北京分布的唯一一种灵猫科动物。它的体色为黄灰褐色，黑褐色的面部上，由额头至鼻梁有一条明显的白纹，眼下及耳下也具有白斑，十分有趣，因此又被叫作花面狸、白鼻狗、花面棕榈猫。

文◎ 李湘涛

油松林

秃鹫

20世纪六七十年代，现代京剧样板戏《智取威虎山》让全国人民都知道了座山雕这个名字。2014年年底，在徐克导演的同名电影中，梁家辉饰演的座山雕又让年轻人了解了这个老奸巨猾、阴险狡诈的角色。

无论哪一个版本的影视作品中，座山雕的形象都是一个秃头、长着鹰钩鼻子和邪恶双眼的家伙，看上去相貌怪异、十分凶残。

其实，这个形象与自然界中的座山雕非常吻合。因此，剧中人物的这个绰号也的确是恰如其分。

座山雕的大名叫秃鹫，也叫狗头鹫，是一种大型猛禽，体长达1米以上，体重接近10千克。它的头部裸露，仅被有短的黑褐色绒羽，铅蓝色的后颈部则完全裸露无羽。身体主要是暗褐色。黑褐色的喙显得十分强大，基部有铅蓝色的蜡膜，从蜡膜前缘开始向下弯曲，前端则像一个大铁钩。

虽然秃鹫的整体形象令人望而生畏，但它体形雄健，飞翔姿态优美，又常常给人一种神秘的感觉，因此也被誉为“神鹰”。人们喜欢用它的名字来命名那些突兀雄伟的山峰，例如在北京海淀就有一个名叫“鹫峰”的风景旅游区。这里山势陡峭，山峰林立，山石神形兼备，气势不凡。远远望去，山峦上的两座峰相对而立，宛如一对俯冲而来的秃鹫，“鹫峰”的称谓也由此而来。近年来，鹫峰还成为北京猛禽救助中心放飞救助成功的猛禽的一个重要场所。

秃鹫在北京属于罕见的留鸟，而且

有很强的游荡性。它不善于鸣叫，白天常在高空悠闲地翱翔和滑翔，休息时多站在突出的岩石上。强烈阳光中的紫外线可以杀死粘在其光秃头顶上的病菌。

秃鹫主要以大型动物的尸体为食，“光头”能让它非常方便地将头伸进尸体的腹腔取食，而它脖子下面的皱翎就像餐巾一样，可以防止取食时弄脏身上的羽毛。这种特殊的食性使它的脚爪退化，主要起支撑身体的作用，但可以更方便地在地面奔跑或跳动。不过，秃鹫并不总是窥视动物的尸体，偶尔也会主动攻击中小型兽类、两栖类、爬行类和鸟类，甚至袭击家畜。前几年，在河北省木兰围场就发生了秃鹫频繁捕食人工驯养的梅花鹿幼鹿的事件。

腐肉并不会使秃鹫中毒。它甚至可以吃因肉毒菌、霍乱或炭疽而致病死亡的动物。这其中的秘密，在于它的基因中有与胃酸分泌调节相关的变异，从而练就了一个铁打的胃和强大的免疫系统。它的胃液酸性极强，足以杀死几乎所有的细菌和病毒，还能够溶化骨头，甚至可能连金属都不在话下。秃鹫能够清除腐尸，消灭环境中的病原体，在防止疾病传播方面起着很大作用，在生态系统中也扮演着重要的角色。

秃鹫春季繁殖，在大树、山坡或悬崖边的岩石上筑巢，有的巢可以利用很多年，但每年都要对旧巢进行修理和增加新的巢材，因而使巢变得极为庞大。雌鸟每窝通常只产一枚污白色、有红褐色条纹和斑点的卵，然后由亲鸟轮流孵化。

有趣的是，科学家在韩国发现了一对越冬的秃鹫把一块卵石当作卵来孵化的现象。难道这是座山雕为了更好地产卵、繁殖而事先进行的“演练”？还是说它们也像人类一样，具有“假想怀孕”的心理活动？个中缘由，还有待科学家们一探究竟。

文◎ 李湘涛

鼯鼠

大家都知道鼯鼠是会飞行的鼠类，能从一棵树飞到另一棵树上。其实，这还不能算是飞行，只是滑翔。

鼯鼠的体形很像松鼠，有一条几乎与身体长度相等的大尾巴。它的身躯两侧和前后肢之间有飞膜，由三部分组成：一为肱臂膜，自颈侧沿肱臂直连至前肢腕部；二为股膜，沿股部和腿部延伸到后肢脚踝，甚至延及尾基部；三是间膜，由体侧延出，并将前后足相连，是最大的飞膜。所有飞膜的上下方均生有细密绒毛，间膜还可以自由伸缩。

鼯鼠古称“梧鼠”“耳鼠”，以及“寒号虫”“寒号鸟”等。在《荀子·劝学》篇里有“梧鼠五技而穷”的说法，被后世解读为鼯鼠“能飞不能上屋，能缘不能穷木，能游不能渡谷，能穴不能掩身，能走不能先人”，空有五种本领，但样样稀松，因而无法在森林中称王。从此以后，鼯鼠便成了人们嘲讽的对象。宋朝黄庭坚的诗句“五技鼯鼠笑鸠拙，百足马蚿怜跛鳖”（《演雅》）也是这个意思。

看来，我得为鼯鼠鸣不平了：这样一种集多项本领于一身的动物，恰似现代田径运动会中的全能选手，也说明了它的生活丰富多彩，人类有何理由看不起它呢？

何况，鼯鼠的滑翔本领非但不是“技艺不精”，反而是它的一个“绝活”。鼯鼠起飞的时候要先跳一下，通常可以滑翔几十米乃至上百米的距离。通过调整四肢，它能够在空中控制速度及方向，甚至进行快速转弯。当到了目的地的时候，它能够把尾巴垂下来当刹车，轻轻地落在树干上。毫无疑问，鼯鼠对滑翔技巧掌握得非常好。

事实上，人们对于鼯鼠的技能是“顶礼膜拜”的，不仅据此仿制了一种在双腿、双臂和躯干间缝制有大片结实的飞膜的滑翔服，而且还发展出一项疯狂的极限运动——“鼯鼠装滑翔”。身着鼯鼠滑翔服的人从高楼、高塔、大桥、悬崖、直升机上跳下，进行无动力滑翔，最后打开降落伞着陆。这项运动的危险性和难度极大，因此被称为“世界极限运动之最”。

毫无疑问，展示滑翔技巧也是鼯鼠得到异性青睐的重要手段。春光初回大地之时，鼯鼠们便开始在森林中寻找自己的爱侣。它们先是通过发出“得——得——”的叫声发布自己的“征婚信息”，然后展膜滑翔，希望从竞争者中脱颖而出。

说了半天，也许有人会问：北京有鼯鼠吗？我们似乎从未在野外见到过它们呢。答案是肯定的，北京不仅有鼯鼠，而且还不止一种。

北京数量比较多的是复齿鼯鼠，也叫橙足鼯鼠、黄足鼯鼠，分布范围包括房山、怀柔、门头沟、平谷、密云等地，是我国特有种。它的体毛主要是黄褐色，前后足背面还是鲜亮的黄褐色，还有长而黑的耳簇毛。因其臼齿齿冠的珐琅质形式甚为复杂而得名。

另外一种是沟牙鼯鼠，也叫黑翼鼯鼠，也是我国特有种，在北京仅见于密云与河北兴隆交界的地方。它的体型比复齿鼯鼠略大，身体主要为浅黄、灰和黑的混合色，飞膜呈黑褐色，得名于上门齿中央有一个纵沟。此外，还有一种飞鼠，也叫小飞鼠，体型要小得多，见于门头沟、房山、怀柔、密云等地。

我们在野外很难见到鼯鼠，是因为它们的巢穴都在山崖岩洞处，白天它们在洞中憩息，夜晚才出洞滑翔至树上觅食山杏、山桃等植物的果实、枝叶等。它们会像松鼠一样用前足抱住食物进食，如果树叶比较大，就用前足将其折叠几次后再进食。饮水时，它也常用前足把水舀起再饮用。

鼯鼠的巢穴里非常整洁。它从不随地大小便。无论觅食范围有多大，路途有多远，滑翔有多难，它都会千方百计地返回洞穴附近的“厕所”排泄，因而有“千里觅食一处屙”的说法。不过，它的粪便却常被人们“偷盗”得颗粒不剩。原来，鼯鼠的粪便是一味中药，名为“五灵脂”。

文◎ 李湘涛

雾灵山

北京雾灵山属于雾灵山系的北京部分，地处密云区新城子镇，东、南、北三面均与河北兴隆雾灵山国家级自然保护区相邻。雾灵山山体高大，地形复杂，森林茂密，湿润多雨，气候多变，山峰经常笼罩在云雾之中，因而有“北方黄山”之称。主峰歪桃峰海拔高度为2118米，为京东第一峰。秀丽的自然山水、巍峨的奇峰峻岭、变幻莫测的气象景观，构成了雾灵山独具特色的自然景观。

北京雾灵山有永久性泉水七处、水量较大的溪涧一条，同时还有季节性泉水溪流多处，所有径流最终经遥桥峪水库注入密云水库，常年奔流不息，构成一幅美丽的山水画卷。山上的乔木树种主要有山杨、白桦、黑桦、紫椴、蒙椴、大果榆等，灌木主要有刺五加、毛榛、三裂绣线菊等，草本以细叶苔草、河北黄堇等为主。

这里的云岫谷一带是胡桃楸分布较为集中的地区之一，在长达十余千米的沟谷内均为胡桃楸林。胡桃楸是国家三级保护植物，是属于胡桃科胡桃属的落叶高大乔木，也是第三纪孑遗植物。由于年龄结构的差异，不同龄级的个体在群落中处于不同层次。在胡桃楸群落中，还杂有黄檗、紫椴、北京丁香和鹅耳枥等常见乔木。

雾灵山有许多以“雾灵”两字命名的植物，如雾灵香花芥、雾灵沙参、雾灵乌头、雾灵柴胡、雾灵丁香等，其中前两种见于北京雾灵山自然保护区内。雾灵香花芥属于十字花科，身材高挑，花色为紫色，有时候也会开出带有白色条纹的花儿，更显雍容华贵。雾灵沙参的花拥有轮生的叶片、钟形的蓝紫色花冠和略具短齿的花萼。另外，它的全株都含有白色乳汁。

雾灵山也是许多候鸟的迁徙路线之一，更是一些南方型鸟类间断性分布的北部地区和一些北方型鸟类的繁殖区南延地带。因此这里鸟类种类繁杂，不仅有金雕等国家重点保护鸟类，也有雉鸡、红嘴蓝鹊、山噪鹛、大山雀、褐头山雀、银喉长尾山雀、麻雀、燕雀、金翅雀、黄喉鹀、灰眉岩鹀、铁爪鹀等常见种。

此外，这里还有种类众多的两栖动物、爬行动物和哺乳动物，特别是在不同海拔高度出现的蝮蛇，无论在形态上还是在地理分布和习性上均有不同。低海拔地区的蝮蛇腹鳞数少，体背侧是交错或对称排列的马蹄形圆斑，晨昏活动，为短尾蝮。高海拔地区的蝮蛇腹鳞数多，体背两侧有交错排列或连在一起的波纹状浅色横斑，白天活动，为中介蝮。我国亚洲蝮属的蛇类分布广泛，关于其种和种下分类的争论由来已久。雾灵山独特的蝮蛇分布情况，可能成为解决这种纷争的一把钥匙。

文◎ 李湘涛

石鸡

雕鸮

锡嘴雀

提到老西儿，人们首先想到的是北宋名相寇老西儿（寇准），或者是民国山西军阀阎老西儿（阎锡山）。

不错，“老西儿”是旧时代对山西人的戏称，其原因可能和山西位于太行山以西有关。还有一种说法是因为山西人爱吃醋，而醋的古称为“醯”（读音为xī）。

不过，北京人常说的“老西儿”却是一种鸟。孩子们都知道，“老西儿”嘴巧，能嗑瓜子，边嗑边吐皮儿。

“老西儿”的大名叫锡嘴雀，也叫老西子、锡蜡嘴雀、铁嘴蜡子、锡蜡、老锡儿（可能这个名字才是正宗的俗称）等。它比麻雀大一些，雄雌个体的外形相似，整体偏褐色，有一个短而粗的铅蓝色巧嘴，憨态可掬，惹人喜爱。它的头部为淡皮黄色，羽色方面有特点的地方主要是后颈有一灰色领环，黑色的飞羽上有大的白色翅斑，较短的尾羽末端具白色端斑，颏、喉部有一个黑色块斑。

锡嘴雀是候鸟，常见于低山、平原林地或灌丛中，喜欢结群活动。在树枝上跳跃时的动作很特别，它不向前跳，而是横着身体向侧面跳，有时向侧面连跳几步，而且大多数时候每一跳要转身180°，也就是每跳一次，头和尾都与原来的方向相反。

在北京，锡嘴雀还有两个“同宗兄弟”：黑尾蜡嘴雀和黑头蜡嘴雀，它们也都

黑尾蜡嘴雀雄鸟

黑尾蜡嘴雀雌鸟

长着跟锡嘴雀形状类似的圆锥状厚嘴，但呈黄蜡色，故有蜡嘴之称。区别这两种名字只差一个字的鸟儿，有两个简单的办法：一是黑尾蜡嘴雀的嘴端有黑色斑，而黑头蜡嘴雀的嘴上没有黑斑；二是黑尾蜡嘴雀雄鸟头部的黑色面积超过眼后，而黑头蜡嘴雀头部的黑色面积仅止于眼后，也就是黑色部分的面积比较小。

锡嘴雀的主要食物是植物种子，特别是针叶树的种子，有时也吃昆虫。以植物种子为食的动物很多，但取食的方式却有所不同。例如，花尾榛鸡、山斑鸠在取食针叶树种子时不咬开，囫囵吞下；熊、鼬、野猪、狍子等是将针叶树的种子咀嚼后，连壳一并吞下；啄木鸟、普通䴓和山雀在取食红松的松子或其他坚果时采用的方式是先将种子固定，再用喙在种子上凿洞，取食种仁；锡嘴雀和蜡嘴雀则直接在树上从红松球果的鳞片中取食松子，它们会先将种壳（种皮）咬开，将其剥离后吐掉，再取食种仁。

锡嘴雀的叫声洪亮动听，曾是我国传统的观赏鸟，经过调教很容易学会打弹、开箱取宝、翻飞等技艺。随着我国野生动物保护事业的不断发展，它们的野生种群也受到了越来越严格的保护，上述的一些驯鸟小技艺也就逐渐失传了。

文◎ 李湘涛

蝎子

《西游记》中有形形色色的各种妖精，其中蝎子精不仅武艺高强，而且敢爱敢恨，性如烈火，快意恩仇。她的尾巴上有出神入化的倒马毒桩，居然能把神通广大的孙悟空扎伤，甚至还扎得如来佛祖疼痛难忍。在爱情上，她没有矜持羞涩，而是化作妖风直接把唐僧带进洞府，便要与其“耍风月儿去来”。

上述两件事，在蝎子真实的生活中也有所体现。先说它的“武器”。蝎子是一类古老而神奇的节肢动物，其后腹部生有细长的“蝎子尾巴”，并能向上及左右方向卷曲活动，甚至能像抽鞭子似的向前抽动。其顶端有弯钩状的尾刺，有针眼状开口与毒腺的细管相连，借助肌肉强烈的收缩，毒液即由此开口射出。因此，人们常将它同邪恶和恐惧联系在一起。在中国传统文化中，蝎子被列为“五毒”之一。

蝎子长相很怪，整个身体似琵琶形，雌蝎子较雄蝎子稍大。头胸部背面为坚硬的梯形背甲，前窄后宽，各生有一对短小的螯肢和一对强大的脚须，也就是它的“大钳子”，后边还有四对细长的步足，供行走和抱物之用。蝎子能在十分复杂的地形上轻而易举地行走，其躲避障碍物的反射过程要比其他高等动物简单得多，因此成为重要的仿生对象。像蝎子一样的机器人可以用于城市巷战中的地形侦察，还可以用于沙漠探险活动，帮助人类找出穿越沙漠的最佳路线。

除了冬眠时期外，蝎子昼伏夜出，喜欢温暖安静，害怕强光噪声，平时隐藏在山坡石砾、堤堰缝隙、土屋墙缝等处。它是非常精明的猎手，虽然视力几乎全盲，但拥有能感知空气的微小气流和地面震动的绒毛。它通常只用钳子对付猎物，必要时才考虑是否给猎物来上一针，因为它也不希望浪费自己宝贵的毒液。

再说蝎子的“洞房花烛夜”。“蝎子之舞”堪称一曲近乎狂乱的华尔兹。

首先，发情的雄蝎子对邂逅的雌蝎子“拉拉扯扯”。它的“前戏”是用自己的钳子与雌蝎子的钳子锁在一起，将腹部翘起好像要进行蜇刺一样，与雌蝎子相互抱在一起，以自己特有的步态节律，将雌蝎子拖来拖去，前后曳行。并借这样的运动将地面上的一小块地方刮平，然后将一个具有钩子的精荚像种菜一样粘在这里。雌蝎子则像“蝎子精”一样大胆而直接，不仅在“舞步”上积极配合雄蝎子，还主动“坐”到精荚上，使释放出来的精子团通过自己的生殖孔进入体内，完成受精。

蝎子是卵胎生的动物，在自然状态下一年只生一胎，每胎可产崽约15 ~ 30只。小蝎子们一经“分娩”出来，就立即爬到雌蝎子的背上生活。当小蝎子蜕过一次皮，“盔甲”变硬后，就会主动“下背”，自谋生路去了。

北京常见的蝎子主要是东亚钳蝎。它只有6厘米长，背面黑褐色，腹面浅黄色。1880年，法国学者根据采集于北京等地的标本，将其命名为孔子钳蝎（其实这是一个不错的名字，可惜后来不用了）。近年来，专家们又把它归入钳蝎科正钳蝎属，称之为马氏正钳蝎或马氏钳蝎。

在北京地区，蝎子蜇伤人的情况多发生在夏秋季节，并以山区以及城区平房较多。这可能与老旧房子的缝隙较多有关。其实，只要人们多加小心，例如在穿衣、穿鞋之前轻轻抖一抖，就会避免它的伤害。

幸运的是，东亚钳蝎的毒性在蝎子家族里算是中等偏后的，被它蜇伤大多仅会引起一些炎症或过敏反应，只有少数病例比较严重。在全世界有1500多种蝎子中，只有25种会威胁到人的生命安全，大多数蝎子蜇人不会比蜜蜂叮人的结果更严重。

奇怪的是，近年来常有人成群结队，冒着被蜇的风险到野外捕捉蝎子。原来，蝎子是一种传统的药材，以完整的干燥体入药，称为“全蝎”。然而，这种大规模非法捕捉野生动物的行为对蝎子种群造成了严重的威胁，因此必须给予严厉的打击。

文◎ 李湘涛

熊　蜂

每当迎春花开的时候，京郊大地的蔬菜大棚里便住进了许多小小的“红娘”。它们忙忙碌碌地在花间穿梭飞舞，为花儿传递爱的信息，让每一朵花儿都享受爱的甜蜜、结出爱的果实。正是因为它们的介入，大棚的蔬菜产量得以大幅度提高。你一定以为那是一群勤劳的蜜蜂，因为蜜蜂常被认为是爱的使者，在采花酿蜜的同时为很多显花植物传粉。嗯，很像，但不是。因为它的身体都比较粗壮，没有蜜蜂那样细细的腰身，而且像憨态可掬的狗熊一样，浑身布满了长长的绒毛。它的名字叫熊蜂。

熊蜂为什么这么受农民伯伯的欢迎？原来，熊蜂是一个非常投入的采蜜者，使花儿的授粉非常充分，这样结出的果实就会很丰硕，不但可以提高产量，而且可以改善蔬菜品质。虽然熊蜂也属于社会性昆虫，但是它没有蜜蜂的社会那么发达，或者说它是一种半社会性的昆虫。与蜜蜂一样，熊蜂也过“集体生活”，也分为蜂王、雄蜂和工蜂。但是，熊蜂的通信系统不太发达。当熊蜂发现一个蜜源地时，它没有能力召唤同伴前来采集，因而也不可能依靠群体的力量赶走其他竞争者进而占有这块蜜源地。唯一能做的就是埋头苦干，认真采蜜。每一只熊蜂都认真地在每一朵花上采蜜，它们从来不想着打架或者逃跑，而且从不挑挑拣拣，什么花儿都采，不像蜜蜂，对于一些有特殊气味的花儿（如番茄）等它们就不爱采。

目前，在北京郊区的蔬菜大棚里，基本上都是用熊蜂来授粉的。熊蜂不但是授粉“先进”，而且还是农药是否超标的指示昆虫。因为熊蜂对农药非常敏感，只要蔬菜大棚使用了不合格的农药，熊蜂就会很烦躁，甚至会因此而死掉。

在北京野外分布的熊蜂主要有6种：小峰熊蜂、密林熊蜂、红光熊蜂、明亮熊蜂、火红熊蜂和重黄熊蜂。6 种熊蜂采访植物涉及17 科63种，其中采访最多的是豆科、菊科、蔷薇科和唇形科等植物。

熊蜂还有一个与蜜蜂不同的特点，就是它腹部的蜇刺没有倒钩。刺蜇之后，螫针是可以拔出来的，而且还可以连续刺蜇而自己不至于死去。显然，蜜蜂是通过个体的死亡来保卫集体的安全，一旦遇到威胁就会刺蜇别人，而熊蜂是通过不去招惹别人来保全自己，它的螫针并不常用。所以说，熊蜂没有侵略性，也不会攻击人。

熊蜂的建巢非常有意思。新蜂王一般会在花粉球中先产第一窝卵，卵在花粉球中孵化为幼虫，幼虫以花粉为食直到化蛹，最终羽化为工蜂。这时的蜂王才可以称之为真正的蜂王。这些工蜂会服侍蜂王继续产卵，不断扩大自己的队伍。

文◎ 杨红珍

熊蜂巢

岩鸽

“豆汁油条钟鼓楼，蓝天白云鸽子哨”——在老北京人心里，这才是原汁原味儿的北京城，尤其是那回荡在青砖灰瓦的四合院上悠扬清亮的鸽哨声。

鸽哨就是系在鸽尾上的哨子，当鸽子翱翔于蓝天时会带动气流穿过鸽哨，发出忽弱忽强、或沉或扬的哨音。它是用芦苇、竹节或葫芦制作的管状或圆形的哨子，工艺严格而复杂，是一门独特的民间技艺。鸽哨可能在唐朝以前就有了，但有关的文字记载最早见于宋朝。北京人养鸽子有很长的历史，特别在清朝更为流行，鸽哨也在清朝有了较详细的记载。嘉庆年间署名“惠”字的鸽哨是目前已知最早的鸽哨实物，光绪年间成书的《燕京岁时记》中说：“凡放鸽之时，必以竹哨缀之于尾上，谓之壶卢，又谓之哨子……盘旋之际，响彻云霄，五音皆备，真可以悦耳陶情。”可见这时北京的鸽哨已发展到了很高的水平。

早在古希腊和古罗马时期，人类就开始驯养野生的原鸽。与鹅、鸭、鸡等其他人类驯化的家禽不同，家鸽不仅保留了不逊色于其祖先的飞翔能力，而且还在某些方面大大地发展了这种能力，出现了许多善飞耐翔和具有良好归巢性的信鸽品种。我国驯养家鸽也始于公元前。相传汉朝张骞出使西域时，就曾经用“信鸟”传递消息。到唐宋时期，养鸽已很盛行，据说偏安江南、不理朝政的宋高宗赵构尤其迷恋玩养鸽子，当时他在宫廷中养的鸽子多达万只以上。“哨鸽”也属于家鸽的一类。鸽哨可以单独使用，也可以把几种鸽哨连缀在一起形成组合，如三联、五联、七星、九星等。

野生的原鸽虽然广泛分布于欧洲、非洲和亚洲的许多地方，但在我国仅见于新疆北部、西部和中部一带。在北京分布的野生鸽类只有一种，就是岩鸽。

岩鸽雌雄鸟相似，但雌鸟羽色略微暗一些，不如雄鸟鲜艳。它的大小和羽色与原鸽、家鸽都差不多，最明显的区别是岩鸽的尾羽为石板灰黑色，而在近尾端处横贯一道宽阔的白色横带，是其独有的特征。

与它的名字相符合，岩鸽喜欢栖息于山地岩石和悬崖峭壁等地带，在北京的房山、门头沟、延庆、密云等地都可以见到。它们多结成小群在山谷中觅食，食物主要是植物种子、果实、球茎、块根等。与其他鸽类一样，岩鸽的双眼都拥有340º的视野范围，它们处理视觉信息的速度也非常快。

岩鸽的巢也依赖于岩石，大多筑于岩缝处或悬崖峭壁上的洞穴中。巢呈盘状，由细枯枝、枯草和羽毛构成。每窝通常产两枚白色的卵。雌雄亲鸟会轮流孵卵并照顾巢中的雏鸟，堪称模范父母。亲鸟的嗉囊能产生“鸽乳”，这并不是真正的奶，因为其中不含乳糖，但很像松软的乳酪，可以用来喂养雏鸟。

鉴于岩鸽优良的野生性状以及它与家鸽相对比较近的亲缘关系，很多人试图使用野生岩鸽与家养信鸽杂交，从而改良现代信鸽各方面的性状，但绝大多数都失败了。

对于北京这座城市来说，岩鸽（野鸽）只能栖息在远郊的岩石地带，似乎只有家鸽能适应到处都是“人工悬崖”（即高大的建筑）的城市生活。但实际上，在高楼林立的城市中，家鸽也逐渐失去了生存的空间。鸽哨声虽然还顽强地占据着北京最美声音的宝座，但在这座城市中也很少听到这悠远的声响了。

文◎ 李湘涛

杨树

北京的大街小巷、山坡公园、农田边和道路旁高大挺拔的乔木植物众多，细数这些乔木植物，杨树的数量可算是其中名列前茅的佼佼者了。

杨树有许多优良特性，它容易繁殖，一般扦插枝条即可繁殖成功，并且生长速度快，几年便会长成十几米高的小树，是优良的速生用材树种。正是因为如此，在20世纪八九十年代，北京以及其他北方地区把杨树作为重要的园林绿化树种，用于城市绿化，以及乡村道路的行道树和田地间的防风林。当时大量引入种植的小树，目前都已经长成参天大树，成排成行地生长在道路两旁和田野边，不知道为京城人民挡住了多少沙尘暴。

北京的杨树不但数量多，种类也不少，有毛白杨、银白杨、新疆杨、河北杨、山杨、小叶杨、辽杨、青杨、加拿大杨、黑杨，区分这些不同种类的杨树可不是普通人所能办到的事儿。区分它们的特征有很多，比如嫩枝、幼芽以及叶背面是否有毛，叶片是卵圆形还是三角状卵圆形，叶缘是否全缘，是否具有锯齿和掌状裂，等等。看来区分不同杨树种类的这些特征，还真得有点植物学基础才能搞定。

杨树植株有雌树和雄树之分，也就是说雌花和雄花分别在不同的植株上开放。早春时节，杨树还未长出叶片便早早地开花了。雄花稍早于雌花开放，一开始整个花序从枝条顶端和叶腋处长出，如蚕豆般大小，几天后逐渐伸长，形如毛毛虫的红色穗状物挂满了树枝，非常柔软，一串一串整齐排列，风一吹摇摇晃晃。又过了几天，花儿败落了，花序轴连同花的苞片一起垂落地下，横七竖八散落在树下，宛若爬了一地的毛毛虫。其实我们所看到的这些洒落满地的花序，是杨树的雄花序。雌花序一般长在树上，很少跌落，等待授粉结出果实。杨树的这种花序在植物上称之为柔荑花序，是一种无限花序。杨树的花也很特别，它们没有大大的花瓣，没有艳丽的色彩，也没有浓浓的香气，数量很多。这些是风媒传粉植物花的特点。只有开出大量的花，产生大量的花粉，随风传播，才能增加雌花授粉的可能性，这些也是植物为了适应环境而演化出来的生存特征。

初夏时节，杨树便结出了果实，成熟之前串串绿色的果实与嫩绿的叶片相得益彰。可当果实成熟开裂之后，麻烦就来了。杨树的种子很小，带有白色的绵毛，这些绵毛可以携带种子随处飘飞，利于种子的传播。

这些毛状结构对于杨树的繁殖扩张可谓是非常有利。可是对于我们和我们的城市环境来说，就有点麻烦了。杨树绵毛到处飞翔，无处不落，道路上、河湖水面、室内、车里……到处都有，很难清理，对环境造成了极大的危害。有些人对这些绵毛过敏，每当杨絮飘飞就鼻涕眼泪横飞，甚至皮肤瘙痒，给其生活带来了极大的不便。

经过几年的深入研究，北京园林科学研究院已经研制出“抑花一号”杨柳飞絮抑制剂，在每年春季3 ~ 5月份通过高压注射机将药剂注入杨树体内，从而调控其花芽分化，抑制飞絮的产生。目前已经应用该技术成功为北京地区的许多杨树进行了“避孕”，但是由于技术人员少、资金不足等问题，这项工作进行得比较缓慢。相信有朝一日，待这项工作完成后，每年春末夏初京城的人们就再也不用承受“杨树毛”带来的烦恼了。

文◎ 徐景先

野罂粟

罂粟以花朵鲜艳妖冶而著称。事实上，在我国直到明朝末年，罂粟花仍然只是一种名贵稀有的观赏植物。明朝万历年间，大文学家王世懋在《花疏》中对罂粟花大加赞赏：“芍药之后，罂粟花最繁华，加意灌植，妍好千态。”崇祯年间旅游家徐霞客在贵州贵定的白云山下看到了一片红艳似火的罂粟花，大为惊奇，叹为观止。他在《徐霞客游记》中写道：“莺粟花殷红千叶，簇朵甚巨而密，丰艳不减丹药也。”

罂粟又是“使人快乐的植物”——制造毒品的原料。用刀割破其未成熟果实的果皮，待流出的浆液稍凝固后，再将其刮下、阴干，即得到含多种鸦片生物碱的生鸦片，属于初级毒品。进而还可以加工得到成熟鸦片，以及提取吗啡、海洛因等纯度更高的毒品。

鸦片曾给国人带来深重的灾难。从鸦片战争开始，我国开始沦为半殖民地半封建社会。直至今天，毒品仍然在危害我们的社会。珍爱生命，远离毒品，仍然需要全社会共同努力。

可见，罂粟似乎像一个妖娆的魔女，用它美丽的外表来引诱人们堕入深渊。从这个角度来说，我们“忍痛割爱”，不再欣赏罂粟这种美丽的“恶之花”，也算是为拒绝毒品泛滥做出了一份贡献。

不过，对于最后这一点，我们也大可不必太悲观。因为，如果你到北京远郊的东灵山、百花山等高山草甸地带游玩，就可能看到堪与罂粟相媲美的植物，而它的名字和罂粟也只有一个字的差距——叫作野罂粟。

野罂粟是原生于草甸上的植物，与罂粟同属于罂粟科罂粟属，却没有罂粟那样的毒性。它们就像一对亲兄弟，一个放荡不羁，一个安分守法。不过，从野罂粟身上，我们也能对难得一见的罂粟的一些特性窥见一斑。

野罂粟为多年生草本，株高30 ~ 50厘米，比罂粟略为低矮。它的根系属于直根系，当年生的主根长30 ~ 40厘米，多年生的主根最长可达120厘米，比其地上部分要长得多，因此野罂粟也被称为深根性物种。主根长是使其具有抗旱、抗寒能力的主要原因之一。

野罂粟具乳汁，全体被粗毛，而罂粟全身光滑，披有白粉。野罂粟的叶全部基生，具长柄，羽状全裂。叶片卵形或长卵形、狭卵形或披针形，先端钝圆，两面疏生微硬毛。而罂粟的叶子会环抱在茎干之上。

野罂粟的花单独顶生，大而美丽，鲜艳醒目。它的花为淡黄色，少数为橘黄色，有淡淡的清香气味。虽然比绚烂华美的紫红色罂粟花少了一分妖冶，却也有着如丝绢般的质感，尤其是摇曳在风中时，那娇柔的姿态让人怜爱，堪称高山草甸上最具魅力的一种野花。

野罂粟为虫媒花，传粉的昆虫主要是蜜蜂。刚开花时，子房的外形即是蒴果的形状，只是个体较小。开花后蒴果迅速生长，到花落时完成整个受精过程。当蒴果由绿色变成褐色，摇动它有“哗哗”的响声时，种子就成熟了。这时蒴果顶部孔裂，成熟种子可从孔中倒出。种子细小，一个蒴果内的种子总数约2000 ~ 3000粒。野罂粟的蒴果为狭倒卵形，长度只有1厘米多点，密被紧贴的刚毛。而罂粟的果实为球形或椭圆形，一般比乒乓球还要大，有的甚至跟高尔夫球差不多大小。

文◎ 李湘涛

野 猪

在我从事野外工作的初期，常常一个人在深山里转悠。那时候，山林里是否会突然蹿出来野猪，是最令人担心的危险之一。

野猪平时似乎严格遵守着“人不犯我，我不犯人”的准则，一般不会主动攻击人。但它们却是人类猎杀的主要对象。当受到追捕时，它们特别是受伤的野猪，会疯狂地向猎人扑过来，那场景令人惊恐万状。

野猪是偶蹄目的杂食性动物，是大型食肉动物如虎、豹、熊等的狩猎目标。野猪的性情十分凶猛。猎人们口耳相传的“三怕”就有“一猪二熊三老虎”之说。因此，古代先民对野猪也十分敬畏，尤其是在北方的红山诸文化中，野猪崇拜现象传承有序。其中在红山文化中还由野猪崇拜发展出猪龙崇拜，那些出土的玉猪龙就是实证，有的玉猪龙还刻有野猪的獠牙。这种造型是中国龙的原始形象，对后世产生了深远的影响。

说到野猪的威猛，人们首先会想到雄野猪由特别发达的上犬齿形成的尖锐獠牙。其实它们的身体也很强壮，奔跑的速度和耐力都十分出色。最重要的是，野猪平时要花很多时间在树干上摩擦它的身体两侧，让鬃毛和皮肤上涂满凝固的松脂，在“猪皮”上形成坚硬的保护层。有了这样的“铠甲”，不仅虎豹不敢向它们贸然发动进攻，有时猎人的枪弹也奈何不了它们。

野猪是森林地带的原住民。在《水浒传》鲁智深“大闹野猪林”营救林冲的故事中有这样的描写：“早望见前面烟笼雾锁，一座猛恶林子……有名唤做‘野猪林’，此是东京去沧州路上第一个险峻去处。”足见有野猪出没的地方，生态环境是十分复杂的。

如今，野猪栖息的林地逐渐缩小，食物匮乏，人与野猪的矛盾已成为人和大型野生兽类冲突的典型事例，在很多地区愈演愈烈，日益受到人们的关注。

野猪喜食的农作物主要有玉米、红薯、大豆、瓜果、花生等。它们对地面上的植株用啃食的方式，对在地下生长的果实则拱地刨取，破坏严重时能造成大面积减产，甚至整片地绝收。

另一方面，野猪也是维持生态平衡的关键物种，在大多数地方都是当地的保护动物，因此人们已不宜再对野猪“动武”。“保护”还是“猎杀”？人们仍在争论不休。

事实上，人们对野猪的认识存在误区。表面上看，是野猪危害了人类的经济利益，而实质上，却是人类的经济活动不断破坏野猪的生活环境，直接或间接地干扰了它们的正常生活。要从根本上解决人类与野猪争夺资源与生存空间的矛盾，必须要约束人类自身的行为。只有这样，人类才能与野生动物和谐共处。

此外，科技进步也是解决这一“争端”的一个重要法宝。例如，野猪尽管食性杂、食量大，但也有很多农作物是它们不喜欢吃的品种。因此，调整经济作物种植结构也能降低野猪对农田的危害，起到事半功倍的效果。

文◎ 李湘涛

蚁蛉

蚁蛉是一类古老而神奇的昆虫。所谓古老，是指在晚侏罗纪的地层中就有蚁蛉科的化石，而化石所呈现的翅脉特征与今天的蚁蛉十分相似。所谓神奇，是指这种古老的昆虫具有独特的生活习性，它们的幼虫会通过建造陷阱来捕食猎物，并且具有很强的耐饥饿能力。

蚁蛉的幼虫名叫蚁狮，是一种长得张牙舞爪的虫子。蚁狮身体粗壮，体色灰黑，腹背隆起，身上还有很多毛。后足为开掘式足，这便于它挖沙打洞。头部有一对强大的颚管向前突出，状如鹿角，这是它捕捉猎物的有力工具。看它的名字就可以想象到，它吃小昆虫的样子一定很像凶猛的狮子。蚁狮最喜欢的食物是蚂蚁，同时也捕食一些其他昆虫、小型节肢动物等。

蚁狮就像是天生的“猎手”，刚生出来就知道怎样制造陷阱。它先用尾部向下拱，使身体退入沙中，只把头上的两颗大牙露在外面，然后不停地用大牙将沙粒向外抛出，使沙坑的口儿慢慢扩大，最后形成一个漏斗形的陷阱。陷阱建成后，蚁狮便一动不动地埋伏在陷阱的底部，等候着猎物的到来。由于陷阱的四周非常光滑，当不知情的蚂蚁爬过来时，只要稍微踩到松软的陷阱边缘，这只可怜的蚂蚁就会随着沙粒滑跌到陷阱底部，想要爬上来可就难了。蚁狮将猎物捕获以后，就会将毒液注入猎物体内，把它的躯体溶解，然后美美地吸食一顿，饱餐之后就将无用的躯壳抛出坑外。很快，蚁狮会把陷阱重新整修好，等待下一个猎物的到来。

蚁狮“守井待食”的捕食方式也有一定的缺陷，因为它只能捕食经过陷阱的猎物，所以捕获食物的几率非常低。不过不用怕，蚁狮练就了惊人的耐饥饿能力，它能忍受长达100多天的饥饿期，有的甚至能结茧化蛹。这是因为“守井待食”使蚁狮不必为寻找食物花费过多的能量，而且蚁狮对食物具有很高的消化利用率，并且能维持极低的能量代谢。这些都是蚁狮能在缺乏食物期间存活下来的重要因素。

蚁蛉属于脉翅目蚁蛉科，分布广泛，有很多俗名，如沙虱、沙牛、沙猴、沙王八、缩缩、地牯牛、睡虫等。又因为蚁狮常常倒退着走，所以又叫它“倒退虫”。蚁蛉是一类比较“长寿”的昆虫，在自然界完成个体发育至少需要1年的时间，有的种类甚至需要2 ~ 3年的时间。

蚁蛉一生经历卵、幼虫、蛹、成虫四个虫态。到了合适的时候，蚁狮会在沙子里做一个结实的蛹。再经过一段时间，它会破蛹而出，摇身一变成为跳着优美舞蹈的蚁蛉。蚁蛉的身体细长，有两对薄纱一样的翅，翅透明并密布着网状翅脉，像一只美丽的蜻蜓。它以肉食为主，兼食花粉。产卵行为多发生在前半夜。在繁殖季节，雌蚁蛉将卵产在干燥松软的沙土中。在阳光的照射下，新一代蚁狮很快就孵化出来了。

文◎ 杨红珍

蚁狮

意大利蜂

不论走到什么地方，只要有花开放，我们就能看见勤劳的蜜蜂在花间忙碌地穿梭着。见到蜜蜂的时候，除了赞美它的勤劳，我们还会想到什么呢？可能是蜂蜜、蜂王浆、蜂花粉等。事实上，蜜蜂在自然界的主要作用不是酿蜜，而是为植物授粉。蜜蜂是异花授粉植物的主要传粉者，它们轻盈地从一朵花飞到另一朵花，在采蜜的同时顺便完成为植物授粉的工作，在植物的传宗接代过程中扮演着至关重要的“媒人”角色。一只工蜂传粉时可以黏附两万粒以上的花粉，传粉量远远超过其他昆虫。如果没有蜜蜂帮助传粉，一些植物特别是野生植物的生存和繁衍就会受到威胁，严重的甚至可能导致物种灭绝，进而可能引发整个植物群落乃至生态系统的改变。

那么，哪种蜜蜂在北京贡献最大呢？你可能想不到，是意大利蜂。自从20世纪初意大利蜂强势进入我国以后，很快就适应了这一陌生的环境，似乎找到了更适合自己生存的沃土。在不太长的时间里，它就席卷了中华大地，几乎把土生土长的中华蜜蜂逼入绝境！现在，我们看到的蜜蜂基本上都是意大利蜂了。

意大利蜂寻找大宗蜜源的能力强，产蜜量高，不逃亡，取蜜容易，盛产蜂王浆，便于人工繁殖。这是人们喜欢它的原因，也正是因为这种喜欢，使我们放纵了它的行为，忘记了它是一个外来物种以及外来物种可能带来的生态风险。蜂农偏爱意大利蜂，甚至成为意大利蜂恣意纵横的“帮凶”。目前市场上出售的蜂蜜、蜂王浆、蜂胶、蜂花粉基本上都是意大利蜂的产品。

不过，辩证地看问题，我们就不那么揪心了。除了蜂产品，意大利蜂无论在农业生产领域还是在自然生态系统中都发挥着关键作用。蜜蜂在自然界的主要作用是为植物授粉，没有它们就没有农业，我们口中的食物有三分之一要归功于蜜蜂。目前很多大田和温室植物的授粉，释放的都是意大利蜂。我们所要做的就是协调好意大利蜂和中华蜜蜂的势力范围，既要让这个外来的意大利蜂为我们做贡献，又不让它伤害到千百年来与我们相濡以沫的本土蜂。在北京，我们已经做到了，而且还在不断地努力，相信将来会做得更好！

文◎ 杨红珍

养蜂场

萤火虫

在儿时的农村，夏夜带给小伙伴们的惊喜就是在草丛里看到一闪一闪的小灯笼。灯笼的颜色有时候是绿色的，有时候是红色的，别提多好看了。吃过晚饭，小伙伴们会三五成群地跑到村口的路上寻找。只要能看见一只小灯笼，我们就会幸福地尖叫起来:“看，萤火虫，萤火虫!”萤火虫的灯光弱弱的，弱得令人着迷。也许是从小在北方生活的缘故吧，我从来没见过很多萤火虫在空中飞舞的壮观场面，现在想来稍微有那么一点点的遗憾。但小时候能在漆黑的夜晚看到它忽明忽暗地闪烁，然后心满意足地回到家里，不断地回味，直到进入梦乡，就已经觉得自己非常幸福了。

萤火虫有很多名字，比如夜光、景天、熠熠、夜照、流萤、宵烛、耀夜等，这些名字都告诉我们它会在夜里发光。这是为什么呢?原来，在萤火虫尾部的最后两节具有发光器，白天是灰白色，在黑夜中才能发出荧光。它们为什么要发光呢?人们在夏夜里所看见的闪闪流萤，其实是萤火虫为寻找配偶而发出的光亮。因为只有雄性的萤火虫会飞，所以我们在夜晚看见的流动的小灯笼，是雄性萤火虫在努力寻找伴侣。雌性萤火虫没有翅膀，不能飞行，只能静静地待在草丛里，靠着闪光来召唤飞行中的雄性萤火虫。不过，雌性萤火虫的光有时候比雄性的还要亮呢。萤火虫发出的光有的黄绿，有的橙红，亮度也各不相同。它们靠改变“灯光”的颜色和时间间隔，来传递不同的信息。萤火虫属完全变态昆虫，不仅是成虫，它们的卵、幼虫、蛹都会发光。萤火虫的幼虫期时间较长，一般为一年左右，有的可超过两年。它们白天藏在水中的石块下或泥沙中，夜晚出来觅食。

萤火虫属于鞘翅目萤科，北方的种类和数量要比南方少一些。北京的萤火虫主要有宽胸锯角萤和北京锯角萤等。它们喜欢栖息在温暖、潮湿、多水的杂草丛、沟河边及芦苇地带，以蜗牛等软体动物为食。

我国萤火虫正从南往北呈加速消失的态势。萤火虫也是生态环境指示物种。除了森林砍伐、水土流失、城市扩张、杀虫剂滥用等原因导致其栖息地减少外，影响萤火虫生存环境的还有光污染。由于山区道路设置了大量的人工照明设施，扰乱了成虫求偶的信号，使它们找不到对方，无法进行交尾。目前，在北京的顺义、门头沟、香山等地，还能偶尔见到萤火虫，而在北京市区，已经是“一萤难求”了！

我们期待着在夏日夜晚的草丛里，孩子们还能为闪闪流萤而狂喜！

文◎ 杨红珍

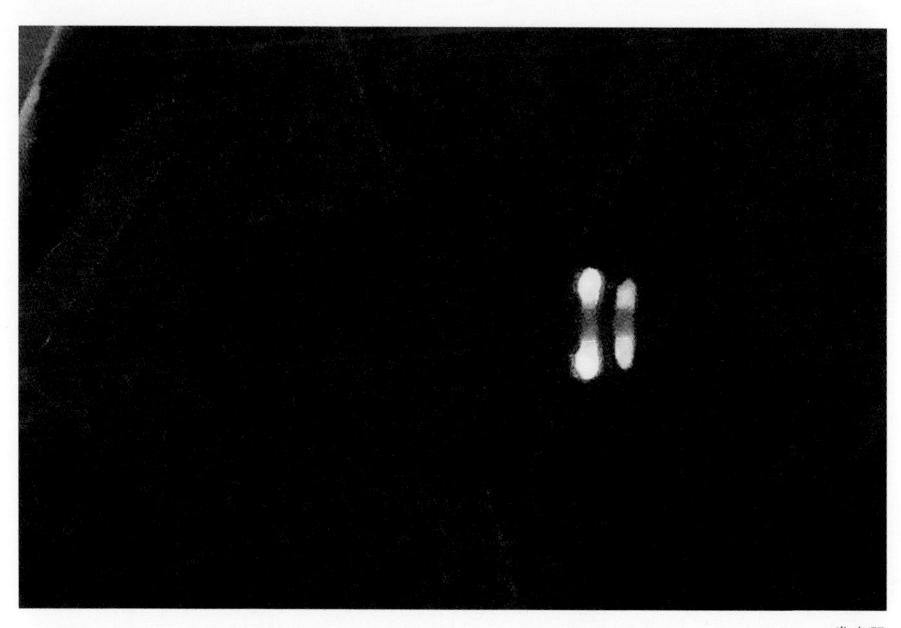

发光器

油葫芦

“油葫芦”，顾名思义是装油的葫芦，或者是油亮油亮的葫芦，但怎么也跟昆虫沾不上边。事实并非如此，有一种直翅目蟋蟀科的昆虫就叫“油葫芦”。这是怎么回事呢？让我给您介绍一下它的名字的来历：首先，这种昆虫整个身体油光锃亮，就好像刚从油瓶子里捞出来似的；其次，它的叫声很像油从葫芦里倒出来的声音；另外，它喜欢吃的食物都是像花生、大豆、芝麻这样的优良作物，使得它的身体油亮油亮的；还有一个重要的原因，就是玩虫的人喜欢把它养在葫芦里听声，而不是随便把它装在什么瓶瓶罐罐里。这是因为葫芦是一种有利于声音扩散的虫器。在野外，油葫芦之所以能发出清幽绵长而悠远的颤音，是因为它们善于利用孔洞、缝隙等立体结构，使自己的声音通过共鸣放大。听起来妙音绕耳，但实际上油葫芦可能离我们还很远呢。基于以上原因，还有谁比它更能胜任“油葫芦”这个名称呢！

油葫芦在北京的郊野山区很常见，市内公园的草丛里也有它的身影。20世纪八九十年代，老北京的平房院落里每年都少不了它们的身影和美妙的声音。北京的油葫芦也叫黄脸油葫芦，北京话把它读成“油呼撸”。根据其体态体色以及鸣声的不同，它又分为黑葫芦（体色偏黑）、琵琶翅（翅长、末端钝圆）、玻璃翅（翅翼薄而透明）、长翼（翅长但端部不宽）等。

白天，油葫芦喜欢在沟壑、缝隙或者草丛根部休息，夜间便出来活动，能飞能跳，还能在地面爬行。雄虫会发出“居幽幽——”的声音，等待雌虫前来交配。如果找到合意的伴侣，雄虫就筑爱巢与雌虫同居。而当两只雄虫相遇时，与斗蟋一样，它们会高唱战歌相互咬斗，直到一方落败而逃。油葫芦一年发生一代，以卵在土中越冬，第二年春末天气转暖时孵化为若虫。夏末秋初是成虫的羽化盛期，这时候，你要是去郊外旅游，不妨夜晚出来走走，打破寂静的也许就是油葫芦那此起彼伏的美妙歌声。

油葫芦与斗蟋长得很像，很多人都分不清它们谁是谁。这也难怪，它们都是属于蟋蟀科的昆虫。不过，油葫芦的个头比蟋蟀稍微大一点。另外，油葫芦的头部有一个明显的特征与斗蟋不同，那就是它的两复眼内侧至上方有淡黄白色的“八”字形条纹，就像眼眉一样。只要了解了这一点，油葫芦是很容易辨认的。油葫芦的长相非常可爱，大大的脑袋圆圆的，两只圆鼓鼓的复眼又黑又亮，眼睛上面还有两根黄白色的“眉毛”。根据眼睛的颜色，还分为玉眼、红眼等不同品种。

文◎ 杨红珍

油松

北海公园有两个特殊的景点，一曰“白袍将军”，一曰“遮荫侯”。我们在另一篇介绍白皮松的文章中已经知道，所谓的“白袍将军”就是指团城承光殿东侧的两棵白皮松，乃由乾隆皇帝御封而得名。现在，我们来了解一下“遮荫侯”。

看到这里，估计很多读者已经猜到了，“遮荫侯”乃油松也。没错，北海的“遮荫侯”正是一株油松，据说亦为金人所栽种，距今800年有余，高20米，胸径3.16米，其“遮荫侯”之美名亦由乾隆皇帝所赐。

油松是一种高大的常绿乔木，其树皮灰褐色，裂成不规则的鳞状块，其枝通常平展或向下伸展。幼树树冠呈圆锥形，成年树树冠呈平顶状。针叶两针一束，深绿色，有光泽。球果卵形或卵圆形，长4 ~ 9厘米，具短梗，向下弯垂，幼时绿色，成熟后淡黄色或淡褐黄色，常存树上数年之久而不落。种子卵圆形或长卵圆形，借助风力传播。油松花期为4 ~ 5月，球果待至次年10月才能成熟。

油松是我国的特有树种，分布海拔介于100 ~ 2600米，通常成片生长。油松在各地有不同的名称，如短叶松、红皮松、短叶马尾松、东北黑松、紫翅油松、巨果油松等。由于其分布广泛、名称各异，容易造成人们认知上的混乱。历史上有多位植物学家根据一些罕见特征发表的一些新种，后来发现实际上也属于油松。如日本有学者将河北雾灵山所产的油松定名为另一新种，因其“侧生短枝”“短枝上的叶密生”。前者实际上是在一定环境条件下老树生长缓慢的表现，生长旺盛的幼树则不存在这种现象，而后者在油松分布区的很多地方均可以观察到，因此据此两特征划分新种的证据不能成立，它们仍属油松。

除北海公园外，北京的各大公园和西山、东灵山、松山、雾灵山等山区均有油松分布。事实上，被乾隆皇帝赐封的油松不仅有北海的“遮荫侯”，还有香山公园的“听法松”。它们是矗立在香山寺遗址山门中的两棵油松，亦为金人所植，其姿颇似两位僧人在拱手听讲，故而得名。妙峰山以“古刹”“奇松”和“怪石”著称，被誉为“小黄山”，山上姿态万千的迎客松正是油松。

油松的幼树生长速度很快，具有耐寒、耐旱、耐贫瘠、抗逆性强和自我繁殖能力强等特点，可形成稳定性高、寿命长的乡土顶级群落，是我国北方地区主要育林树种之一。北京山区的油松为绿化京城、保持水土默默地贡献着自己的力量。

文◎ 黄满荣

游 隼

隼一般体型比较小，翅膀狭长，善于疾飞，有猛禽中的“歼击机”之美誉。我国古代称隼为鸷，是“疾飞之鸟”的意思。隼的喙短而强壮，微扁，尖端钩曲，上喙的两侧边缘各有一个锐利的齿突，鼻孔为圆形。而鹰类等其他猛禽不具这样的齿突，鼻孔则呈椭圆形。

不过，隼类中也有体型较大的，如矛隼、游隼、猎隼和阿尔泰隼等。它们从前也曾被作为“猎鹰”驯养。20世纪90年代，由于中东一带王公贵族们“玩鹰”的需求高涨，在我国西北地区出现了大肆偷猎、走私猎隼的狂潮，直接威胁了这一物种的生存。虽然北京的野生猎隼并不常见，但在北京海关也查获了多起猎隼走私案件。

体型比较大的隼类，在北京较为常见的是游隼。它也叫花梨鹰、鸭虎、黑背花梨鹞等，体长一般不超过50厘米。游隼的眼周、眼睑和蜡膜为黄色；头部至后颈为灰黑色，其余上体为蓝灰色，尾羽上具有数条黑色的横带；下体为白色，上胸部有黑色细斑点，下胸部至尾下覆羽密被黑色横斑。与其他隼类相区别的主要特征是，它的颊部有一条醒目且垂直向下的黑色髭纹。

游隼多单独活动，主要捕食野鸭、鸥类、鸠鸽类、乌鸦和鸡类等中小型鸟类，偶尔也捕食鼠类和野兔等小型哺乳动物。它性情凶猛，即使面对比其体型大很多的金雕、矛隼等，也敢于进行攻击。由于它主要是在空中捕食，比其他猛禽需要

更快的速度，所以具有相对较大的体重，狭窄的翅膀和比较短的尾羽就像高速飞机的机翼一样，可以减少阻力。大多数时候，它都在空中飞翔巡猎，发现猎物时首先快速升上高空，占领制高点，然后将双翅收起，使翅膀上的飞羽和身体的纵轴平行，头收缩到肩部，以每秒钟75～100米的速度，呈25°角向猎物猛扑下来。靠近猎物的时候，它会稍稍张开双翅，以锐利的喙咬穿猎物后枕部的要害部位，并同时用后趾击打，使猎物受伤而失去飞翔能力。待猎物下坠时，再快速向猎物冲去，用利爪抓住猎物。这一切就像用电子计算机控制一样，异常迅速而准确。

北京分布的隼类还有燕隼、灰背隼、红脚隼、黄爪隼和红隼等，它们的个头都比较小，主要以昆虫和其他小型动物为食。其中红隼最为普遍，在郊外公路旁的行道树上或者电线杆上就能见到，它的体羽以砖红色羽毛为主，也叫茶隼。

在《诗经·召南·鹊巢》中有“维鹊有巢，维鸠居之”的诗句，本指女子出嫁，定居于夫家，后用来比喻强占别人的住处。有趣的是，连字典上的解释都是“斑鸠不会做巢，常强占喜鹊的巢”。很多人都会好奇斑鸠怎么能有如此强大的本领，而且，斑鸠会自己做巢呀！原来，古人描述的“鹊巢鸠占”现象中的“鸠”并非斑鸠，而是红脚隼。

游隼等猛禽在自然界的食物链中处于顶级的地位，对于维持生态平衡起着重要的作用，同时也极易受到环境污染的伤害。科学家已经证实，有毒农药的广泛使用引起了游隼等在自然界食物链中处于顶级地位的猛禽数量的下降。这些有毒农药中的化学物质往往在被捕食的对象的体内形成了一定程度的富集，最后毒害游隼等猛禽的生殖系统，使它们的卵壳变薄，在孵化过程中极易破碎，导致不育或雏鸟畸形，甚至引起成鸟和雏鸟的大批死亡。

保护猛禽，首先要爱护环境！

文◎ 李湘涛

柘树

在北京门头沟区东南部的山沟沟里，坐落着中外闻名的潭柘寺。潭柘寺始建于1700年前的西晋，乃北京地区最早修建的佛教寺庙，其历史远早于元朝始建的大都城，因此素有“先有潭柘寺，后有北京城”之说。其寺庙古刹规模宏大，建筑宏伟，引历朝皇帝纷沓而至，进香礼佛。及至清朝康熙帝将其定为“敕建”，潭柘寺遂成为北京地区第一皇家寺院。

中国人取名历来颇有讲究，而潭柘寺以其“京都第一寺”的身份，其名称想来更是含糊不得。那么，“潭柘”两字究竟蕴含了什么样的深意呢？估计很多人都会有此疑问，并希望到此一窥其深奥之义。

然而这次我们却大失所望。因为“潭柘”两字既非出自典籍，亦非来自圣贤，而仅是因寺后有龙潭、山上有柘树，故名之，实在谈不上有什么讲究。不过话说回来，柘树大都生长在南方，而据载潭柘寺古有柘树千章，遍布四野，实乃稀有而珍贵，亦深乎名寺之称。

柘树为桑科柘属落叶小乔木或灌木，高很难达到10米，树皮灰褐色，小枝上生长硬刺，叶卵形，雌雄异株，雌雄花序皆为球形头状花序，花期为5～6月，果实为球形聚花果，直径约2.5厘米，肉质，开花约4个月后成熟，呈橘红色。它们广泛分布在华北、华东、中南、西南各省份。北京地区除了潭柘寺外，在房山、平谷

等地的阳光充足的山地，柘树均可生长。

我们中国人跟柘树结缘已久。除了桑叶以外，柘叶也是古人养蚕的重要材料，所获蚕丝谓之“柘丝”。北魏贾思勰所著《齐民要术》言：“柘叶饲蚕，丝好，作琴瑟等弦，清鸣响彻，胜于凡丝远矣。”南朝梁萧绎《七契》亦言：“荆和之饰照耀，柘丝之弦激扬。”故成书于北宋时期的《太平御览·时序部三·春上》有“命有司无伐桑柘，受蚕食。乃修蚕器，择吉日大合乐”之记载，即要在春天举办包含奏乐的祭祀活动。现今之乐器，多以金属丝为弦，柘丝之乐不复为我辈所能体验的了。

据传，南宋时，大儒朱熹因战乱流落乡间，过起了男耕女织的田园生活，其房舍周围遍植柘树，因而得名“柘园公”。然而柘树生长极缓慢，即使栽种后数百年，高度亦不足10米。河北东光县于桥乡大生村有一柘树，其树龄据鉴定已超600年，树高约9米，胸径约80厘米，足以证之。但是时间的磨砺却造就了柘树极好的木材，是我国先民做弓的上等良材。《周礼·冬官考工记》曰：“弓人为弓……凡取干之道七：柘为上，檍次之，檿桑次之，橘次之，木瓜次之，荆次之，竹为下。”故以柘为材料的弓为第一等弓。南北朝时的庾信咏诗《春赋》，以“金鞍始被，柘弓新张”来表达春天到来时诗人按捺不住的激动之情。

文◎ 黄满荣

雉 鸡

雄 鸟

在京郊游玩时，如果你运气不错的话，或许能在不经意间听到树林里突然传来“嘎嘎”两声清脆而响亮的野鸡叫声。循声望去，也许你还能亲眼看见它们在地面上觅食，或正腾空而起，但没飞多远就降落在附近的丛林中。

野鸡，也叫山鸡，大名应该叫雉鸡。我国古代就对雉鸡的生态特点有细致而生动的观察和记述。《诗经·邶风·雄雉》中有云：“雄雉于飞，泄泄其羽。……雄雉于飞，上下其音。”据说，由于汉高祖刘邦的皇后名叫吕雉，为了避讳，就将雉鸡改名为“野鸡”——这个在现代社会误解甚多的名字。

此外，雉鸡还有一个更加常用的名字——环颈雉。原来，大多数雉鸡的雄鸟在紫绿色闪光的脖子上都有一个白色的环带，就像套着一个雪白的“项圈”，交相辉映，十分耀眼。不过，生活在我国西南一带的雉鸡，雄鸟的颈上并无白环，所以环颈雉这一名称不能用于所有的雉鸡。

事实上，雉鸡的分布区十分广阔，其中分布在我国的就达19个之多。除个别亚种外，雄鸟白色颈圈的宽窄和有无都不一致，基本上存在从我国西南部向东、向北白色颈圈从无到有、从狭变宽的规律性梯度变异。分布在北京的雉鸡属于河北亚种，雄鸟的白色颈圈还是比较宽的，尤其是在前颈处。

除了“项圈”，唐朝诗人杜甫曾用“云移雉尾开宫扇，日绕龙鳞识圣颜”之句来赞美它长长的尾羽。

雌鸟

雄雉鸡值得夸耀的当然不止这些局部，它全身的羽色都非常华丽，五彩斑斓。头顶棕褐色，有白色的眉纹，眼周裸露的皮肤呈鲜红色。上体的羽毛呈紫红色，下背和腰多为蓝灰色，羽毛边缘披散如毛发状；胸部为带紫的红铜色，具有金属光泽；腹部则是黑绿色。“播五色之繁缛，被华文而成章，冠列角之盛仪，翘从风而飘扬，履严距之武节，超鸾峙而凤翔”，这篇赋更是把雄雉鸡描绘得雄姿英发而又风流俊逸。可见，雉鸡自古就被视为“吉祥鸟”。在我国明清瓷器上，无论筒瓶、棒槌瓶、花觚还是将军罐，雉鸡和牡丹都经常被画在一起，寓意吉祥和富贵。

与雄雉鸡相比，雌雉鸡的羽色就很逊色了，主要为砂褐色或棕黄色，上面杂以黑色和红色的斑纹，尾巴也较短。

不过，雄雉鸡美丽的羽色显然不是为了取悦人类，而是用来向它的“丑婆娘”“献媚”的。

雉鸡为一雄多雌的婚配制度，一只雄鸟可配4 ~ 8只雌鸟。即便如此，雄雉鸡每次求爱时也都下足功夫。它在黎明前就开始做准备，引颈左右环顾，然后扑打双翅，使全身羽毛蓬松，呈炫耀姿态，并大声鸣叫。然后，它就向“待嫁新娘”殷勤献食，将觅到的食物用喙反复快速啄起，再放下，同时喉部发出“咯咯”的呼唤声。当雌雉鸡应声而来时，它就主动让出食物，随即慢步接近雌雉鸡，施展它的舞蹈特技。它先是在雌雉鸡的周围旋转起舞，垂下一侧翅膀，并以短步曳行，有时还伸长颈部，展开颈羽，最后从后面爬上雌雉鸡的背部，伸展尾部，完成交配。

雉鸡在北京曾极为常见，甚至在天坛公园等较大的市区公园内都能见到。随着城市建设的迅猛发展，它们的栖息地也在不断缩减，更有逐渐变为濒危物种的可能。

文◎ 李湘涛

中华蜜蜂

虽然蜂蜜、蜂胶、蜂王浆、蜂花粉这些蜜蜂产品充斥着我们的生活，但是提起蜜蜂，我们更多的还是欣赏和赞美它那勤劳勇敢、无私奉献的精神。难怪唐朝诗人罗隐要作诗赞美中华蜜蜂："不论平地与山尖，无限风光尽被占。采得百花成蜜后，为谁辛苦为谁甜？"

中华蜜蜂是我国土生土长的蜜蜂，因此，又有土蜂、中蜂、中华蜂等俗称。从原始社会开始，中华蜜蜂就与人类相伴，为人类提供美味可口的甜食。经历了采集蜂蜜和蜂巢、原洞照看养蜂、移养蜜蜂、饲养这几个阶段，我们的祖先成功地将中华蜜蜂转化为家养经济动物，从而成就了我国一项历史悠久的传统产业——养蜂业。

在几千万年的历史长河中，中华蜜蜂与中华大地上的开花植物形成了相互适应、相互依存、共同发展的关系。我国有一万多种被子植物离不开中华蜜蜂的传粉，特别是一些高寒地区的植物，中华蜜蜂是其唯一的授粉昆虫。即使对于零星的蜜源植物，中华蜜蜂也不会放弃，从而保障了这些植物的生存繁衍。中华蜜蜂的存在使得我国的植被类型丰富多样，形成了独特的自然生态系统。

20世纪30年代，意大利蜂被引入到中华大地之后，中华蜜蜂的命运便急转直下、一日千里，就像是受气的"小媳妇"，处处受到意大利蜂的"刁难"。意大利蜂通过干扰中蜂蜂王交配、杀死中蜂蜂王、盗取中蜂蜜蜡、传染囊蚴病等方式将中华蜜蜂一步步逼上绝境。在不到100年的时间里，中华蜜蜂种群数量减少了40%以上，分布区也缩小了70%以上。中华蜜蜂的数量锐减会使很多只能依靠它来传粉的显花植物因为得不到正常授粉而灭绝。

中华蜜蜂的减少会降低当地植物的授粉总量，因为中华蜜蜂对本地植物授粉的广度和深度都超过意大利蜂。例如，在同一地区，中华蜜蜂每日外出采蜜的时间比意大利蜂早2～3小时开始，且延迟2～3小时结束。气温为7℃左右时，中华蜜蜂的工蜂仍能正常采蜜，比意大利蜂正常采蜜的下限温度低3～5℃左右。中华蜜蜂的减少破坏了我国固有的自然生态体系，使植物多样性降低，进而影响到其他生物种群的生存，破坏生物多样性。

中华蜜蜂适宜于山区、半山区生态环境饲养。目前，北京本土野生的中华蜜蜂已经灭绝，而人工养殖的数量从20世纪50年代的4万多群，减少到了21世纪初的不足40群，已经到了濒危的程度。为此，2003年北京房山建立了相对封闭的中华蜜蜂保护区。2006年，中华蜜蜂被列入农业部国家级畜禽遗传资源保护名录。

文◎ 杨红珍

一群工蜂在照顾蜂王

竹 蛉

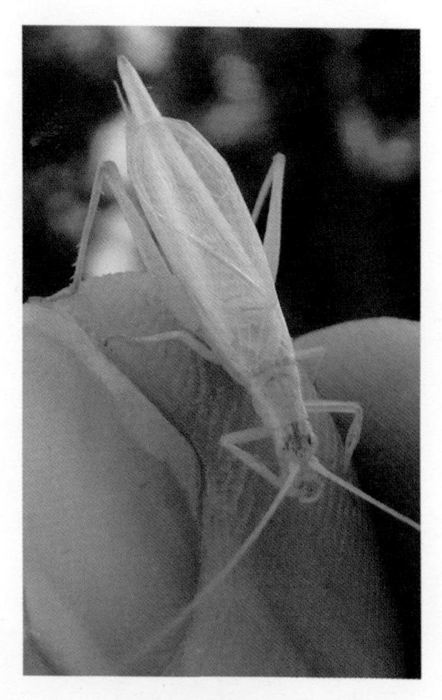

昆虫界有一位飘逸的绿衣仙子，它的身材纤细修长，小小的脸庞，大大的眼睛，半透明的翠纱薄如蝉翼，从头到脚一身淡淡的绿色装扮。每到夜晚它便会唱出悠扬悦耳的爱情之歌，歌唱的时候薄纱便会飘起来，非常优美。你以为它会是谁呢？

它就是甜美可爱的竹蛉，不过它不是仙子，而是男神。因为只有雄竹蛉才会鸣叫，雌竹蛉是不用费尽心机地去讨好雄竹蛉的，主动权在“她”手里呢！不过，雌竹蛉身体略显肥胖，反而不如雄竹蛉那么清丽脱俗。当然，昆虫对美的追求也许和我们人类不一样吧。竹蛉之所以得名是因为它通体淡淡的绿色，很像一片碧绿的嫩竹叶，也有人叫它青竹蛉、绿竹蛉。它还有一个名字叫中华树蟋，这是因为它是我国的特有种，在国外没有分布，而且喜欢在树上生活，在桑树、槐树、泡桐、梧桐上经常会出现它们的身影。竹蛉喜欢栖息在树上有较多嫩叶的地方，特别是嫩树叶的背面，往往脑袋在树叶的正面，身体在树叶的背面。竹蛉的腿又细又长，它们喜欢在枝叶上爬来爬去，很少跳跃。有时候，在瓜豆等棚架植物上及果园的草丛中也能发现竹蛉。

竹蛉属于直翅目树蟋科，在我国华北一带分布很广，在北京也很常见，一年发生两代。第一代成虫在6月下旬或7月初就开始鸣叫，它们只有两个月的欢唱期，因为成虫顶多存活60天。第二代成虫在9月出现并开始鸣叫，正好接替了第一代成虫。因此，每年从6月底开始一直到10月，在野外都能听到竹蛉那清脆而响亮的歌声。竹蛉是昼伏夜出的昆虫，一般晚上出来活动，并在晚上呼唤自己的伴侣。竹蛉的叫声很像蟋蟀，类似于“句儿句儿句儿……”的声音，但节奏稍慢。与其他鸣虫不太一样，竹蛉是一边走路一边鸣叫，因此，它的歌声有点飘忽不定、连绵不断的感觉，让人不太容易判断声音来自何处。如果在夏秋季节想出去休闲放松，北京的山区是一个很好的选择。夜晚伴着星月仔细听一听竹蛉的歌声，如果有兴致，还可以循着歌声找一找，也许会在一棵小灌木的树叶上找到那只飘逸的绿衣仙子！

竹蛉喜欢吃植物的鲜嫩花叶，也喜吃蚜虫，是个杂食性的小东西。繁殖的时候，雌虫常把卵产在植物的嫩枝内，以便幼虫孵化后随时可以填饱肚子。

文◎ 杨红珍

湿地

白鹭

白鹭是最容易识别的鸟类，因为它一身的羽毛洁白无瑕，我国古人也称其为“雪客”或“雪不敌”。

白鹭又是一种不太容易识别的鸟类。为什么又这样说呢？原来，鹭类是个大家族，常被通称为“鹭鸶”，都是腿长、颈长、喙长的涉禽。其中通体白色的除了白鹭外，还有大白鹭、中白鹭、黄嘴白鹭、牛背鹭（冬羽）、岩鹭（白色型）等，所以在野外对它们加以区分还真挺费事，尤其是在冬季。

白鹭的体长为50 ~ 60厘米，属于体型中等的涉禽。它的夏羽十分漂亮，枕部有两条狭长的羽毛，就像水兵帽子后面的飘带；肩背部着生羽枝分散的长形饰羽，形若蓑衣，一直向后延伸，超出尾羽端部；前颈基部也有长的矛状饰羽，并下垂至前胸，纤细如丝，飘逸似发，美丽动人。

这些装饰性的羽毛在冬季就全部消失了，仅个别个体前颈的矛状饰羽还会残留少许。因此，在夏季可以利用这些装饰羽区别与其相近的种类。比如，中白鹭的体型只比白鹭稍大，体长在55 ~ 80厘米，但它没有枕部的冠羽，只有其他两种装饰羽。大白鹭的体型比它们大得多，体长为1米左右，它不仅没有冠羽，而且也没有胸前的蓑羽。黄嘴白鹭与白鹭的体型和饰羽最接近，但由于喙为橙黄色，与白鹭黑色的喙不同。白色型岩鹭的喙也是黄色，而且喙的基部显得比较粗厚。牛背鹭的喙也是黄色，虽然冬羽为白色，但夏羽因有橙黄色而不难区别。有趣的是，在“鹭与牛”这幅田园风光的典型国画中，站在牛背上的不一定就是牛背鹭，白鹭偶尔也会站到牛背上，去啄食牛身上的寄生虫。

白鹭喜欢集群，常栖息于河流、湖泊、池塘、沼泽等浅水处，以各种小鱼、蛙、虾、水蛭及水生昆虫等为食，有时也吃少量植物性食物。它们白天觅食，晚上休息，常一脚站立于水中，另一脚曲缩于腹下，头缩曲至背上呈驼背状，长时间保持不动。行走时步履轻盈、稳健，显得从容不迫。飞行时头往回收缩至肩背处，颈向下曲成袋状，两脚向后伸直，远远突出于尾羽的后面，两个宽大的翅膀缓慢地鼓动飞翔，动作十分优美。我国古代《诗经·周颂·振鹭》中就用“振鹭于飞，于彼西雍”来形容它飞翔时的气势不凡。

除了白鹭外，北京能见到的还有大白鹭、中白鹭、牛背鹭、苍鹭、草鹭、绿鹭、池鹭和夜鹭等鹭类。它们大多身材纤瘦而修长，所以有人用“从鹭鸶腿上刮肉”来形容吝啬刻薄的人。虽然这些鹭类的形态和习性都比较相近，但其实却有微妙的差异。不同种的鹭类在大自然的长期选择中，各自形成了一套独特的觅食方法，使它们即使在同一浅滩上觅食，也互不相争，各得其所。

在一派田园风光之中，一群白鹭亭亭玉立于浅水之中，充满了诗情画意，有一种“西塞山前白鹭飞，桃花流水鳜鱼肥”的悠闲意境与氛围。白鹭冰清玉洁的羽色、修长秀雅的姿态、自然娴静的举动、一飞冲天的气势，让无数的文人墨客所倾倒。从古到今，它们不仅是诗人吟咏的对象，也是画家笔下的常客。

文◎ 李湘涛

垂柳

碧玉妆成一树高，万条垂下绿丝绦。

不知细叶谁裁出，二月春风似剪刀。

这是一首专门赞美垂柳的七言绝句，早已被选入小学课本，作者是唐朝诗人贺知章，名为《咏柳》。

相信大部分人都很熟悉这首古诗，大人自不必说，春天里在垂柳树下玩耍的孩童，也能在家长的帮助下，手指轻垂飘逸的柳树枝条，把诗歌咿咿呀呀咏诵出来。这样的画面嵌入了大自然，温暖了人心，亲子共同观赏植物，一起学习古诗，实可谓寓教于欣赏美景之中。

承载着诗情画意的柳树跨越了历史长河，足迹已经遍布全国各地。现在不论是在寒冷的北方城市，还是炎热的南方城市，不管是淳朴的西部地区，还是发达的东部地区，都有垂柳的种植，简直到了无城不柳的程度。许多城市都以拥有柳树柳景而著称，首都北京便是其中之一。据《北京植物志》记载，北京地区的柳树有9种，包括旱柳、垂柳、红皮柳、沙柳、蒿柳、黄花柳、山柳和皂柳，其中城区栽种的垂柳数量最多。

垂柳属于杨柳科柳属，高大落叶乔木，树冠开展而疏散，体态轻盈俊秀，丝丝缕缕的枝条款款垂下，宛如少女的长发，随风舞动，摇曳生姿。春季三四月间，大自然挥动彩笔轻轻渲染，先是鹅黄，再是淡绿，再入深绿，层层叠叠的色彩描绘出“柳暗花明”“桃红柳绿”“绿柳成荫”的美丽景色。4～5月，垂柳便结出串串绿色的果实。

考古资料证实早在旧石器时代我国就有柳树，至周朝时期，已有关于植柳的明确文字记载。之后的历朝历代均有种植柳树的文字记载，种植柳树的规模也在不断扩大。南方最为著名是扬州城，人们多以“绿杨城郭”来形容明清时期扬州的特色柳景。北方最为著名的就是北京城，许多文献记载当时北京城种植柳树营造园林景致极为普遍，如北京西直门外高梁桥柳景、李皇亲新园、海淀的米太仆勺园、圆明园、清漪园（今颐和园）和北海公园等。

现代的北京城中柳树更是无处不见，已经成为园林绿化的重要植物。柳树虽美，但是它也有让人烦恼的时候。春末夏初，柳树果实成熟之后，串串绿色的果实裂开，种子带着白色绵毛无处不飞，弥漫在空气中，如雪花上下翻飞，所到之处难以清理，更会让很多过敏人士苦不堪言。于是消除春季飘飞的柳絮成了京城环境治理的重大问题。经过几年的研究，北京园林科学研究院已经研制出“抑花一号”杨柳飞絮抑制剂。目前已经完成了部分柳树的“避孕”，不过由于人员和资金等问题，彻底消除柳絮翻飞的麻烦事尚需时日。

文◎ 徐景先

翠鸟

翠鸟是最迷人的鸟类之一。静立的时候，它就像美丽的蓝宝石；飞翔的时候，它就在空中划出一道蓝色的“闪电”。难怪在古希腊神话中，它被描写成月亮女神的化身。

翠鸟也叫普通翠鸟。“翠”字通常是指碧色的玉石，作为它的名字可谓恰如其分。翠鸟头上以翠绿为底色，带着深蓝色的斑点，背部是天蓝色，翅膀和尾巴是靛蓝色，胸部和双颊是栗色，这些色彩的组合使它看上去恰似一块熠熠生辉的翡翠。不过，在翠鸟的羽毛中并不含有蓝色素，而是通过其羽毛的表层结构把蓝色光强烈地反射出来，所以看上去非常鲜艳。而当照到翠鸟身上的光线角度稍有变化时，它的羽毛便会变成宝石绿色。

翠鸟身材娇小，可是却长着一个长长的喙。雌鸟的喙黑一些，雄鸟则从喙尖向喙基部呈过渡的橙红色。这个长而有力的喙很适合它施展绝活——捕鱼。

翠鸟生性孤独，平时喜欢独栖在近水边的树枝上或岩石旁，注视着泛着波光的水面，有时也会鼓动两翼悬停于水面的上空。在物色到捕猎对象后，它就以迅雷不及掩耳之势，猛然扎入水中，瞬间就叼住小鱼，旋即跃出水面，同时溅起非常生动的水花，好一副“明星范儿”！

不过，翠鸟捕鱼并不容易，不是每次潜水都能成功，那些年轻而缺乏经验的个体则需要下潜更多的次数。每当判断失误，或让鱼儿逃脱时，翠鸟总是露出懊悔而无奈的神态，十分有趣。

在北京，翠鸟大多出现在3月中旬。雄翠鸟首先要上演传统的“献鱼礼”大戏，它们会一趟又一趟地带回刚刚捕到的鲜鱼，飞到雌翠鸟的身边，将鱼头朝前，送入雌翠鸟的嘴里，以此来表达自己的爱意。雌翠鸟通过“笑纳”这一份份“厚礼”，不断考察雄翠鸟的捕鱼技巧——这是后代得以成活的保障。如果觉得非常满意，就会与其交配。交配时，雄翠鸟飞落在雌翠鸟的背上，不必用嘴衔雌翠鸟的羽毛即可保持身体平衡。然后雌翠鸟尾羽上翘，雄翠鸟尾羽下压，几秒钟后交配即宣告完成，同时也为更为艰辛的筑巢、产卵、育雏工作拉开了序幕。

翠鸟在古代称为鴗（读音lì），取其谐音，代表着赢利、吉利的美好寓意。在我国西南地区的汉墓中，曾出土了很多翠鸟造型的青铜器——“翠鸟铜饰”，鸟背上或有罐、钱币、羽人等形象，有的还衔着鱼。

翠鸟令人炫目的羽色、简洁优雅的外形、无与伦比的潜水捕鱼技巧，也为艺术家带来了灵感，创作出不少佳作，如齐白石的画作《翠鸟游虾》。唐朝钱起则用《衔鱼翠鸟》中的诗句描绘了一幅形象生动逼真的翠鸟捕鱼图：“有意莲叶间，瞥然下高树。擘波得潜鱼，一点翠光去。”

不久前，一位京剧演员在微博上炫耀自己珍藏的点翠头面，引起了热爱动物的人们的反感。羽毛装饰是人类文化史中普遍存在的现象，也给无数美丽的鸟类带来了灭顶之灾。这其中，主要以翠鸟羽毛加工而成的“点翠”是我国的传统工艺，曾在明清时期达到了鼎盛。定陵出土的万历皇帝孝端皇后凤冠、累丝嵌珠宝五凤钿等，都是其中的极品。《金瓶梅》中也提到了“销金点翠”。令人欣慰的是，现代人已不再使用这种饰物，以牺牲翠鸟生灵为代价的“点翠”工艺也将一去不复返了。

文◎ 李湘涛

大鸨

对于“鸨”字，大多数人都是从明清或民国时期的文学作品中的“老鸨”一词看到的。但是“鸨”的本意显然指的是一种鸟类。《诗经·唐风·鸨羽》中有“肃肃鸨羽，集于苞栩”“肃肃鸨翼，集于苞棘”“肃肃鸨行，集于苞桑”的诗句，用鸨在栎树、酸枣、桑树丛中抖动翅膀的样子，来形容人民生活的疾苦，真切而生动。看来，古人对鸨早有认识。

鸨是一类大型的陆栖鸟类，中国共有3种。其中最常见的是大鸨，俗称地鹔，主要栖息于开阔的平原、草原等地带。它们身体壮实，有一双粗壮的大长腿，奔跑时喜欢将头和颈挺得很直，一副昂首挺胸的样子，似乎又有些呆头呆脑。从这些描述中，你是否看到了一点非洲鸵鸟的影子呢？没错，大鸨的很多习性都与鸵鸟近似，因而有“欧亚大陆的鸵鸟”之称。

不过，大鸨与鸵鸟的亲缘关系甚远，反而与鹤类近得多。它的脚上有3个粗大的趾，比非洲鸵鸟多一个。另外，非洲鸵鸟不会飞行，而大鸨能进行长距离迁徙，是当今世界上最大的飞行鸟类之一。北京延庆野鸭湖和密云水库都是大鸨迁徙途中的重要驿站，此外在大兴、昌平、怀柔、通州、朝阳、丰台和门头沟等地也会出现零散的大鸨个体，因此大鸨是北京的旅鸟。

那么，鸨又是如何同妓院联系在一起的呢？据说，鸨的左半边为“匕（代表雌性）”加“十（代表雄性）”，也就是交配的意思，说明该鸟喜“淫”。民间还有鸨是“百鸟之妻”的传说。明朝朱权的《丹丘先生曲论》说：“妓女之老者曰鸨。鸨似雁而大，无后趾，虎文。喜淫而无厌，诸鸟求之即就。世呼独豹者是也。”李时珍在《本草纲目》中也说：“闽语曰鸨无舌……或云纯雌无雄，与他鸟合。”清朝《古今图书集成》中还有：“鸨鸟为众鸟所淫，相传老娼呼鸨出于此。”于是，人们以讹传讹，众口一词，把鸨当成了淫荡的代名词。现代文学家聂绀弩更是在《论鸨母》中说：“鸨，淫鸟，借指妓女。”但是，由于没有鸨与其他任何一种鸟交尾的实例，所以人们又传说，只要其他鸟类的雄鸟从上空飞过，其身影映在鸨的身上就算交尾了。这种说法显然更加荒唐可笑。

实际上，“鸨”字的由来还有另一种解释。古人认为它们成群生活在一起，且每群的数量总是70只，所以在描述这种鸟时，用“七十”字样加上鸟，就组成了“鸨”字。

大鸨雌雄鸟的体羽主要都是淡棕色，密布斑驳的黑色细斑纹，但体型相差悬殊。雄鸟体长近1米，重10千克以上，雌鸟的大小还不及雄鸟的一半。另外，雄鸟下颏的两侧生有细长而突出的白色羽簇，状如胡须，所以俗称“羊须鸨”；雌鸟没有这样的须状物，俗称“石鸨”。

大鸨的婚配属于“一夫多妻”制。求偶时，雄鸟在雌鸟面前一摇一摆地来回扭动，还不断地发出“嗞嗞”的声音，并大幅度地翻转其身体，尽情地舞蹈。它的喉部膨胀成悬垂的气囊，颈下裸露的皮肤变为蓝灰色，颈下的须状羽竖起。在舞蹈的同时，它将尾羽直竖朝天，向雌鸟展示下面的白色羽毛，露出的羽毛越多、越白，就越受雌鸟的青睐。交配之后，雄鸟就另觅新欢去了，只剩下雌鸟承担孵卵、育雏等任务。可见，大鸨雌鸟堪称“贤妻良母”。如果非说“淫荡”的话，也只能是跳舞的雄鸟。

“淫荡”的名声并没有使大鸨种族兴旺，“天鹅不如地鹔”的说法却让它们不断遭到猎捕。此外，威胁它们生存的因素还有草原的过度开垦、农药的大量使用和人类的干扰等。努力消除这些不利因素，使这一珍稀鸟类的种群得以恢复和发展，仍然任重道远。

文◎ 李湘涛

大鲵

大鲵的另一个名字——“娃娃鱼”更为人们所熟知。这个名字的来源有两个，一是因其夜间的叫声犹如婴儿啼哭，二是因其四肢肥短，很像婴儿的手臂。不过，它却并非鱼类。这种现象在许多动物类群中都能找到例子，比如哺乳动物中的鲸，爬行动物中的鳄鱼、甲鱼，软体动物中的章鱼、鲍鱼，腔肠动物中的桃花鱼，等等。“娃娃鱼”则是一种两栖动物，而且是体型最大的两栖动物，体长一般为1米左右，最长的可达2米，体重为20～25千克，最大的可达50千克。如果把四肢收起来，它的确有点像鱼，与青蛙、蟾蜍等典型的两栖动物不太一样，其特点主要有头宽大、眼小、嘴大、尾扁长等。尤其是它的小眼睛，就像粘在头背面的两个豆粒，毫无生气，这是它长期适应水下生活而视力退化的结果。大鲵的体色看上去似乎是黑乎乎的，其实不然。它的背面呈棕色、红棕色、黑棕色等颜色，上面有颜色较深的不规则斑点，而且还依栖息环境的色彩不同而有所差异。它的皮肤较为光滑，散布有小疣粒，受刺激时能分泌出类似花椒味的白浆状黏液。

我们看到的大鲵一般都是藏匿在水中的大石头下面，似乎不太喜欢活动。其实，它属于夜行动物，靠摆动尾部和躯体游泳前进。它有宽大的弧形口裂，上下颌具很多大小相似的细齿。它在捕食的时候很凶猛，常守候在滩口乱石间，发现猎物经过时，会突然张开大嘴将其囫囵吞下。民间歇后语“娃娃鱼坐滩口——喜吃自来食”即指此而言。

大鲵每年5～8月繁殖，雄性有护卵行为，常把身体弯曲成半圆形，将卵围住，或把卵带缠绕在身上，以防被水冲走或受到天敌的侵袭。9～10月大鲵的活动逐渐减少，冬季则深居于洞穴或深水中的大石块下冬眠，一般长达6个月。不过它入眠不深，受惊时仍能爬动。

大鲵是我国特有动物，分布很广泛，黄河、长江和珠江的中下游及其支流中都有它的踪迹，在北京野外发现的大鲵见于怀柔等地。最近的发现地点包括密云四合堂村、古北水镇景区以及平谷金海湖等。不过，北京是否存在野生大鲵一直存在争议，专家认为不仅北京没有野生的大鲵，就连河北都不是它的原产地。

大鲵为人们所熟知，一是作为药用，二是作为食材。但由于过度捕捞，加之江河污染、生态环境破坏等因素，野生大鲵的生存受到了严重的威胁。

为了“解馋”，从20世纪80年代起，我国湖南、江西、湖北、陕西等地都先后建立了大鲵饲养繁育基地，后来北京也建立了一些养殖场，从而使大鲵逃逸到野外成为可能。或许这就是北京野外发现的大鲵的来源吧。

文◎ 李湘涛

大天鹅

2016年一开春，圆明园东门附近狮子林水域正在繁殖的黑天鹅就吸引了众多市民前来观赏。黑天鹅有着曼妙的身姿，步履轻盈，举止优雅，与平静的水面相衬，有着诗一般的意境，也给圆明园景区增添了几许柔情。

除了圆明园，黑天鹅在颐和园等很多水域中也有发现。那么，北京是它的分布区吗？当然不是。这种拥有一身黑灰色卷曲羽毛并点缀着一个鲜红色的喙的美丽鸟类，其原产地在遥远的澳大利亚南部以及塔斯马尼亚、新西兰等岛屿上。毫无疑问，北京野外的黑天鹅只能是一些逃逸的个体及其后代。

北京只有“白天鹅”。京媒的报道中也常常使用“白天鹅”这个名字。事实上，“白天鹅”有三种——大天鹅、小天鹅和疣鼻天鹅，它们都是北京的旅鸟，其中以大天鹅最为常见。

与黑天鹅完全相反，大天鹅全身雪白，点缀着一个基部为鲜黄色、端部为黑色的喙。它和黑天鹅虽然羽色不同，但都显得高雅而圣洁，常常在平静的水面上游弋，将长长的脖子弯向水中，那洒脱的体态，给大自然增添了无限的诗情画意。因此，无论古今中外，都把它们看作是纯洁和美丽的象征。

大天鹅在我国古代被称为鹄。《汉书·司马相如传》中注释：“鹄，水鸟也。其鸣声鹄鹄。”明朝李时珍的《本草纲目》中有以下记载：“鹄大于雁，羽毛白泽，其翔极高而善步。”“凡物大者皆以天名。天者，大也。则天鹅名义，盖亦同此。”这些都

说明了大天鹅善于飞翔，而且飞得很高。

大天鹅一旦结成配偶，常常形影不离。它们出双入对时颈部弯曲所呈现出的宛如心形的图案，更给人浪漫的想象。因此，它们也是爱情忠贞不渝的象征。古人用诗句来形容大天鹅伉俪之间的情深义重，如“逢罗复逢缴，雌雄一旦分。哀声流海曲，孤叫出江渍”，又如“步步一零泪，千里犹待君”。

与大天鹅相比，小天鹅和疣鼻天鹅在北京出现得比较少。小天鹅其实并不小，而且与大天鹅很难分辨，一个通用的区分方法是比较它们喙基部的黄色区域的大小，黄色延伸到鼻孔以下的是大天鹅，黄色仅限于基部两侧、不沿嘴缘延伸到鼻孔以下的是小天鹅。另外，小天鹅的鸣声比较清脆，有似“叩叩”的哨声，而大天鹅的叫声像吹喇叭一样。

辨别疣鼻天鹅则容易得多，它虽然也是一身白色羽毛，但喙却是红色的，看上去如同身披白色婚纱、涂着红唇的新娘。另外，它还有一个更重要的特征，就是在喙基和前额交会处有一个黑色的疣状突起，十分明显。疣鼻天鹅只能发出一种沙哑而低沉的“嘶嘶”声，因此有“哑声天鹅”的称呼。

关于疣鼻天鹅，有一件不得不说的事情。1980年初冬，当一场瑞雪给京城披上银装后，玉渊潭公园的湖面上飞来了两对野生的疣鼻天鹅，给市民带来了惊喜。人们争相来到湖边，观看这一冬日奇景。但是，好景不长，几天后一个无知青年的枪声，使一只疣鼻天鹅应声毙命。而它的情侣在公园上空盘旋飞行、哀鸣两天后，才同另外一对一起，黯然飞去。

这声刺耳的枪响也唤起了北京市民关注生态环境、保护野生动物的意识。从那时起，越来越多的北京人加入到爱鸟护鸟的队伍中。

文◎ 李湘涛

豆娘

“娴静时如娇花照水，行动处似弱柳扶风”“清瘦婀娜，柔弱脱俗”“娇柔无比但又风情万种”——这是在说林黛玉吗？不一定，也许是一只小昆虫呢！

有一天，我带着孩子在小溪边玩，孩子们在玩水，我无所事事，就在岸边坐着。不经意间在岸边的水草上发现一只小昆虫，看上去跟蜻蜓很像，但是要比蜻蜓小。它的身体很柔弱，细细的腰肢，柔软的羽翼，飞起来的时候柔柔的、慢慢的，像轻纱曼舞的少女。原来是一只豆娘。仔细观察，它跟《红楼梦》里面的林黛玉还真是一个类型的。豆娘不但体态优美，而且颜色鲜艳，且其翅膀颜色多变。豆娘的这种美，让国内外许多昆虫爱好者为之痴迷，有些爱好者对它的痴迷程度甚至超过了蝴蝶。

豆娘和蜻蜓都属于蜻蜓目，因为豆娘和蜻蜓长得很像，很多人管豆娘叫小蜻蜓。与蜻蜓一样，豆娘也擅长捕食空中的小飞虫，只是豆娘比蜻蜓要小很多，飞得也慢，所以，豆娘捕食的主要是那些体型微小的蚊、蝇、飞虱等小昆虫。

虽然豆娘和蜻蜓在外形上非常相似，但仔细观察一下，你就会了解它们的不同之处。蜻蜓属于差翅亚目，前后翅的大小、形状都不同，而且差异很大；豆娘属于束翅亚目，前后翅形状、大小近似，差异很小。蜻蜓在休息的时候，两对翅膀在身体的两侧平展；一般豆娘在停栖时，会将两对翅膀合起来直立在背上。蜻蜓的复眼大部分是彼此相连或只分开一点点；豆娘的复眼之间有相当大的距离，圆圆的眼睛往外突出，就像两个大灯笼一样。蜻蜓的腹部形状较为扁平，相对丰腴；豆娘的腹部形状较为细瘦，身形纤细。飞行的时候蜻蜓是快速高飞，而豆娘则是慢速低飞。

在北京，不管是山区还是城市，在水域附近常常能看见豆娘美丽的身影。它们喜欢在山川溪流、湖畔塘沼等有水有草的水域附近进行觅食、求偶、交配、产卵等一系列活动。豆娘的稚虫（也叫水虿）也在水中生活，专吃水里的一些小昆虫。豆娘虽然柔弱，但是身体却很灵活。在豆娘的交配过程中，它们需要共同表演既复杂又优雅的舞蹈。当一只雌豆娘来到它心仪的雄豆娘的领地时，雄豆娘立即就用它的“尾端”抓住雌豆娘的胸部，这种奇特的交配技巧使它们可以在雄豆娘的带领下一前一后地飞行。豆娘产卵也是采用“点水”的方式进行，雌雄豆娘一边飞舞一边点水，体态婀娜、舞姿优美，美得让人心醉。

文◎ 杨红珍

多鳞铲颌鱼

北京有很多传说，也许是关于一座山或者一条河，也有可能是一座庙、一段墙，更有皇城中朝代变迁留下的星星点点的痕迹。随着时间的流逝，那些曾经真实的生活，也在渐渐变成传说。在历史和文化如此厚重的京城，一条河中曾经有一种鱼的传说，实在是微不足道。再加上是在山野之中，可能只是一些无知村夫的妄言，所以关于这种鱼的故事北京城里极少有人知道，也难在浩瀚的京城正传野史中找到记录它的只言片语。只有走到当地，亲眼看到传说中的奇迹，才会惊叹自然的神奇和伟大。

这个传说发生地是在京郊，即北京与河北涞水交界的地方，现在是著名的野三坡景区。在景区中部，拒马河的支流小西河从群山中湍湍流出，流过的山脚有处泉眼，被村民称为鱼古洞。传说洞中的石头会变成鱼，每年的谷雨前后，这些鱼就从洞中涌出来。洞口不大，我们1995年去考察的时候，当地人已经用水泥对其稍稍做了一些修整，口径不到1米。所以村民只要拿着盛鱼的容器，就可以在洞口“接”住那些随着水流一起涌出来的鱼。这样的日子会持续十天半个月，总量能够达到1000多千克，那段时间家家户户向阳的屋顶都晒着这种鱼。村民不知道这些鱼到底从哪里来的，只是千百年来，这个山泉都会涌出那么多鱼，而山洞里面只有石头，所以他们就说鱼是石头变的。

洞里的石头会变鱼吗？当然不会。那这是什么鱼？到底从哪里来？

这种鱼大约一拃长，两指宽，体背黑褐色，腹部灰白色，除了嘴的位置偏头部下方、下颌边缘是锐利的角质状，粗略一看，还以为是没有须子的小鲤鱼呢。仔细鉴

别它的细部特征，其实是一种鲤形目鲃亚科的种类，中文名是多鳞铲颌鱼，或者多鳞白甲鱼，是我国的特有种，主要分布在四川东部、山西、陕西、河北、山东等地的山区河流中。它喜欢在水的中下层活动，以下颌啃食水底岩石上的藻类或捕食水中的无脊椎动物为生。

生活在比较寒冷的地区却喜欢温暖的多鳞铲颌鱼，有进入洞穴蛰伏越冬的习性。每年10月下旬，河水的温度开始低于10℃，而洞穴内的水温一般会高于洞外且温度恒定，于是它们陆续进入洞中越冬。待到来年4月中下旬，河水的水温升高，超过了洞内泉水的温度，这些蛰伏的多鳞铲颌鱼就从洞中涌出来，进入河流中，觅食产卵。

鱼古洞里的水温常年维持在11～12℃，所以每当10月开始冰封河面的时候，这些鱼就从拒马河进入支流，陆续进入洞穴的地下河流中，静静度过一个没有阳光没有食物的冬季。当春雨告诉它们外面已经桃红李白时，它们就迫不及待地涌出来。村民只能看见谷雨时分洞中出鱼的景象，所以觉得非常神奇。

多鳞铲颌鱼还为周口店人类遗址第十四地点的鱼化石形成提供了证据。古生物学家推论这是一些有穴居习性的种类，后来由于洞口封闭、水位下降，这些鱼被封闭在洞中而形成化石。现存多鳞铲颌鱼生活的拒马河就在周口店附近，它们的生活习性也成为最好的证明。随着环境、气候的变迁，很多洞穴坍塌、河流干涸，唯有小西河还存留了能够让这种鱼生存的条件，让几十万年后的北京人见证了这个奇迹。

但如果哪位读者是看到了上述文字，才知道这个传说，并想要去见证这个传说，恐怕就要失望了。因为很遗憾，鱼古洞现在真的只是一个人们口中流传的故事了。现代人的“接”鱼方式和数量，导致从泉眼里流出来的鱼有来无回。从周口店的人类活动开始计时，至少是30万年的时间，鱼古洞的奇谈一直在山中流传。可现在大约20年的工夫，人类就夺去了大自然对多鳞铲颌鱼的眷爱，只剩下悲哀。

文◎ 杨 静

在滩涂湿地，经常听到这样的问答：

“这是什么鸟？”

“鹬。”

“什么？玉？”

“‘鹬蚌相争’的鹬。”

“噢。”

幸亏在我国古书《战国策·燕策二》中有一个“鹬蚌相争，渔翁得利”的寓言故事，才让我们解释“鹬”的时候不用太费劲儿。不过，如果要问“鹬”到底长什么样？或者“鹬”是否长得都一样？这些问题解释起来，还是有很大难度的。

鹬属于鸻形目。鸻形目的鸟类众多，大多数种类的名字不是叫“鸻”就是叫“鹬”，因此一般将它们统称为鸻鹬类。它们都是中小型的涉禽，形态多种多样，多在海岸、湖滨、河滩、沼泽等湿地环境中活动，常常不分种类、不分彼此，一大群一大群的，密密麻麻地聚在一起，个个埋头在泥里、浅水里一刻不停地掘呀、扫啊，取食里面的螺、蛤以及沙蚕等蠕虫，成为湿地中一道亮丽的风景线。

有人可能会提出疑问，在同一时间、同一地点，居然有种类如此繁多、数量如此庞大的鸻鹬类一起觅食，食性还如此相近，它们是怎样避免相互之间发生激烈的食物竞争的呢？原来，这个秘密就在它们长短不一、形状各异的“巧嘴”上。由于喙的长度不同，觅食时喙插入泥沙的深浅程度就不同；而不同形状的喙，又使它们所觅的食物有所差异，从而使鸻鹬类的觅食生态位产生分离，让有限的食物资源得到合理的分配。

鸻鹬类的喙千奇百怪，是大自然令人惊叹的杰作。燕鸻的喙短而宽，石鸻的喙长而粗厚，其他鸻类的喙大都短而直，先端隆起。而鹬类的喙大多纤细而长，塍鹬的喙略微上翘，翘嘴鹬、反嘴鹬的喙则明显上翘。阔嘴鹬的喙略微下曲，弯嘴滨鹬的喙明显下曲，杓鹬、鹮嘴鹬则大幅度地向下弯曲。勺嘴鹬喙的前端扩大成一个勺形，像一把工兵用的小铁锹。

在湿地中识别鸻鹬类，即使是专业鸟类工作者也会感到头疼，但反嘴鹬很容易辨认。它的喙最为奇特，不仅又细又长，而且上翘到了极限，就像一根黑色的钢丝，向上弯出优雅的弧度，它也因此得到了“翘嘴娘子”的雅号。

反嘴鹬体长42 ~ 45厘米，属于中型涉禽，长腿呈青灰色，也有少数个体的腿呈粉红色或橙色。它的体羽也很简洁，为黑白两色的“熊猫装”，搭配得错落有致：头顶从前额经眼下一直到后颈形成一个黑色的帽状斑，肩、翼和翼尖为黑色，形成几条黑色带斑，其余体羽均为白色，对比鲜明，甚为醒目。

由于北京没有沿海滩涂，所以鸻鹬类的种类和数量都比较少。但在山地、平原地带的湖泊、水塘、沼泽，以及水田和鱼塘等湿地环境中，仍可以见到许多鸻鹬类。其中，反嘴鹬常单独或成对觅食。它们活动时步履缓慢而稳健，又由于它们趾间有蹼，成为鸻鹬类中少有的游泳健将，可以一边游泳一边觅食。此外，它们还有一个绝技，即在水中呈倒立姿势觅食——将喙扎入水中，而尾羽则高高地指向空中。

反嘴鹬5 ~ 7月繁殖，营巢于开阔平原上的湖泊岸边、盐碱地上或沙滩上，距水不远的凹坑内。它们常成群繁殖，有时巢间距仅1米左右。巢中没有任何内垫物，或仅垫有小圆石或少许枯草。每窝产3 ~ 5枚黄褐色或赭色、被有黑褐色斑点的卵，由雌雄亲鸟轮流孵化大约22 ~ 24天。只是，这些在北京是见不到的。反嘴鹬只是北京的旅鸟，其繁殖地在更靠北的西北、东北和内蒙古一带。

文◎ 李湘涛

蜉蝣

成虫

蜉蝣之羽，衣裳楚楚。心之忧矣，于我归处。

蜉蝣之翼，采采衣服。心之忧矣，于我归息。

蜉蝣掘阅，麻衣如雪。心之忧矣，于我归说。

2000多年前，在《诗经·曹风·蜉蝣》中，诗人便借漂亮而短命的蜉蝣来感叹人生的短暂和表达对国事的忧心。自古以来，有多少文人骚客同样借用这种“朝生暮死”的小虫来抒发对自己、对国家命运的担忧。在这些诗词歌赋中，不乏低沉消极哀怨的情调。而现在，五月天的歌词“大时代你我都是蜉蝣……生命如长风吹过谁的心头”表达的却是要在短暂而有限的生命中，绽放人生光彩的英雄之梦。

蜉蝣的确很漂亮！身体柔软细长，很符合现代美女的特征；两对翅如同薄而透明的轻纱，高雅飘逸；长长的尾丝与弯弯的腹部更彰显了优美的体形。在北京，从春末一直到整个夏季，只要在水边，不论是静水还是流水，黄昏的时候，总是有大量蜉蝣或在空中飞舞，或在水边的石头或植物上休息。如果您正好在水边，那么它们那种轻盈、美丽、飘逸的姿态一定会让你觉得大饱眼福、不虚此行！

蜉蝣的生命真的如此短暂吗？其实不然，我们只能说它的成年期很短，只有几个小时到几天的时间，大部分只有一天的寿命。而在这短暂的时间里，它们不吃不

稚 虫

喝，还要完成传宗接代的任务。雌雄成虫在空中交尾，然后雄虫死去，而雌虫还要降落在水面，在水中产卵之后，才筋疲力尽而死，真可谓短暂而辉煌的生命。事实上，蜉蝣的一生要经过卵、稚虫、亚成虫和成虫这四个阶段。而在变成成虫以前，蜉蝣要在水中度过几个月甚至几年漫长的时光。这样长的寿命，在昆虫世界里应该说是长寿者呢。可见古往今来，有不少文人骚客把情感错付了呢！

蜉蝣的稚虫在水中生活少则几个月，多则几年，它们要经过20次以上的蜕皮，有些种类甚至达到了40次。它们还是水的天然过滤器，在其体内有7对功能发达的过滤器官，水从第1对过滤器进入，然后逐次经过其他过滤器，从最后1对过滤器中滤出的水便是除去杂质的清洁的水。

蜉蝣是有翅昆虫中比较原始的一类，属于活化石。在距今约3亿年的晚石炭纪地层发现的昆虫化石中，只有4个目的昆虫一直延续到现在，即蜉蝣目、直翅目、蜚蠊目和缨尾目。由于无翅昆虫比有翅昆虫出现得早，而无翅昆虫的特征之一是腹部有3条长尾丝，但是在现代有翅昆虫中，唯独蜉蝣还保持着2～3根这样的尾丝，这说明蜉蝣是无翅昆虫向有翅昆虫进化的过渡类型。因此可以通过对蜉蝣的研究，来推测昆虫从无翅到有翅的进化过程。

文◎ 杨红珍

负子蝽

雄负子蝽堪称是动物界中的“模范丈夫”和“最美父亲”。

雌雄负子蝽交配以后，雌负子蝽就再也不干什么活了，只是静静地趴在雄负子蝽的背上，就连吃饭都由雄负子蝽包办了。不久，雌负子蝽就在雄负子蝽背上产卵了。每次产卵基本上能有40 ~ 50枚。产卵之前，雌负子蝽先在雄负子蝽的背上分泌出大量的黏液，然后把产下的卵黏附在它的背上。卵粒间彼此不重叠，借胶状物在雄负子蝽背上黏结成卵块。雄负子蝽则主动配合，在雌负子蝽的身体下面挪动着自己的身体，让它更好地产卵。产完卵之后，雌负子蝽就离开了丈夫和孩子，过着独居生活，不久生命就结束了。

养儿育女是雄负子蝽的事情。它背负着众多还未孵化的卵，在水中游荡度日。它不能去较冷的水域，因为水温太低，卵粒是不能孵化的，甚至会冻死。在水中危险无处不在，所以它还要提防水中的各种敌害来偷食卵粒。为了让背上的卵吸取氧气，它不辞辛劳地上下游动，每隔一段时间就要浮出水面换换新鲜空气，以保证卵的正常发育。幼虫孵化以后，并不是马上离开父亲，而是还要趴在卵壳上生活一段时间。直到它们有了独立生活的能力，做爸爸的雄负子

蝽才会翘起那对长长的后足，巧妙地把孵出的子女刷落下来，让它们顺利入水。雄负子蝽对“儿女”的这种深深的父爱有时就连我们人类也自愧不如。

负子蝽又叫负子虫，生活在池塘、水田、河渠等水域中。它的中足和后足上长有一排助于游水的毛，这种足也叫游泳足。负子蝽的口器又尖又硬，能够刺穿猎物的身体；前足上长有棘刺，如镰刀一般，这是它的捕猎武器，这种足也叫捕捉足。负子蝽常栖于水中杂草上，头朝下，两只前足张开，以中足或后足固着在水草上，静静地等待。由于它的体色暗褐，负子蝽常会被误认为是一片大树叶。当猎物出现的时候，这片“树叶”会以袭击的方式，用前足迅速抓住猎物，然后将口器刺入猎物体内，注入一种特殊的消化液，将猎物“液化”，然后它们再进行吸食。一旦有小动物游过，它便用前足捉住猎物，并很快地用吻刺入猎物的体内。负子蝽可以捕食蚊子的幼虫、蛹等，是我们人类的朋友。

文◎ 杨红珍

高体鳑鲏

高体鳑鲏是鳑鲏亚科中分布最广的种类之一，北京各区都有分布。由于它是经济意义不大的小型鱼种，所以很多北京人不了解这种鱼，有时见到了，也常会以为它是小鲫鱼，因为其体态跟鲫鱼有些相似。仔细观察，高体鳑鲏身体更扁、更高一些，薄薄的腹部近半透明，依稀可以看见里面的内脏。当然，生活在水边的人是一眼就能区别出来的。他们管鲫鱼叫鲫瓜子，而高体鳑鲏和鳑鲏亚科的种类被北京人叫作火烙片儿或火镰片儿。

鳑鲏亚科的种类，体长不过5 ~ 6厘米，个小而体薄，身体呈卵圆形甚至近菱形，称为烙片儿、镰片儿可以理解，为何前面还要加一个“火”字呢？原来，在鳑鲏亚科的这个俗称中，“火”字对应的是体色。红的鱼脸、红的鱼眼、红的鳍梢，所以是火烙片儿。

生态学中有一个一般性的规律：如果环境中存在体色艳丽的物种，那么这个物种生活环境的色彩也是丰富和绚丽的，如热带雨林中的鸟类、热带珊瑚中的鱼类、繁花丛中的蝴蝶等。这一类情形被称为保护色。具有保护色的物种，色彩与环境非常协调、相得益彰、相互衬托。倘若物种体色艳丽，而环境颜色单调、灰暗，则这个物种就很有可能是有毒的物种，这种情形称为警戒色。具有警戒色的物种通过体色突兀于环境中，充分地暴露自己，以警告猎食者不要轻举妄动，否则得不偿失。火烙片儿这鲜红的颜色是警告谁呢？这是第三种情形——警告情敌，诱惑“爱人”。在动物学中，这漂亮的“打扮”称为“婚装”，一般是雄性个体的特色，鳑鲏亚科的也不例外。高体鳑鲏一般生活于江河、湖泊的浅水区，在水草繁茂、水流平缓或是静水的地方活动，身体的颜色是比较暗淡的绿褐色，与环境一致，便于隐蔽和觅食。高体鳑鲏不是凶猛的鱼类，主要以植物碎屑、藻类为食，若形象过于醒目，容易招来杀身之祸，所以平时它们的色彩非常低调。但“生命诚可贵，爱情价更高”，一到繁殖季节，这些被爱情冲昏了头脑的雄鱼，除了那些鲜红的色块，整个身体都洋溢着爱情的光芒，黄绿色、蓝绿色、银白色，闪着金属的光泽，从前到后、从深到浅，从背部、体侧、腹部晕染开来，花枝招展地在雌鱼周边进行各种展示，只为博得“爱人”“那一低头的温柔”。这就是“火烙片儿”这个名字的精髓。

比起此时雄鱼的单纯、莽撞，雌鱼的“心机”就非“常人”可比了。牙齿不锋利，性格不强悍，保护自己全靠“躲”字诀，如何能让更多后代存活是它面临的非常严峻的问题。这个时候雌鱼也有独特的装扮，它的输卵管伸长，在腹部下方形成一条细长的产卵管，随着鱼的游动在水里晃来晃去。一旦选好了心仪的雄鱼，它就去寻找合适的河蚌，趁着河蚌呼吸、蚌壳打开之际，如蜻蜓点水般，用细长的产卵管把鱼卵产在河蚌的瓣鳃和外套腔里，雄鱼趁机排精，于是它们的后代就能在河蚌的硬壳保护下安全孵化。雌鱼“用心良苦”，借别人的优势，弥补自己的不足，以利于后代生存。产在河蚌内的鱼卵，孵化的营养完全来自鱼卵的卵黄囊，不会吸食河蚌的营养，而且它们只占用了蚌内很小的一点空间，基本不影响河蚌的生活。比起那些完全依靠寄主营养的寄生者，这种寄养方式还是比较“仁慈”的。孵出的小鱼会再次利用河蚌蚌壳开合的契机，从里面游出来。强者有强者的方式，弱者也有弱者的办法，各走一道，世界才多姿多彩。

在北京，除了高体鳑鲏，鳑鲏亚科的种类还有彩石鳑鲏、兴凯鱊、大鳍鱊、短须鱊、越南鱊。它们的形态结构虽然略有差异，但还是非常相似；繁殖习性则完全一样，只是雌鱼的产卵管长度略有差异，其中彩石鳑鲏的“婚装”最漂亮。北京人把这些细微的不同全部忽略，一律称它们火烙片儿或火镰片儿——省事儿！

文◎ 杨 静

鳜 鱼

每次说到鳜鱼，就会想到这句经典的词句——“桃花流水鳜鱼肥”。念了那么多年，把美好的意境都念俗气了。因为大多数时候我们都是在看着桌上那盘鲜美的清蒸鳜鱼时，脑海中浮现出这句话，脸上一副馋涎欲滴的表情，实在是俗不可耐，也极大地歪曲了原词的意思。张志和先生在唐朝是这样写的：

西塞山前白鹭飞，桃花流水鳜鱼肥。
青箬笠，绿蓑衣，斜风细雨不须归。

红的白的、青的绿的、高山、河流、桃花、鲜鱼——有这样好的风景，即使斜风细雨，渔翁也“不须归”，好个仙风道骨！这字里行间的意境，仿佛一幅浓淡相宜的古画。宋词虽然是标杆，但在唐朝，张志和先生硬是用教坊间的词牌作了这么一首流传千古的词。“青箬笠，绿蓑衣”，有了中间这一点点停顿，就比读那七言绝句多了些情感。加上他自己本来也是一个山水画家，顺次念出来，也好像是用画笔从上到下把这河边春雨在纸上画下来，真是词句优美、意境高远。可1000多年后，餐桌上的食客们，却生生把它庸俗到只是为了说明，桃花盛开的时候鳜鱼肉质肥美，是最好吃的季节，全然没有了词中的意境。

如若不去寻求古人的诗情画意，只说鳜鱼的鲜美这种俗事，它在淡水鱼的排行榜中，那是数一数二的名贵种类。鳜鱼确实也有一身“名贵的”毛病，吃的、住的都比较挑剔，只住在水质清澈、水草繁茂、水流静缓的地方，只吃活的鱼或者虾，真是身价不同，“派头”也不一般。小环境讲究，鳜鱼对大环境也“讲究”。在地球上，由于千百万年来鳜鱼祖先的演变、分化，现在只分布于我国东部，北至黑龙江，南抵广东。因此鳜鱼不仅是名贵淡水鱼，而且是我国特有名贵淡水鱼。

虽然名贵，也被写入了千古佳句，但鳜鱼的长相却是不能仔细画在画中的。肉食性的鳜鱼，一脸凶相，身体是棕黄色的基底，夹杂不规则、不均匀的黑色斑块，就像一个不修边幅的“莽汉”，怎可跟桃花同框？眼大口大，口中还有利齿，侧面看过去，在高隆的背部衬托下，头部似乎向前延伸，下颌长于上颌，很是贪婪的样子。背鳍和臀鳍都有硬刺，前后鳃盖骨的后缘都有大棘。这种全副武装的狠角色，别的鱼是碰都不敢碰它一下的。所以在张志和先生的画中，鳜鱼一定只是一个意象。

尽管不能入画，但其鲜美的味道，实属淡水鱼中难得的珍品，自然成为学者研究的重点对象。在20世纪80年代我国突破了人工养殖鳜鱼的技术难关，人们开始大量养殖鳜鱼。现在鳜鱼产量颇高，四季均有，已是百姓家常菜，以至于很多年轻人只知道鳜鱼好吃，体会不到它的名贵。

人工养殖很成功，人工捕鱼的技术也很成功。曾经遍布北京水系的鳜鱼，现在已难觅踪迹，被列为北京市二级野生保护动物。如果还要在河边表演青箬笠、绿蓑衣、鳜鱼肥的“默片”，就是违法行为。即使在还未被列为保护动物的地方，上演“桃花流水鳜鱼肥”的情景剧，也请手下留情。因为这时的鳜鱼即将繁衍后代，桌上一盘菜，可能是千百条生命。与自然友善，也是为人类造福。

文◎ 杨 静

汉石桥湿地

在北京市顺义区杨镇和李遂镇交界处，有一片美丽的“大水洼”。这里水质清澈，水网纵横，莲藕满塘，水鸟啼鸣，茂密的芦苇荡和丰富的生物多样性，形成了京郊平原独有的荒野景观，蕴含着纯洁恬静的自然之美。

这片大水洼就是有“京东大芦荡”“京郊小白洋淀”之美誉的汉石桥湿地。据说在唐朝时，在这里的蔡家河上有一座“旱石桥”，意在祈祷不要形成水涝。或许后来人们觉得“旱”字不够文雅，便改称为“汉石桥”了。

汉石桥湿地属于潮白河水系，原来是箭杆河支流蔡家河下游一片天然的低洼地，历史上洪涝灾害严重。1958年，当地政府为防洪修建了汉石桥水库，后来上游河道断流造成水库水位逐年下降，渐渐变成了半干涸的苇塘。直到2003年，顺义区启动了一系列恢复措施，才使汉石桥湿地焕然一新，并且在2005年成立了汉石桥

湿地自然保护区。

大面积生长的芦苇，是汉石桥湿地的标志性特征。早春时节，芦苇就露出宛如笋尖的苗，并迅速地生长，很快就连成一片，像是给湿地铺上了一层彩色的地毯。夏季绿色的芦苇一望无际，生机盎然，每一个“圆锥花序”的小穗上都含有4～7朵小花。秋天金黄色的芦苇随风摇曳，与灰白色的芦花苇絮相映成趣……

此外，汉石桥湿地自然保护区还有多种挺水植物、浮水植物、沉水植物，湿地周边还生长着各种其他植物。紧挨着芦苇生长的荇菜，一簇簇安静地浮在水面上，开出金黄的小花，十分惹人怜爱；因果实外形酷似鸡头而被称为“鸡头米”的芡实，其硕大的叶片上布满了密密麻麻的刺；在角落里静静开放的睡莲，花朵大而艳丽，花瓣重叠，极富美感。湿地里还有茎干挺拔而高大的香蒲、藨草以及其他各种各样

扇尾沙锥

的水草，同浮萍一道，成为池塘里多彩的生命中不可或缺的一员。

茂盛的湿地植物也给动物们提供了良好的栖息地。这里不仅生活着草兔、刺猬等小型哺乳动物，还有丽斑麻蜥、虎斑颈槽蛇等爬行动物，以及大量两栖动物、鱼类和近百种昆虫，而且还是候鸟迁徙路线上的重要停歇地和众多珍稀水鸟的繁殖地。每年春秋季节，湿地中都会迎来一批批远道而来的候鸟，它们在这里休憩、觅食。银鸥在空中展翅翱翔，大天鹅在水上翩翩起舞，苇塘内的大苇莺则奏响了美妙动听的组曲。

俗称为“鹭鸶”的各种鹭类在湿地中最为常见。一身洁白无瑕的白鹭身姿优美、体形修长，头上有着像冠带一样漂亮的羽冠，背部、肩部和前颈着生有像丝线一样随风飘逸的“蓑羽”。苍鹭性情寂静而有耐力，能在水域中纹丝不动地站立几个小时，等待大鱼自投罗网，因而被人们称为“长脖老等”。另一个同样有耐心的物种——黄斑苇鳽常常向上伸直头颈，长时间一动不动地站立，羽色与周围的芦苇丛融为一体，隐藏得非常巧妙。这是它在长期演化过程中练就的一种非常奇妙的模拟环境的本领，称为“拟态”。此外，夜鹭、池鹭等鸟类喜欢在木桩、石头或树枝上栖息，偶尔一飞冲天，掠过水面。

文◎ 李湘涛

花背蟾蜍

苍 鹭

河 蚌

河蚌对于北京人来说，原本并不陌生。从前在北京的什刹海、北海等城区水域公园的水下都可以找到河蚌，更不用说密云水库等大型的湖泊中了。

20世纪80年代初，我刚到北京的时候，常跟同学一起去野浴。那时候海淀一带有不少大大小小的“水泡子”，而且什刹海、玉渊潭等公园里的水域也都是开放的，游泳的人很多。从岸边往水里走，走到水齐胸高的时候，就会在泥里踩到“硌脚”的东西——这就是河蚌了。然后只需扎一猛子，用手一捞，就可以捉到一只河蚌。

北京水域中最常见的河蚌是背角无齿蚌。它有两片大小和形状完全一样的褐色贝壳，呈卵圆形。两个贝壳在背部相连的地方有角质的、富有弹性的韧带，但没有其他一些种类所具有的凹凸不平的铰合齿，所以叫作无齿蚌。

河蚌的身体很柔软，依赖这两扇坚硬的石灰质贝壳来保护。遇到敌害进攻时，闭壳肌便立刻收缩，把贝壳紧紧地关闭起来，正如成语“鹬蚌相争，渔翁得利”所描述的那样。闭壳肌的收缩力很强，从而形成一道难以攻破的“铜墙铁壁”。

事实上，它还有另外一种防御手段，就是当砂粒、寄生虫等异物侵入时，受刺激处的表皮细胞便会以异物为核，陷入外套膜的结缔组织中，一层复一层地把这个核包被起来，形成一个囊体，这就是人们认为十分宝贵的珍珠。不过，河蚌形成的珍珠质量很差，所以很少有人用它来培育珍珠。

河蚌生活在淡水水域底部的泥沙中，行动时先慢慢地张开贝壳，然后轻轻伸出黄白色、像斧头一样的肉质足行走。它的动作非常缓慢，每次只移动2～3厘米的距离。除了能够使其移动身体，斧足还能挖掘泥沙，帮助它钻到泥沙里生活。

河蚌的贝壳里有两个管，出水管在背面，进水管在腹面。背角无齿蚌的呼吸、取食、生殖等，都是通过进出的水流来完成的。它没有头，也没有任何捕食器官，不能主动捕食。原生动物、藻类等食物都是随着水流进入口内的，而水流入口周缘的很多小触手可以过滤掉那些不能吃的东西。

河蚌一般在夏季繁殖。雌雄个体从外表上不易区分。成熟后，雌体的卵巢呈黄色，雄体的精巢为白色。成熟的精子经排水管排出体外，又经进水管流进雌体外瓣鳃的鳃腔中，与雌性排出的卵子相遇，并完成受精过程。雌体会分泌一种黏液粘住受精卵，使其不会被水流冲走，而留在鳃腔中发育，故雌体的鳃腔又被称为育儿囊。

河蚌的幼虫具有双壳，壳的腹缘各生有一个强大的钩，所以也叫钩介幼虫。它凭借腹部中央的一条细长而有黏性的鞭毛丝缠绕在雌体的鳃丝上，直到第二年春天才被排出体外。有趣的是，此时水中恰好出现了准备繁殖的中华鳑鲏鱼。雌鱼用长长的产卵管插入河蚌的进水管产卵，然后雄鱼也在进水管处排放精子。它们的精卵在河蚌的鳃瓣腔受精，并发育成幼苗。同时，河蚌的钩介幼虫则利用这个机会接触了中华鳑鲏鱼，并用它的钩钩在鱼的鳃上或鳍上，然后就寄生在这些地方，吸取鱼的养分。中华鳑鲏鱼的皮肤因受其刺激而异常增厚，形成一个被囊，把幼虫包在皮肤内。这样，再经2～5个星期之后，幼虫完成变态发育，便冲破被囊，落到水底开始底栖生活。

由此可见，钩介幼虫寄生在中华鳑鲏鱼这个过程，对于它们的成长发育十分关键。如果钩介幼虫没有及时钩在鱼的身上，就会落到水底河蚌成体张开的壳中，继续等待中华鳑鲏鱼的到来。那些没有抓住这个机会的钩介幼虫，最终的结果就只有死亡了。

河蚌生长很慢，生长期也比较长，一般在第三年的时候，瓣鳃才开始成熟，再过两年，性器官才成熟。

遗憾的是，由于水体污染等原因，河蚌在京城的大多数水域都见不到了。它与中华鳑鲏鱼绝妙的繁衍过程也渐渐地成了传说。

文◎ 李湘涛

黑斑侧褶蛙

“远处有蛙鸣悠扬，枝头是蝉儿高唱……”一首校园歌曲把我带回了童年的时光。

蛙声是我们儿时听到的最为动人的田园音乐之一。那时，在水田里、池塘边，人们时常可以听到一阵阵此起彼伏的蛙声。

就在几十年前，北京的三环路以外还有不少农田、林子和野地，海淀、丰台、朝阳、大兴、通州等地都遍布着各种湖洼、湿地和大大小小的河流。人们在走路时，不经意间就会有只青蛙蹦出来，吓人一跳。夜深人静，远处的蛙鸣与院内的蛐蛐叫声相互应和，像小夜曲一样消除了人们一天的疲劳，使人们安然入睡。

蛙鸣是雄蛙寻求配偶的呼声，也是雌蛙产卵的前奏。雄蛙的歌声除了召唤异性外，还能引起其他同性的应答，从而形成一片洪亮的繁殖大合唱，比个体的独唱传播得更远。既然是合唱，就不是每只雄性个体各自乱叫，而是有相当复杂的内在规律。

一般要等雄蛙叫了一段时间以后，怀有成熟卵子的雌蛙才闻声而至。雄蛙随即上前，用其由第一指基部局部隆起形成的乳白色婚垫拥抱雌蛙。婚垫上富有腺体和角质刺，这可以使它抱得更紧一些。雄蛙就这样一直紧紧贴在雌蛙背上，等待、期望，它在等什么呢？原来，抱对并不是真正交配，而是起到刺激作用，促进雌蛙排卵。雄蛙能准确地判断雌蛙是否已准备好排卵。当雌蛙排卵后，伏在雌蛙背上的雄蛙就迅速地把精液排在卵上，使精卵在体外结合，完成受精。这种交配过程似乎是充满理性的。

北京最常见的蛙类是黑斑侧褶蛙，也就是人们通常所说的青蛙，北京人喜欢叫它“蛤蟆”。而它的蝌蚪，就被叫作“蛤蟆骨朵”。

黑斑侧褶蛙和很多蛙类一样，繁殖能力很强。这种能力使我们的先民对青蛙产生了敬畏之情，并借助原始想象将腹圆膨大的“蛙”与妇女的“子宫”联系起来，从而创作了数量众多的蛙纹彩陶等艺术作品。彩陶上的蛙纹除了写实的，还有抽象写意的，更有很多是夸张和变形的，至今仍然散发出强烈的艺术魅力。

古人还认为青蛙主水，大旱时便用它来求雨。在我国南方的一些地方，人们年年都要祭祀青蛙，甚至把青蛙铸在铜鼓上，通过敲击铜鼓来请神降雨。

其实，青蛙对人类的益处，最重要的是能够捕食大量田间害虫，成为农作物的卫士。青蛙吃虫既准又快，这得益于其嘴、舌头、眼睛和后腿等部位构造的奇妙。

青蛙的嘴很宽大，能吞比较大的食物。上颌上生有小齿，可以防止食物从嘴里滑脱出去。它的舌根长在下颌前部，能反向翻出嘴外，并分泌出大量黏液粘住猎物，再拉进嘴里。它的眼睛不仅对活动的物体十分敏感，还能将眼球陷入眼眶底部，向下推压口腔顶壁，帮助吞咽食物。

青蛙的后腿十分发达，跳跃时爆发性强、弹跳距离远，能一下子达到身体长度的15倍左右。如此强大的功能，使其成为仿生学研究的热点。将青蛙跳跃运动的规律和机理运用在机器人的设计中，可以使跳跃机器人适应不平或松软的地面，轻松越过数倍甚至数十倍于自身尺寸的障碍物或沟渠，并且具有很好的环境适应性，在抗险救灾、军事侦察、反恐爆破等领域都具有广泛的应用前景，甚至在星际探索中也能够发挥重大作用。

遗憾的是，从前城郊和乡村那一片片青蛙生息的乐园，正在逐渐被都市的蔓延所吞噬，残存的青蛙也被迫成了“井底之蛙”。

让我们行动起来，保护青蛙！

文◎ 李湘涛

黑 鱼

记得很多年前有一本小人书，忘了书名，内容讲的是地主破坏生产队集体财产的事情。那时生产队有一口鱼塘，里面养了很多鱼，是集体财产。可是有一天，有社员发现鱼塘中的鱼少了，于是报告了大队，希望查清原因。大队班子急忙带领群众开展调查。发现鱼没有病死；池塘是封闭的，它也游不到江河中去；派人不分昼夜蹲守，也未见偷偷捕鱼的人。就在这么严密的监视中，鱼塘的鱼还在减少，大家心急如焚。后来生产队终于找来有经验的人，仔细观察鱼塘情况，发现了里面的“凶手”——黑鱼，也就是乌鳢，一种凶猛的、专门吃鱼的鱼。黑鱼是绝对不能与鲤鱼、草鱼、鲫鱼这些素食性鱼类养在一起的，这是养鱼大忌。鱼塘中不应该有黑鱼，一定是有人故意为之。通过追踪这个线索，大家终于找到投放黑鱼的地主，破坏分子受到了制裁，鱼塘的鱼此后再也没有减少了。当时村民们觉得这个地主太狡猾了，他利用黑鱼搞破坏，自己不用亲自动手，如果不是人民群众力量大，就抓不到他和它。同时，也让我记住了黑鱼是一种很厉害的鱼。

如果小人书中的情节有些牵强，那么黑鱼入侵北美可是实实在在的现实。黑鱼是贪吃的猎食者，能吃下体长达自身长度三分之一的猎物，主要包括泥鳅、鲤鱼和鲈鱼等鱼类，以及小龙虾、甲虫、青蛙等，其原产地在中国、俄罗斯和朝鲜半岛。可这几年由于未知原因，黑鱼开始出现在北美的水域中，大肆捕杀那些从来没有跟它交过手的猎物。这使野生动物保护者、生物学家和渔业商人都恐慌不已，他们害怕黑鱼肆无忌惮地捕杀，会引起经济鱼类产量减少，以及其他鱼类种族灭绝。为了消除黑鱼的威胁，美国马里兰州的野生动物保护人员将除草剂和鱼藤酮倒入克罗夫顿的池塘中，欲将所有鱼杀死。直到6条黑鱼和1000多条的幼鱼浮上水面，清除行动才算结束。封闭的池塘可以用这个办法，面对开放的河流及宽广的湖泊，人们就无能为力了。所以美国鱼类和野生动物管理局现在禁止黑鱼及其他鳢科鱼类的进口和跨州运输，并且将所有鳢科鱼类活体的进口都视为非法行为，包括用于水族馆的观赏种类。还要求垂钓者和渔民，必须杀死所有黑鱼，不能放生，并需立即向当地渔猎部门报告。这样对待黑鱼不可谓不严，希望能制止它们在北美的发展。

从生产队的鱼塘到北美广袤的水域，黑鱼的威力可见一斑。除了能打能杀，黑鱼还能忍。它的鱼鳃旁边有一个结构能够辅助呼吸，称为鳃上器，可以直接将空气吸入并进行气体交换。所以曾经有人说，黑鱼在潮湿的地方，哪怕没有水，它也可以活半个月，这是有一定科学依据的。只要身体和鳃部保持湿润，黑鱼就可以通过鳃上器进行呼吸，能存活三四天。所以黑鱼可以通过很浅的水流从一个水域滑到另一个水域。即使运输过程中条件恶劣，它们也能顽强地活下来，这样的鱼“汉子”可不多见。

但如果“铁汉”温柔了，也不是一般鱼能做到的。黑鱼本来是底栖型鱼类，喜欢栖息在水质浑浊、水草丛生的水域或水流缓慢地带，多隐蔽在水草下面或静止的水丛中。当繁殖季节来临，为了后代的生存，即将为鱼“父母”的黑鱼会共同衔取水草或植物碎片构筑鱼巢。育儿巢浮在水面，雌雄个体仰卧产卵和射精。产卵后，雌鱼在卵下（位于巢内），雄鱼则在巢周围，双双巡视以保护鱼卵不受伤害。当幼鱼群孵出后，它们就在幼鱼群下面或附近尾随保护。幼鱼愈小，它们就愈靠近幼鱼，“爱子心切”的温情表露无遗。直到幼鱼阶段的早期，即幼鱼体长大约10厘米左右，开始散群，各自独立生活，黑鱼“父母”才会默默转身，开始下一阶段的生活。

黑鱼在北京野外水域很常见，也有养殖的。它们的身体呈圆棍状，头后有3对延伸的黑色纵纹，体色灰黑，布满大小不一的暗褐色的斑块（与蟒蛇的斑纹近似），在市场上很容易就能将它与其他食用鱼区别开来。

文◎杨 静

鸿 雁

每年春秋两季，人们都能在京郊的天空中看到“雁阵”，有时排成“人”字形，有时又改成“一”字形，这是它们在长途迁徙中采取的有效措施。当飞在前面的头雁的翅膀在空中划过时，翅尖附近就会产生一股微弱的上升气流，排在它后面的大雁就可以依次利用这股气流来节省体力。

大雁的迁徙大多在黄昏或夜晚进行，旅途中经常选择面积较大的水域进行休息，采食草本植物的叶、芽和一些小型的甲壳动物、软体动物等。北京的很多大型水域都是它们的重要驿站。

在民间被称为“大雁”的鸟类，包括鸿雁、豆雁、灰雁等种类繁多的雁类，其中最主要的就是鸿雁。它的喙为黑色，额基与喙之间有一条棕白色细纹，正好将喙和额截然分开。雄鸟上喙的基部有一个疣状突起。

鸿雁身体的羽毛主要为灰褐色，但从头顶到后颈的正中央为暗棕褐色，与颏、喉部的淡棕褐色反差很大，看上去有点“黑白”分明的感觉，所以极易辨认。而且，它的模样与家鹅（非白色品种）的羽色极为相近。很多学者都认为家鹅是第一种被人类驯化的家禽，但关于它的起源地却有埃及说、欧洲说等说法。实际上，我国饲养家鹅的历史很可能比欧洲或古埃及更为悠久。在公元前12世纪前半叶的河南殷墟遗址中就曾发掘出家鹅的玉石雕刻，由此推断当时家鹅的饲养在我国已经比较普遍，所以才有可能成为艺术品描绘的对象。不过，对于家鹅的祖先是哪一种野生鸟类，学者们的看法却比较一致，均认为欧洲的家鹅是由灰雁驯化而成，而我国家鹅的祖先即是鸿雁。

我国古人曾给予鸿雁很高的评价，认为它仁、义、礼、智、信“五常俱全”。“强不欺弱，是所谓仁；生有定偶，不离不弃，是所谓义；排列整齐，长幼有序，是所谓礼；哨雁轮班值守，防雁群遭袭，是所谓智；雁群南迁北飞，应时而动，从不爽期，是所谓信。”千百年来，鸿雁的美好品德一直都被人们赞美和称颂。

事实上，古人赋予鸿雁的意象远远不止“五常”，这在我国与雁相关的成语中体现得更为充分，如鸿雁传书、鸿鹄之志、鸿篇巨制、千里鸿毛、雁过留声等。这些成语有的表现了思念之情，有的表现了宏才大略、志向高远，也有的反映的是道德文化方面的寓意。

在我国古代的诗词歌赋中，鸿雁更是作为一种心情的寄托，被写入无数精彩纷呈的作品之中，如远雁、新雁、孤雁、旅雁、过雁、客雁、归雁、书雁、宾雁、落雁、塞雁、秋雁、春雁、寒雁、南雁、北雁、淮雁、楚雁、哀雁，还有衡阳雁、潇湘雁、沙浦雁等，不胜枚举。其中，鸿雁最经常被赋予的就是能够寄托人们思念之情的信使形象，甚至被作为信件的代称。1921年颁布的我国最早的邮徽“嘉禾飞雁”，就是依据“鸿雁传书”的传说而设计的。

文◎ 李湘涛

黄 蜻

炎炎夏日，蜻蜓也是北京市区内的一道靓丽的风景。艳阳高照的时候，因为它们飞得很高，或者在水草上休息，我们可能不太会注意到它。一旦天气沉闷、快要下雨的时候，蜻蜓就好像突然从哪儿冒出来了，在离地面两米左右的低空飞行，从不停歇，说它们是一架架小型的直升机一点都不为过。它们可以在空中盘旋很久，也可以突然来一个180°的急转弯，而且可以直升直降。难道它们是在比赛飞行技能吗？当然不是啦，它们是在比赛谁捕的蚊子多呢！

蜻蜓有一个灵活转动的大脑袋，还有一对琉璃般的复眼。它的复眼漂亮得使人着迷，大大的眼睛分两种颜色，上部为红色，而下部为蓝青色。仔细观察，复眼内部还有黑色的斑点，更是平添了几分魔幻色彩。

这种蜻蜓名叫黄蜻，属于蜻蜓目蜻科。它有很多俗名，如“黄衣”“黄毛子”等，老北京人叫它“小黄”或者“黄儿”。之所以在雨前低飞，是因为下雨前空气湿度大、气压低，蚊子等小飞虫的翅膀上沾上了水汽，身体变重了，飞不高了。而这些小飞虫正是蜻蜓的美味，所以它们在低空飞来飞去，捕食小飞虫。“蜻蜓高，晒得焦；蜻蜓低，雨迷迷”——黄蜻可是个天气预报员啊！

黄蜻大约是分布最广的一种蜻蜓了，也是北京乃至我国最常见的蜻蜓种类。它们的数量非常多，而且飞行力极强，成群结队漫天飞舞，为我们捕捉害虫。要不是它们，蚊虫将会多么肆虐！不但如此，蜻蜓的幼虫“水虿”在水里生活，专捉蚊子的幼虫“孑孓”，也是捕蚊能手。

因为蜻蜓的幼虫在水中生活，所以，雌雄蜻蜓交配后，雌蜻蜓会把卵产在水中，也就是我们常说的“蜻蜓点水”。稚虫孵化后生活于水中，以水中的浮游生物及水生昆虫的幼体为食。黄蜻的卵和幼虫对水质要求不是很高，所以它们几乎在任何淡水水域都可以产卵，这可能也是它们分布广泛的一个原因吧。

北京常见的蜻蜓还有巨圆臀大蜓、北京大蜓、长痣绿蜓、红蜻、竣蜓、马奇异春蜓、联纹小叶春蜓、碧伟蜓等十几种。巨圆臀大蜓也叫大蜻蜓，是我国最大的蜻蜓种类，也是世界上最大的种类之一。北京大蜓是北京特有的蜻蜓，体长7厘米，仅次于巨圆臀大蜓。红蜻全身通红，飞起来的时候翅膀舞动着，就像一只火红的小辣椒在空中跳舞，极为好看。老北京话将蜻蜓统称“蚂螂”，又根据身体颜色、大小等特点将蜻蜓分为“老刚”“老紫”“老膏药”“红秦椒”“灰儿”“黑老婆”“黄儿”等。

文◎ 杨红珍

碧伟蜓

联纹小叶春蜓

红 蜻

黄颡鱼

听到黄颡鱼这个名字，北京人会觉得比较生疏，它既无皇城的大气高雅，也没有胡同的质朴亲切，念起来还不朗朗上口，感觉这个名字不太对北京人的胃口。是北京人不熟悉这种鱼吗？非也。其实北京人还是比较熟悉它的，只是对它的称呼不一样罢了。北京人给这种鱼起了一个脆生生的名字，叫“嘎鱼”。这名字的发音，就透着一股子利落、脆生的劲儿，说着这两个字，就能想象到北京的大叔大妈那个热心、干脆的劲头。虽然名为嘎鱼，但可不是指这种鱼有北京人说的那种“嘎”劲，而是当遇到危险挣扎或是繁殖季节争抢配偶的时候，黄颡鱼的肩带（相当于人类的肩部）中的几块骨头就会相互摩擦，发出“嘎吱嘎吱”的声音。可以想象一下当初那个“命名人”第一次抓到这种鱼的情景，鱼儿滑溜溜的身体迫使他抓鱼的手越握越紧，鱼也就挣扎得愈发厉害，嘎吱嘎吱地“叫”个不停，嘎鱼这个名称由此诞生。

黄颡鱼除了叫嘎鱼，还有很多各式各样的名称，也许是鱼类中别名最多的种类。仅“百度百科”的相应词条中列出的别名就有30种，包括刚针、昂公鱼、黄腊丁、嘎牙子等。此外，还有词条中没写的革牙、鞅颡、黄颊鱼、鲿等，这些名字稀奇古怪、乱七八糟，怎么回事呢？看起来很复杂，其实是有道理的，说明这种鱼分布广泛。在我国辽阔的版图上，从南到北、从东到西，纵横交错的河流、湖泊中，都有这种鱼。每个不同的地区，这种鱼都有一个特有的名字，所以才会出现这么多的别称。仔细分辨那些没由头的名字，想想天南地北、形形色色的方言，对这些名称应该有了一点点感觉。如果用当地最地道的方言说出来，那几个古怪的汉字组合就充满了情意和趣味，就会非常合情合理了。仅仅使用普通话的音标，当然就显得生分、怪异。其实在满是普通话的大都市里，标准的语音只是交流的工具，唯有那莫名婉转起伏的腔调，才是骨子里的乡情。比如用长沙话说是“黄鸭叫”，用苏州话说是“昂刺鱼”，能听明白的人心里自然别有一番温暖和亲切。

黄颡鱼的这些名字都是书上能够找到的，其实还有一些书上找不到了，没有学者去那些地方采集、统计，那些口头流传的名字就不太可能被记在书上。比如在我的老家，当地人叫它“角角鱼”，是我们的方言，不念“jiǎo”,也不念“jué”，而念“guó”，取“角”字中角落的意思，表示这种鱼总是躲在水里的边边角角，不会在水体中央活动。由于它善于躲藏，不容易抓到，所以在集市上只会偶尔看到。往往只有几条，被捕鱼人用草穿成一串，提着或挂在扁担一头售卖。因此当有人看见熟人买了这种鱼，总是会说：“哟，今天你家吃角角鱼啊。”这乡音乡情写出来是一句普通的话，可当地人知道里面的含义。在朴实的乡里人说来，那意思里有些羡慕，但更多的是一句赞扬式的寒暄。毕竟这种鱼比较稀罕，也比较贵，在物品和金钱不够富足的时代，家里能吃上这种鱼，是有点小小的奢侈。

黄颡鱼这些奇奇怪怪的名称，核心还是围绕其外观特征的。比如黄腊丁，说的是其黄颜色的体表，但又不是纯黄，而是有点肥腊肉的质感，“丁”是小的意思，黄颡鱼体长一般只有10厘米左右。又如三枪鱼是指其两个胸鳍和背鳍都有硬刺，一共三根，所以称为三枪。这些硬刺的边缘有锯齿，刺尖带毒，人若被刺中，伤口处会剧痛红肿，但通常不会危及性命。黄颡鱼体被黏液，光滑无鳞，有四对发达的口角须，通过这些特征，大概能够猜出给它取名毛泥鳅的原因了。在生物学上，黄颡鱼属于鲶形目鲿科，是我国常见的种类，喜欢在静水或缓流中活动，适应能力很强，白天潜伏在水底，夜晚出来活动觅食。如果去怀柔、密云，有可能在野外见到它们的踪迹。如果是在市场上见到，那就是人工养殖的产品了。

文◎ 杨 静

灰鹤

鹤体形秀美，姿态娴雅，气宇轩昂，静则亭亭玉立，动则缓步轻移，飞则直冲云天，因而自古以来就深受人们的喜爱。我国的鹤文化大约萌芽于3000年前。藏于故宫博物院的莲鹤方壶是我国最早的鹤造型青铜器。随着东汉末年道教的产生，鹤被蒙上了一层神秘的色彩，名字也被神化为“仙鹤”。唐宋时期文坛画苑鹤艺术的繁荣，以及隐逸之士与鹤的结缘，则使鹤文化日趋多元化，更为后人留下了不少千古佳话。

鹤总共有15种，我国有9种。古人歌颂的“仙鹤”一般是指“低头乍恐丹砂落，晒翅常疑白雪消”（白居易《池鹤》）的丹顶鹤。

在北京方言中，“仙鹤”被叫作“仙毫”。作为明清两代的皇城，北京处于我国传统鹤文化的中心地带，精美的铜鹤是紫禁城帝王殿堂上的神物，仙鹤图案也是景山万春亭等皇家园林亭阁的吉祥物。即使在民间，各种以仙鹤为题的绘画、刺绣、服饰、雕塑等也随处可见。“铁公鸡，瓷仙毫，玻璃耗子琉璃猫”——这是老北京挖苦一毛不拔的人的一首歌谣。

北京野外有过记录的鹤类有5种，但丹顶鹤、白枕鹤、白头鹤和蓑羽鹤都是难得一见的旅鸟。因此，真正属于北京的鹤只有灰鹤。它的形态跟丹顶鹤几乎没什么区别，头顶也有由裸露皮肤形成的“鹤顶红”，只是全身的羽毛大部分为灰色及稀疏的黑色发状短羽，颈部前后都是灰黑色，左右两侧各有一条灰白色的纵带，并在后颈会合在一起，呈倒“人”字形。

灰鹤是唯一在北京越冬的鹤类，目前已发现的主要越冬地有3个，即位于官厅水库附近的延庆野鸭湖湿地自然保护区、密云水库北岸的燕落－不老屯一带和怀柔水库。其中，野鸭湖和密云水库附近每年都有稳定的越冬种群，数量近年来均保持在200只左右。此外还有其他一些地点，但只是零星分布。

有趣的是，在天安门东侧的太庙（劳动人民文化宫）内有一个灰鹤院，据说从前每年都有大群灰鹤来到这里，在树上停歇。这显然是个误会。灰鹤是生活于湿地和开阔地带的鸟类，并不在树上栖息。在我国传统的“松鹤图”中将寓意长青不老的松、鹤画在一起，从科学的角度衡量，也是错误的。因此，太庙中如果出现“灰鹤”的话，很可能是夜鹭、苍鹭之类的树栖鸟类。

北京是灰鹤越冬地的最北限，每年最早在10月中旬出现，于翌年4月上旬全部离开。在此期间，灰鹤的活动地点主要为玉米地、沼泽草甸、水库冰面和草场等，它们尤其喜欢在玉米地中觅食。

灰鹤是目前世界上数量最多、分布最广的一种鹤类。同其他鹤类一样，灰鹤的气管很长，像大号一样盘卷在胸腔里。鸣叫时，它们通常喙尖朝上，昂起头颈，仰向天空，双翅耸立，引吭高歌，发出“呵呵呵”的嘹亮声音，正所谓“鹤鸣于九皋，声闻于野”（《诗经·小雅·鹤鸣》）。

灰鹤的鸣声更重要的是作为求婚舞蹈的伴奏曲。它们是出色的舞蹈家，舞蹈大多是一系列动作的连续变换，或伸颈扬头，或曲膝弯腰，或原地踏步，或跳跃空中，有时还会叼起小石子或小树枝抛向空中。不过，灰鹤精彩绝伦的求偶鸣唱和舞蹈只有在它们的繁殖地才能看到。

文◎ 李湘涛

鲤 鱼

中国文化源远流长、丰富多彩，其中有不少与鱼有关的习俗、传说、绘画、雕塑、陶瓷等保留至今。从半坡遗址的鱼纹陶罐，到清代的彩粉青花；从神话里的妖精，到生活中节日的祝福——可以说鱼文化的传播不仅久远还很普及。因为鲤鱼分布广泛，最为常见，捕捞、养殖的年代也很悠久，所以人们对它最熟悉，鲤鱼也因此成为鱼文化中的翘楚。

在我国一年中最隆重的节日——春节，鲤鱼是喜庆和幸福的象征。大多数人家贴的窗花、年画上都有鲤鱼的形象，它们仰着鱼头、翘起鱼尾，常常是双鱼环抱一个“福”字，莲花修饰周边。这些图案都取鱼的谐音，寓意“年年有余（鱼）”“吉庆有余（鱼）”等。

如果要给孩子们讲故事，“鲤鱼跳龙门”就是集神话、励志、祝福于一体的传统经典。虽然神话中的鲤鱼有金黄色的鱼须、鱼鳍和红艳艳的鱼鳞，基本具有了神龙的形态，但它毕竟是地上河流中一尾普通的凡鱼，哪能跟呼风唤雨、腾云驾雾的神龙相比？可总有一些敢于尝试、不怕挫折的小鱼为梦想拼搏，通过一次次的努力，最后随着水波的推动跃过龙门，跳上云端，经过火烧鱼尾的考验，变身成为金光闪闪的巨龙，从此进入仙班。大人以此告诉孩子要有理想、有毅力，还要努力拼搏，并祝愿他们实现自己的理想。这个故事通俗亲切、情节感人，于是流传至今。

除了神话里的通俗、剪纸中的大雅，鲤鱼的故事里也有文艺和浪漫的情调，最著名的莫过于宋朝秦观的词："驿寄梅花，鱼传尺素。砌成此恨无重数。"看着满载情谊的"梅花"和"尺素"，更感亲友的遥不可及，反而加重了他哀怨和孤寂的痛苦。何以有鱼传尺素的说法呢？原来，古时候人们的书信常常会写在一张长约一尺的白色绢帛上，所以称为尺素。诗词中的鲤鱼，指的是鲤鱼形状的信函。寄信人把写好的绢书放进一个雕刻有鲤鱼花纹的信夹中，用绳子系上，便于邮差携带。收到信函时，打开信夹，好似从鱼腹中取出书信，所以南朝的王僧孺曾在诗中写道："尺素在鱼肠，寸心凭雁足。"民歌则更加生动，会开玩笑说"呼儿烹鲤鱼"。典故出自汉乐府民歌《饮马长城窟行》："客从远方来，遗我双鲤鱼。呼儿烹鲤鱼，中有尺素书。"

如此亲民的鲤鱼，在大唐时代还曾是至高无上的权力的象征。因为唐代是李家的天下，"李"与"鲤"同音，为了避讳，鲤鱼不可再叫鲤鱼，而是称为赤鲜公。同时把它尊为国鱼，不可以采捕，即使不小心抓到，必须立即放回水中，否则就要受到60杖的惩罚。以至于很多养殖鲤鱼的渔民只能转而养殖其他鱼类，所以后来的四大家鱼是"青草鲢鳙"，鲤鱼反而不在其中。这些还是对民间生活的影响，而在当时朝廷，硬是将沿用多个朝代、代表军权的虎符，换成了鱼符，体现了鲤鱼在李家王朝的尊贵。皇帝若是要某位将军出征打仗，就把自己手中的一半鱼符与指令交给传令官，只要传令官的鱼符与将军手中的那一半吻合，将军就必须马上带兵出征。如果只是把一般的官符换成鲤鱼的形状，还可以接受，但把象征威武雄师的虎符换成鱼符，足见李家王朝为千秋万代能够永坐江山之用心良苦。

鲤鱼承载了那么多的文化意义，成了文章中可以信手拈来的素材。而在自然界，完全野生的鲤鱼已经很少了，比如在我们的母亲河——黄河，传说中鲤鱼跳龙门的地方，现在是千金难求黄河鲤。北京的河流中，都曾经有很多野生鲤鱼，但现在即使能够看到，也多是逃逸到野外水体的人工养殖的鲤鱼了。

文◎ 杨 静

莲花池

提到莲花，每个人都会想起北宋周敦颐的那篇脍炙人口的《爱莲说》:“予独爱莲之出淤泥而不染，濯清涟而不妖，中通外直，不蔓不枝，香远溢清，亭亭净植，可远观而不可亵玩焉。”

莲花就是荷花，一种多年生水生植物。古往今来，它都是文人墨客吟咏绘画的主要题材之一，人们还用“芙蕖”“芙蓉”“菡萏”等美丽的词汇来作为莲花的别称。

莲花在每年6 ~ 9月开放，花单生于花梗顶端，花瓣多数，嵌生在花托内，有红、粉红、白、紫等颜色，有些品种还有彩纹、镶边等，婀娜多姿，异彩纷呈。事实上，被人们喜爱的不只是花朵，几乎是植株的各个部分，如被称为“莲藕”的长而肥厚的地下茎，被称为“莲蓬”的圆锥形果实，被称为“莲子”的卵圆形种子，以及被称为“莲叶”的大型叶片，等等。

早在西周时期，我们的祖先就开始对莲花进行栽培。现在，种植莲花的湖泊池塘在华夏大地上已经是星罗棋布、数不胜数。就拿北京来说，颐和园、北海、景山、陶然亭、团结湖等处都有大片的莲花，但北京西站旁的莲花池公园更能体现出莲花的率真神韵。

北京民谚有“先有莲花池，后有北京城”的说法，可见莲花池是孕育北京这座城市的“摇篮”。莲花池是由永定河的冲击和改道所形成的若干湖泊之一，春秋战国时的蓟城就曾建在当今莲花池的东侧。而第一个在北京建都的皇帝金世宗完颜亮从黑龙江上京迁都至此的理由之一，就是他在寒冷的上京所种植的200株莲花无一成活。当然，这也可能是他为了迁都而制造的舆论，但迁都之后他果然下令在当时的西湖（即今莲花池）栽种了大量荷花，足以证明完颜亮真的是一个爱莲之人！可能从那时起，这片水域就被称为莲花池，并一直沿用至今。

夏日的莲花池公园的确是“接天莲叶无穷碧，映日荷花别样红”。莲叶上的晶莹水珠明亮柔润，亭亭玉立的莲花风情万种，沁人心脾的幽香更是令人陶醉。

莲花池公园内当然不仅有荷花，还有丁香、海棠、石榴、洋槐、银杏、玉兰、白蜡等树木。再加上园内小山丘上生长的桧柏、白皮松、油松、雪松、华山松、樟子松等苍松翠柏，更显得郁郁葱葱。

莲花覆盖的宽阔水域更是各种动物的天堂。“小荷才露尖尖角，早有蜻蜓立上头。”而水龟、青蛙、翠鸟、夜鹭和成群的野鸭，更使人们在沿湖岸信步而行时感受到一派和谐的自然景象。

文◎ 李湘涛

绿头鸭

“春江水暖鸭先知”是北宋大诗人苏东坡的题画诗《惠崇春江晚景》中最为脍炙人口的一句，不仅以隽永的诗句描绘了绚丽的春光，同时也含蓄地刻画了成群的鸭子在水中游弋觅食的生动情景。

诗人所说的鸭子应该是家鸭，但是，现在在京城中人们更容易看到的却是野鸭，也就是绿头鸭。随着环境的改善和人们保护动物意识的提高，野生的绿头鸭在京城各处水域中已经越来越多，给广大市民带来了许多乐趣。

近年来，到公园去晨练、闲逛的居民都会顺便看望一下平静湖面上那一只只可爱的野鸭。尤其到了夏天，大野鸭身后常有七八只小鸭，一只紧跟一只地排成了竖写的“一”字形队伍。有时前边的大野鸭一转身，突然向另一方向游去，后边小鸭的队形立刻就乱了，但很快，它们就又组成了新的队形。这让人们在忍俊不禁的同时，又会惊讶地感叹，鸭子居然也有这么严格的纪律，行动起来能和训练有素的军队一样整齐。

有时，爬上岸的野鸭还会横穿马路。它们大摇大摆，旁若无人。倒是过往的行人们都停住了脚步，为它让路。待它们摇摇摆摆走过去之后很久，大家仍然会饶有兴致地说起与野鸭在路上的偶遇。

绿头鸭是著名的北京鸭等家鸭的祖先。它的长相也跟绿头的家鸭很相似。雄鸟绿色的头颈部具有金属光泽，颈的基部还有一个白色的颈环，灰褐色的双翅上各有一块闪烁着紫蓝色金属光泽的“翼镜”，其前后缘还各有一条黑色窄纹和白色宽边。雌鸟的体羽为黑褐色，杂有棕白色“V”形斑，也具有跟雄鸟类似的紫蓝色翼镜。

有趣的是，绿头鸭雄鸟的求偶炫耀与正常的梳理羽毛的动作很相似，其喙沿着部分抬起的翅膀下侧做梳理羽毛状，并发出叫声，同时把喙指向鲜艳醒目的翼镜。显然，这种求偶炫耀行为就是由梳理羽毛的原始动作演变而来的，所以又叫“假梳理”。

此外，绿头鸭还有“方言”。生活在大城市的个体叫声短促而嘹亮，生活在农村的个体叫声则类似人的“咯咯”笑声，平静而悠长。这是因为在噪声很大的城市中，它们必须不断发出大而短促的叫声，彼此之间才能交流。事实上，好多种鸟类生活在城市的个体叫声都与生活在农村的个体叫声有区别。

2015年年底，世界上发生了两件与绿头鸭有关的事件。圣诞节那天，在德国有一只绿头鸭不幸遭飞镖穿喉，那枚飞镖两周后才被兽医取出，但它仍然顽强地活了下来。然而这个生命奇迹却没能在另一个事件中重演。同年12月17日，我国海军东海舰队一架飞机在训练中与一只绿头鸭发生了“鸟撞”事故，但人们似乎都在为飞机的坠毁而遗憾，却不理会一个鲜活生命的意外终结。

绿头鸭从前是北京的旅鸟。20世纪90年代后，它们开始在什刹海一带繁衍后代，成为北京的留鸟。在今天的京城内，陶然亭、龙潭湖、北海、莲花池、柳荫公园、紫竹院、玉渊潭、圆明园、颐和园等水面宽阔的公园都已成了人们欣赏绿头鸭的好去处。

文◎ 李湘涛

马口鱼

桃花鱼是马口鱼的俗称之一，这个名字令人产生许多联想。桃花，就是漂亮，就是乡土；就是春光明媚，就是桃红李白；就是温暖，就是快乐。所以一说到这个名字，人们一定会想到和暖的天气，郊外小溪潺潺，水清草绿，会有蝶儿飞，会有花儿香。

春天是生机盎然的季节，是动物求偶、繁育后代的季节。草原上，有狮子、羚羊为爱打斗；山林中，有鸟儿为爱高歌；水里的桃花鱼，也努力打扮自己，一定要把自己装扮得比桃花还要美艳，以博得爱鱼眷顾、托付此季。这时候桃花鱼中的“小伙”“大叔”都穿上漂亮的“婚装”，灰蓝色的后背笔直，银光闪闪的腹部上下方是成对的亮丽的橘黄色胸鳍和腹鳍，蓝黑色的小斑点，如同少女喜欢的波点一样，装扮在背鳍和臀鳍。最具画面感的是体侧排布着不均匀的鲜艳的蓝绿色条纹，腹下还有1～4根延长的臀鳍，游动起来，好像飘逸的裙带，妩媚得很。除了这种强烈的视觉冲击，这个季节的桃花鱼雄鱼，还会在头部、吻部、胸鳍和臀鳍上长出许多突起的粒状“珠星”。当它们以美丽的身姿环绕、追逐自己的“爱人”，并赢得“爱人”驻足的时候，它们就会迫不及待地靠过去，轻抚“爱人”的身体。这些珠星不仅漂亮，还会增加爱抚的感觉，这样的用心能不赢得“爱人”的青睐吗？暗暗寻思，桃花鱼应该也有桃花运的含义吧。

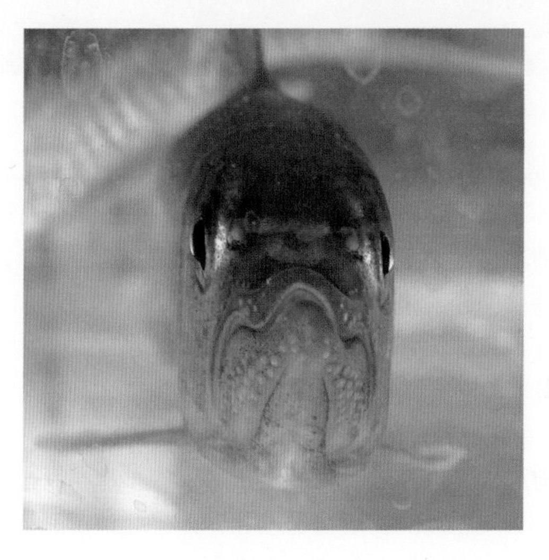

马口鱼隶属鲤形目鲤科。在北京山区的溪流中，都曾有桃花鱼的分布，像怀柔、密云，尤其是房山，从张坊镇沿着拒马河逆流而上，寻找水流较急、没有游乐设施的地方，在这样的河段里，就可能有桃花鱼生活。相比二三十年前，这种鱼数量已经很少了。北京和全国所有开发旅游的地方是一样的，人多了，其他的自然之子就少了。虽然春暖花开的季节是桃花鱼最活跃的季节，但见到它们可能还是需要一些运气，好比桃花运。

文◎ 杨 静

麦穗鱼

麦穗鱼可能是现在北京最常见而又最不被重视的野生鱼。无论是北海、积水潭，还是龙潭湖、永定门外护城河，更不用说郊外的潮白河、官厅水库等，基本上北京地区的水域都有麦穗鱼生活。只是它们极为普通，又瘦又小，所以不能引起人们的重视。当很多体型较大的鱼被过度捕捞或因为环境改变难以生存的时候，它们留下的空间便为麦穗鱼的发展提供了机会，以至于麦穗鱼现已成为北京野生鱼类分布最广、渔获量最多的种类。

只要说到麦穗鱼，我总会想起后海边上，小孩趴在岸边看水中小鱼的情景。前些年后海还没有那么多的酒吧、餐馆，所以总有很多住在附近的大人小孩在那里散步游玩，多是在天气和暖、岸边树枝随风摆动、水也清澈的季节。小孩边走边玩的时候，常会一眼瞥见平静的水面下轻轻晃动的小鱼的身影。“看，那么多小鱼！”当小孩这样说时，大人总是有些疑惑地走近岸边，高大的身影投影在水中，惊了那些小鱼。它们慌忙游向湖水的中央，激起一圈圈小小的水纹。于是大人惊讶于孩子的敏锐，也静静伫立等待那群游走的小鱼再回来。不出意料，这些游走的小鱼一会儿就又回到靠近岸边的树荫下。它们就是麦穗鱼。

麦穗鱼得名，有人说是因其大小如同一枝麦穗，也有人说是因为有麦子的地方，就有这种鱼，所以称为麦穗鱼。不管哪种缘由，都说出了麦穗鱼的特点。由于它们喜欢在水草丛生的浅水水域活动，并以浮游动物、水生昆虫、藻类等为食，常

在水的中上层停留，所以人们会在河边、湖边、水库边有水草的地方看见它们。但实际上，从阳光下泛起细细波纹的水面上方，是不容易发现它们的。麦穗鱼虽是模样最普通、体色最朴素的鱼，但也具备了最简单的保护色。它的身体只有两种颜色，背部黑灰色，腹部银白色，比较单调。如果在它们的生活环境中，从水面的上方往下看它的背部，这个颜色正好与日光下水的颜色融为一体；若从它们身体的下方向上看，那银白色的腹部就与耀眼的日光相互辉映，白茫茫一片，难以辨识出它们小小的轮廓。这样一种看似漫不经心的、无意于美丽和绚烂的颜色，却能够实实在在地保护它们躲过生存中很多大大小小的危险。

还有很多生活在淡水中的鱼，它们的身体颜色基本也是这样：黑灰色的背部、银白色的腹部。类似的环境，就有类似的生存策略。凶猛的擅长捕食，弱小的擅长藏匿，这是大自然的法则。它们融进自然中，与流淌的溪水、细弱的水草、光滑的卵石，还有蓝天、阳光融在一起，它们追逐嬉闹、它们捕食繁衍。它们是自然的主人，也是自然的过客，相互依存，直至天荒地老。

所以每一种自然的生灵看似简单和朴素的生活，其实都经过了千百万年的磨砺，有着它们特有的与自然沟通和保持和谐的能力。

文◎ 杨 静

密云水库

在燕山北部山地，有发源于此的两条宛如飘带般的河流——潮河和白河。潮河因其“水性猛，时作响如潮”而得名，白河则因“两岸沙白，寸草不生”而得名。两河在密云区西南的河漕村汇合成潮白河后，由于河床宽而浅，河道在两岸沙滩间迂曲摆动，极不稳定，所以又被当地老百姓称为“逍遥河”。千百年来，河水泛滥，洪涝灾害频仍。为此，1958年政府调集民工20多万人和万余名人民解放军，经过两年的艰苦奋战，建成了密云水库这座具有防洪、灌溉、供水、发电等功能的大型水利工程。

密云水库就像一颗璀璨的明珠，镶嵌在燕山群峰之中。辽阔的湖面上，碧波粼粼，在晨风里微微地泛着金色的光芒。在水库的周围和上游河道两侧为水源保护区，植被分布以森林为主，有人工林和天然次生林。人工林主要有油松、侧柏、刺槐和华北落叶松，还有部分经济林，如板栗、苹果和杏树等；天然次生林主要为山杨、蒙古栎和椴树为主的阔叶混交杂木林，侧重于涵养水源、保持水土、改善水质和美化环境等功能。近几年随着水库水位不断下降，水库消落区裸露的大片土地中，有一部分种植了水土保持草种紫花苜蓿，剩余的大部分让当地农民有序种植了玉米等农作物。

密云水库中有很多浮游动物，包括原生动物、轮虫、枝角类和桡足类；浮游植物主要有硅藻、蓝藻等。水库中的底栖生物主要有摇蚊幼虫、环节动物、软体动物3大类。其中摇蚊幼虫和环节动物中的寡毛类为优势类群，而螺、蚌类等软体动物则随着水库生态环境的改变出现了逐渐衰退的现象。这些生物中的大多数都有着重要的生态价值，特别是寡毛类和摇蚊幼虫，可作为鱼类的饵料。

密云水库以特产“水库鱼”而著称。为了消除网箱养鱼对水库富营养化的影响，2003年年初，有关部门做出了全面取消网箱养鱼的决定，对密云水库的水质保护起到了极大的作用。目前，鲢鱼、鳙鱼作为人工增殖放流的主要品种被广泛应用于水体净化，这也使密云水库形成了以鲢鱼、鳙鱼为主要优势种群的鱼类群落结构特征。此外，水库中的主要鱼类还有鲤鱼、鲫鱼、戴氏红鲌、团头鲂、草鱼、鲹条和池沼公鱼等。其中，鲢鱼、鳙鱼主要分布在水体中上层，而鲤鱼、鲫鱼、团头鲂和草鱼主要分布在水体中下层，戴氏红鲌、鲹条和池沼公鱼等分布在上层。

密云水库北岸的燕落－不老屯地区是水草大面积丛生的沼泽湿地，农田以种植玉米、高粱、黄豆等农作物为主。在此栖息的鸟类近百种，其中东方白鹳、黑鹳、白鹤、白头鹤、大鸨、白尾海雕和金雕为国家一级保护动物，大天鹅、小天鹅、白额雁、鸳鸯、白枕鹤、灰鹤、白琵鹭、黑耳鸢、短趾雕、白尾鹞、普通鵟、大鵟、毛脚鵟、黄爪隼、红隼、灰背隼、猎隼、游隼等为国家二级保护动物。在这里不仅能看到北京分布的大多数鹤类，而且其中白枕鹤的停歇种群数量的最高记录为1020只，令人惊叹！

文◎ 李湘涛

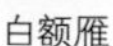

白额雁

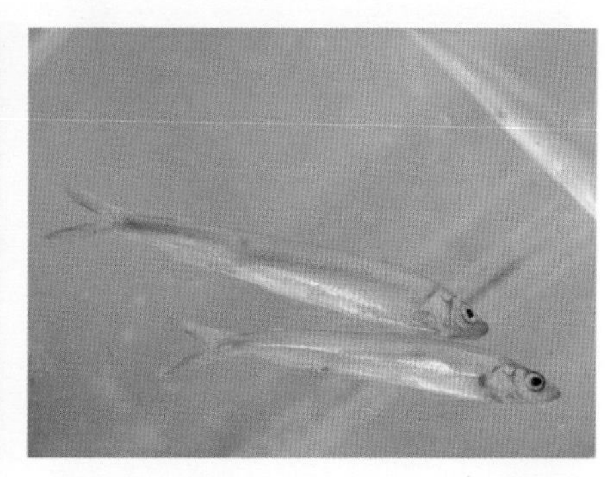

池沼公鱼

斑头雁

白枕鹤

南海子麋鹿苑

麋鹿因“四不像”的特征而闻名于世。它“蹄似牛非牛，头似马非马，尾似驴非驴，角似鹿非鹿”，不仅体形独特，而且身世也极富传奇色彩——戏剧性的发现，悲剧性的盗运，乱世中的流离，传奇般的回归等。因此麋鹿在世界动物历史上占有极特殊的一页。

麋鹿喜水，北宋陆佃的《埤雅》中就有“麋水兽也，青黑色，肉蹄，一牡能乘十牝”的记载。麋鹿在我国曾广泛分布，但由于人类的猎捕，以及平原沼泽地带被大量垦辟为农田，它们丧失了容身之所，成为我国平原地区最早的生态灾难的牺牲者。清朝时，只有北京南海子皇家苑囿内还存在一部分人工驯养的群体。

南海子历史上是北京最大的湿地，也是辽、金、元、明、清五朝皇家猎场和明、清两朝皇家苑囿，“南囿秋风”在明朝时与“西山晴雪”一起，被列入“燕京十景”。“南海子”一名也始于明朝，因为位于皇城之南，与北面的后海、什刹海相对而得名。

1894年，永定河发大水，冲垮了皇家猎苑的围栏，造成许多麋鹿逃散。1900年八国联军入侵北京，又使皇家苑囿中的麋鹿全部在战乱中消失。

直到1985年8月24日，20只麋鹿（雄性5只、雌性15只）从英国乌邦寺回归我国，麋鹿才结束了在乱世中漂泊海外的历史，终于回到了故乡。

在自然保护事业中，“再引入”是指把一个在原分布范围内已经消失的物种重新引回原产地，并努力恢复其自然种群的行动，是保护濒危物种的一个重要手段。麋鹿的再引入工作首先选择的地点就是北京南海子，因为这里曾是我国麋鹿最后消失的地方，而将一个物种如此准确地引入它的原产地，在世界再引入工作中也是独一无二的。

麋鹿苑的自然环境以面积较大的湖泊和乔木林为主，苑内有植物近200种：水域中的植被主要是垂柳、芦苇、荷花、狭叶香蒲、黑三棱等，林地中优势乔木种类为加拿大杨、毛白杨、柳树和国槐等，灌木丛以火炬树、蔷薇、金银木、紫穗槐、山桃为主，优势草本植物有紫花苜蓿、牛筋草、画眉草、马唐和狗尾草等。除小型哺乳动物、两栖动物和爬行动物外，这里的鸟类物种也非常丰富，特别是各种水鸟和林鸟，堪称鸟类的天堂，因此也被选为首批“北京十佳生态旅游观鸟地”之一。

在过去的几十年中，南海子麋鹿苑及其周边的生态环境不断改善，特别是南海子郊野公园建成开放后，碧水环绕、绿荫环抱、芳草萋萋，已成为北京市民举家郊游、赏景踏青的重要绿色生态与文化景观。

南海子郊野公园在自然植被的基础上，又种植了大量的银杏、油松、悬铃木、榆树等高大树木，以及玉兰、樱花、木芙蓉等观赏花木。人们可以沿着盘阶甬路，感受林的幽静；也可以通过水面上蜿蜒的木栈道，在芦苇、菖蒲、睡莲间穿行，体验水的灵动；还可以登上西北侧丛林中的观鹿台，向北眺望那群悠闲的麋鹿。它们在水泽中神态自若，有时优哉游哉地吃草，有时相互嬉戏挑逗，还不时地发出呦呦鹿鸣……

文◎ 李湘涛

白骨顶

麋鹿

泥 鳅

说到泥鳅，脑海中首先浮现的是那首由侯德健先生创作的台湾民谣《捉泥鳅》。“池塘里水满了，雨也停了，田边的稀泥里到处是泥鳅”——如果是孩童来唱，则声音甜美而又童趣盎然，令人联想到田园风光；但在一些歌手略带低沉和沙哑的声音中，就流露出乡愁、体现出对过去的回忆。不过泥鳅在歌谣中只是用于抒情的意象，没有任何生物学特点，如果换成抓小鱼、捕蜻蜓，好像也没有大碍。可能在侯德健先生儿时的记忆中，村里抓泥鳅的场景更让他刻骨铭心。只是这首旋律简单、言辞朴实的歌谣，让泥鳅成了纯洁、温情、乡情、田园的形象代表。

泥鳅实实在在是一种最乡土的鱼类。泥鳅一般生活在静水的池塘、农田里，平常潜伏在淤泥中躲避天敌，在水底淤泥中钻来钻去。它的身体呈圆筒状，浑身布满黏液，既保护皮肤不受细菌病毒的伤害，还起到很好的润滑作用，有利于它们在淤泥中的活动。因此直接用双手去抓滑溜溜的泥鳅，几乎是不可能的。有句俗语

叫“滑得像泥鳅”，意思是指一个人很狡猾，一般抓不住他的过错，只能眼睁睁看着他躲过处罚。

泥鳅隶属于鲤形目鳅科花鳅亚科泥鳅属。它的身体细长，呈圆筒状，只有十几厘米，而且头小、口小、眼小。泥鳅嘴角有须，体背部及两侧灰黑色，全体有许多小的黑斑点，尾柄基部有一明显的黑斑。

泥鳅广泛分布于亚洲沿海的中国、日本、朝鲜、俄罗斯及印度等地。在北京，曾经有几十万亩的稻田，那里是泥鳅的乐园。现在北京城内外一些池塘、沟渠中也可以找到泥鳅，不过数量已经不多了。市场上销售的基本是人们养殖的泥鳅，“捉泥鳅”这个场景在北京是不大可能出现了。

文◎ 杨 静

日本沼虾

说到虾，“吃货”们自然就会想到味道鲜美的“油焖大虾”、风味别致的“琵琶大虾”等。大虾就是对虾，它们并非成对生活，而是由于过去人们常把它们一对一对地出售，因此得名。

对虾是海产，每年要在我国黄渤海之间进行季节洄游。目前，我国已发现的虾类大约有400多种，其中大部分是海水虾类。不过，也有一些淡水虾类，日本沼虾就是其中之一。

与大虾20厘米左右的体长相比，日本沼虾要小得多，体长只有4 ~ 8厘米。日本沼虾的身体分为头胸部和腹部，头胸部较粗大。它的身体呈青蓝色，半透明，所以又叫青虾。不过，它的体色也常随栖息环境的变化而变化。日本沼虾喜欢清洁，常用第一对步足清洁身体的头胸甲各部分，包括触角基部、复眼、鳃腔、口部、三对颚足及第二对步足等。

它有一对小触角和一对大触角，均能向四面八方摆动，借以获得水中较大范围内的外界信息，对觅食、交配、避敌以及感受水流、温度等具有重要的功用。触角上的感受器大多是双态型感受器，即具有感受化学信号和机械信号的双重功能。唯一的单态型感受器是化感刚毛，仅感受化学信号。此外，它的大触角还有划分“私人领地”的作用，以其为半径的半球形或球形空间内绝不允许别的虾入内。一旦发现入侵者，它立即举起第二对步足奋力驱赶。所以，除了雌雄虾交配外，很少有日本沼虾个体之间的距离小于其大触角长度的。

日本沼虾不喜强光，白天多潜伏在水底阴暗的角落、洞穴内或水草丛中，夜间才出来活动觅食。它的交配行为也非常有趣，尤其是雄虾，将试探、守卫、攀爬、拥抱、交配及后守卫等几个基本步骤完成得一丝不苟。

日本沼虾需要经过多次蜕皮才能长大，而雌虾在交配前还必须进行一次蜕皮，称为生殖蜕皮，这正是雄虾大显身手的时候。在巡行过程中，雄虾的小触角一旦感知到即将生殖蜕皮的雌虾，就马上赶到她的身边，身体与其呈“T”形站好，一边保持兴奋状态，一边耐心地守候数小时乃至一整天的时间，还要不断示威，奋力驱赶企图“插足”的第三者。

雌虾生殖蜕皮的时刻终于到来了。雄虾立即高度兴奋，用它的前三对步足攀爬到雌虾体上，按住雌虾，待雌虾从旧壳中出来后，又立即爬到雌虾腹面，用第一、三、四、五对步足环抱住雌虾的腹部，同时自己的腹部用力，尾扇略上翘，排放精荚于雌虾的纳精囊内。

在整个交配过程中，雄虾可以说是占尽了主动，也占尽了便宜。因为刚蜕皮后的雌虾甲壳柔软，有利于精荚的黏附，而且这时雌虾娇弱无力，雄虾正好可以用力将其抱住。

在北京的水域中，日本沼虾是个体最大的一种淡水虾类，此外还有中华小长臂虾、秀丽白虾、中华新米虾、细足米虾等，虽然它们为数不多，却也是淡水生态系统中十分重要的一个环节。

在我国的传统文化中，虾几乎没有什么地位，充其量也只是一群“虾兵蟹将”而已。直到出现了齐白石。他画的墨虾栩栩如生，与其笔下其他感人的小生命一样，并不是物象在纸笔间的再现，而是从艺术的角度赋予了它们欢乐的、欣欣向荣的性格。

文◎ 李湘涛

十渡

十渡位于房山区十渡镇，这里不仅是北京著名的自然风景区，还建立了自然保护区、水生野生动物自然保护区和国家地质公园。这里地处太行山东北端，是华北地区最为典型的岩溶地貌。拒马河自西北向东南蜿蜒于这里的峡谷之中，两岸山峰陡峭，河水清澈洁净，山凭水韵，水借山形，山水相依，风光秀丽，素有“青山野渡，百里画廊”的美誉，被称之为“北方小桂林”。

河中水生动植物种类繁多，鱼类资源丰富，其中被当地农民称为豆角鱼的东方薄鳅、黄线薄鳅，以及俗称“石口鱼”的多鳞铲颌鱼，都曾在周口店猿人遗址发现过化石，被称为“活化石”鱼类，对研究鱼类的演化有很重要的价值。

沿河的开阔谷地有农田和人工渠道，有高大的杨树、成片的柿树林及松柏林，也有灌丛草地，各谷沟的山岭区都有较好的原始次生林，野生植物种类繁多，主要树种有榆树、山杨、山柳、青檀等，还有五角枫、橡树、桑树、国槐、柏树等。水生植物有黑藻、沿沟草、水葱、毛柄水毛茛等。

依水而生的小鸟众多，如褐河乌、红尾水鸲、冠鱼狗、水鹨、长嘴剑鸻、鹪鹩等。河流边的悬崖峭壁上栖息着一种非常美丽的小鸟——红翅旋壁雀，它有灰色的身体和鲜红的翅膀，被称为“悬崖上的蝴蝶鸟”。这里还生活着一种

红尾水鸲雄鸟

红尾水鸲雌鸟

很漂亮的珍稀涉禽——鹮嘴鹬。它有着像鹮类一样细长而向下弯曲的红色的喙，黑色的脸颊形成独特的"脸罩"，身体由灰白两色组成，一道黑白色的横带将灰色的上胸与其白色的下部隔开。两条长腿在繁殖期是亮红色，其他季节多呈灰粉红色。

在这里生活的哺乳动物有狍子、獾、草兔、松鼠等。在附近一座小山上的两个山洞中，还有一群群白腹管鼻蝠、马铁菊头蝠以及大足鼠耳蝠等多种蝙蝠。

每年夏季，十渡的悬崖峭壁上有国家一级重点保护动物黑鹳筑巢繁殖，它们也在这里集群越冬，尤其喜欢沿着拒马河的河滩捕食小鱼。现在，拒马河两侧已经划定了23处黑鹳保护小区，分别为觅食保护区、繁殖保护区和停歇地保护区。其中，觅食保护区一般是水深不超过40 厘米的浅滩，繁殖保护区是黑鹳巢穴比较集中的悬崖峭壁，停歇地保护区是距离觅食区、繁殖区比较近的山体。这些保护小区有效地减少了黑鹳遭受游客们打扰的现象。

文◎ 李湘涛

白顶溪鸲

黑斑侧褶蛙

水黾

看见水里游的小昆虫，我们不觉得奇怪，比如蜻蜓的幼虫水虿、蚊子的幼虫孑孓，还有龙虱、水龟虫、负子蝽、蝎蝽等，它们在水里游来游去，有时候还会蹿上水面。我们称它们为水生昆虫。可是有一种昆虫却很神奇，它们只在水面上活动，常常伸着细长的腿在水面上跑，不动的时候它们也会踩在水面上，在六只脚周围会有水面下陷的痕迹。夏秋季节，正是去野外游玩的好季节，只要去有水的地方，我都要看看水面上有没有这种神奇的小动物，喜欢看它们在水面上追逐嬉戏，同时又很担心它们会不会一不小心掉进水里。不过，事实证明我的担心是多余的，因为它们自带“漂浮神器”。

科学家称这类昆虫为水黾。水黾还有很多俗名，北京人叫它“卖油卖糖”，陕西人叫它“卖盐”，广东人叫它“水和尚”，闽南和台湾人叫它“水豆油”，还有的地方叫它“水马虫”“香油瓶”等。还有人叫它“卖油郎”，因为它在水面上滑行跳跃时激起的波纹很像油滴落在水面后扩散的样子。水黾属于半翅目黾蝽科。夏秋季节，在北京的大小河流、湖泊、池塘、水田乃至小水沟里，都能看见它们的踪影。

水黾的漂浮神器是它那分工很明确的三对足：前足短，用来捕食；中足用来划水和跳跃；后足用来在水面上滑行。它们细长的中后足能够极度地向身体两侧外伸，增加了与水面的接触面积，减少了单位水面所承受的重量。水黾的腿能排开相当于自身体积300倍的水量，使它本来就很轻的身体不会破坏水面那层因表面张力形成的膜，只会在水面形成一个凹槽。这个凹槽就像是滑道一样，使水黾能够在水面上自如地滑行。在水黾足的附节上生长着一排排浓密的拒水性毛层，有了毛层的保护，水黾的身体就像穿了一件神奇的“避水衣”一样，不会被水浸湿了。所以，我们永远不用担心它会沉入水中淹死。

作为漂浮神器的足也是水黾捕捉食物的工具，水黾中后足上具有非常敏感的感振器，能够通过猎物在水面上造成的波纹感受到猎物的位置，快速漂浮至目标，从而饱餐一顿。

水黾的足还可以制造爱的水波纹。到了恋爱季节，雄水黾会通过中后足制造浪漫的水波纹来追求异性，雌水黾接收到爱的信号以后，也会以类似振动频率的水波纹回应雄水黾。然后它们便“走”到一起，雄性水黾会趴在雌性水黾身上，过起幸福的“二人世界”。不过，这种恋爱方式对水黾来说有时候是很危险的，雄性水黾在水面上制造的微小波纹，有可能会引来掠食性鱼类。这时雌虫往往面临更大的威胁，因为它们留在水面，更容易成为掠食者进攻的目标。

文◎ 杨红珍

水 螅

在北京那些洁净且干扰较少的池塘，或者水流缓慢的小沟渠里，你也许会发现一种小小的水生动物——水螅。它属于淡水刺胞动物（从前叫腔肠动物），不过和水母不同，水螅的身体是圆筒状，有点像海葵，但是很小，即使充分伸展长度也只有1厘米左右，而且在构造上也简单得多。

它的底端为一基盘，能附着在水中植物或其他物体上，也能脱离而走。另一端是司吞噬功能的垂唇，端部中央有一个星裂形的口，平时紧闭，周围有6～11条触手，平时伸展，摇摇晃晃，显得极为悠闲。但实际上，触手上的每个刺细胞内都有囊状的刺丝囊，这些刺丝囊可分为4种，分别起到对猎物进行穿刺、麻醉、黏附和缠绕的作用。

水螅的食物有水蚤、剑水蚤、昆虫幼虫和其他小动物。当饥饿时，它的触手伸得极长，宛如蛇行，到处探索食物。当它触及一只水蚤时，触手上的4种刺丝囊立刻发射刺丝，水蚤的挣扎则激发触手的收缩，把水蚤带到口端。水蚤受伤后流出的体液，诱导垂唇的摄食反应。这时它的口可以扩展至体柱横断面的50余倍大小，比身体大几倍的食物也不难吞入。口的内面无食道，直达腔肠。不消化的东西仍由口抛出，已消化的食物则由细胞吸取，作为养料。如果此时又有一只猎物撞到收缩的触手上，剩余的刺丝囊能够继续放射刺丝，将其捕获，直至触手上的刺丝囊消耗掉大部分，不能抓住新的猎物为止。捕食后，在过量捕食的水螅体附近可见到被杀死的水蚤等小动物的尸体。

水螅能运动，而且运动的方式多种多样：既可以在水底做收缩、伸展、正立、倒立等原地运动，也能在水生植物的叶子上做步行、滑行和攀缘等动作，还可以靠触手和身体的波浪式摆动来游泳，并借助气泡的浮力上浮以及利用表面张力在水的表面上漂浮。更为有趣的两种方式就是尺蠖样运动和翻跟头运动。尺蠖样运动的过程表现为身体伸展、弯曲，触手伸长并借黏性刺细胞分泌的黏液附着；基盘脱离原来的附着点，靠身体收缩将基盘带到触手处并重新附着；身体直立，触手指向上方。这一过程因与鳞翅目幼虫的运动方式相似，故又名尺蠖样运动。当它十分饥饿时还可以做翻跟头运动，即水螅用触手和基盘相互交替着进行附着，像翻筋斗一样前进。首先身体向某一方向弯曲，触手接触到基底后，发生附着；基盘脱离附着点，呈倒立状态，此时口端和触手朝下，基盘指向上方；身体又向前方弯曲，基盘附着在口前方的基底上，触手离开附着点再次呈直立状态，此时基盘朝下，口端和触手指向上方。

水螅平时盛行无性生殖，即出芽生殖。体壁向外凸出，形成一个或多个小突起，它们逐渐长大，形成芽体，芽体的消化循环腔与母体相通连。芽体先后长出垂唇、口和触手，最后基部收缩与母体脱离，附于他处独立生活。影响水螅发生有性生殖的外界因子，主要是温度的改变。一般精巢先发生，卵巢后发生。精巢大多呈乳头状，在接近口部的体柱上呈螺旋形或不规则排列。卵巢的位置靠近基盘，破裂露出的成熟卵一般为圆球形。受精卵在水螅体上发育为胚胎后便脱离母体，而后发育成小水螅。

北京的水螅从前被认为有寡柄水螅、普通水螅两种。21世纪初，我国学者又发现了一个新种，并命名为北京水螅，成为用北京命名的为数不多的无脊椎动物之一。

最近，科学家发现水螅可能具有某种“长寿秘密”。在适宜生存的环境中，水螅的死亡率极低，其“长生不老”的奥秘就在于它拥有能够不断分裂繁殖的干细胞。也许在不久的将来，科学家就能通过对水螅的研究，找到延长人类寿命的方法。

文◎ 李湘涛

蚊 子

小的时候经常会跟小伙伴们玩猜谜的游戏。如果有一个人出了谜面，而别人猜不出来，这个人就会觉得很有优越感，其他孩子便求着他公布答案。等他说出了答案，大家才恍然大悟，只恨自己怎么早没想到呢，然后又去找别的孩子让他们猜……这么多年过去了，小时候猜过的谜语都忘得差不多了，唯有一个谜语到现在还是那么印象深刻，那就是："有一种动物，你杀了它却流了你自己的血。这是什么动物？"

答案当然是"蚊子"。它们年复一年、锲而不舍地骚扰着我们，不但吸走了我们的血，还给我们身上留下了一个个奇痒无比的大包。全世界的人几乎从出生开始就遭受着蚊子的侵扰。人类对蚊子的深恶痛绝就不用多说了。其实倒不是恨蚊子吸了自己多少血，而是因为被蚊子叮了之后的痛苦不堪让人对它心生厌恶，尤其是大人看着自己的孩子被蚊子叮得遍体鳞伤、惨不忍睹的时候，那种恨可是咬着牙根儿的恨！其实，蚊子对人类更严重的危害是它们带给我们的疾病。蚊子可以传播登革热、疟疾、黄热病、丝虫病等疾病，令人感到非常害怕。

虽然我们痛恨蚊子，但是也不要恨错了对象。因为只有雌蚊子才会吸人的血，雄蚊子可是个素食主义者，它们主要吸食植物的花蜜以及茎叶里的汁液。雌蚊子吸血也是有道理的，因为只有吸了血，雌蚊子的卵巢才能发育完全，从而繁衍后代。其实，它们不只吸人类的血，只要是温血动物它们都不会放过。生物演化就是这么神奇，一对蚊子夫妇却过着两种完全不同的生活，而为了繁衍后代，雌蚊子甘愿做人类的公敌。雌蚊子吸完血之后，就会跑到水面上产卵，如此反复几次，等产卵完毕，雌蚊子也就筋疲力尽而死。然而我们可没觉得蚊子的寿命会这么短，甚至以为它能活好几个月呢，还有的人以为是去年的蚊子在咬他呢！这是因为蚊子的数量太多了，我们其实是被很多只蚊子叮咬的。

北京的蚊子主要有按蚊、库蚊、伊蚊这三大类。一进入夏天，蚊子就开始骚扰我们，整个夏天我们都在它们的“嗡嗡”声中度过，但是最凶的还是夏末初秋的那种名叫白纹伊蚊的家伙。它的身上和腿上长有黑白相间的花纹，所以我们又叫它“花斑蚊”。这种蚊子叮人凶猛，被叮过之后，会起一个很大很硬的包，而且奇痒难耐，很多天都下不去，更可恶的是它可以传播登革热、乙型脑炎等疾病。因此人们又给它起了一个特别厉害的名字——“亚洲虎蚊”。

蚊子叮人也是有选择的，有些人就容易被蚊子叮，而有些人就没事，这是为什么呢？人们一度以为这跟人类的血型有关，认为蚊子吸血对人类的血型是有选择的。后来经过科学家研究发现，事实并非如此，蚊子是根据人呼出的二氧化碳、体表散发出来的汗味以及热量为线索来确定人的位置的。所以，当你被蚊子叮咬而同伴却没事的时候，不要抱怨，可能是你身上的气味比同伴要浓烈一些的缘故。

文◎ 杨红珍

野鸭湖

黑翅长脚鹬

北京野鸭湖国家湿地公园位于延庆西北部的延怀盆地，地势平坦，属于华北平原向山西高原、内蒙古高原过渡的阶梯地带。这里的水系是1951 ~ 1954年间兴建的北京历史上第一座水库——官厅水库延庆辖区的一部分，蓄水后将妫水河、蔡家河等原有河流的下游一些流域淹没，形成大的人工湖泊。历经几十年的发展演变，这里已形成一个相对比较稳定的湿地生态系统，包括库塘、河流、沼泽、滩涂、水塘、水田和草甸等多种湿地类型，景观独特。这里春天百花争艳，万柳吐绿；夏季荷花亭亭玉立，芦苇翠绿；秋天野菊金黄，苇穗摇曳；隆冬荻花瑟瑟，宛如白雪。

野鸭湖湿地有大面积的水面，广阔平缓的河漫滩在缺水的时候则形成草原，生长多种水生、湿生、陆生植物，有些地势较高的地方为农田，种植着玉米等各种农作物。湿地中的高等植物很多，可以分为沼泽植物、浅水植物和盐沼植物等植被类型。这些植被正处于缓岸湖泊沼泽化的演化过程，即在湖岸缓坡、由岸边向湖中心渐渐倾斜的浅水条件下，随着湖水的深度变化，分别生长着挺水、浮水和沉水植物群落，呈现带状分布。

野鸭湖湿地多种多样的植被类型，为种类繁多的动物提供了充足的食物资源和良好的栖息、隐蔽条件以及适宜的繁殖场所，已成为北京地区生物多样性特别丰富的地区之一。这里还是华北地区重要的鸟类栖息地和候鸟迁徙中转站。

既然叫作野鸭湖，数量最多的鸟儿自然就是野鸭。春秋两季途径野鸭湖的野鸭多达30种左右，其中以绿头鸭最多，其次是鹊鸭、普通秋沙鸭等。春季北迁时，2月上旬就有绿头鸭、斑嘴鸭、绿翅鸭等鸟类迫不及待地来到这里。它们也是最早迁来的鸟儿。秋季南迁时，最早出现的还是野鸭以及大雁等，最高峰时的数量达到12,000多只。此外，野鸭湖也是鹭类、鹤类、鸻鹬类、鸥类及其他迁徙鸟类中途休息、补充能量和营养的重要场所，每年有十多万只候鸟来此栖息、停留。

在夏季，不仅在附近山区繁殖的黑鹳、金雕等国家一级重点保护动物会到野鸭湖觅食，而且还有大量的鸟儿就在湿地中筑巢繁衍。其中，彩鹬的繁殖最有趣。它是鸟类中少见的“女尊男卑”的种类，不仅雌鸟的体型比雄鸟大、羽色比雄鸟更美丽，而且婚配制度为一雌多雄制，即一只雌鸟分别向数只雄鸟进行求偶炫耀并与它们交配，并先后产下数窝卵。这些卵将分别由不同的雄鸟来孵化，它们还要承担育雏等通常由雌鸟担负的工作。

鸻鹬类是一类在滩涂湿地活动的涉禽，体型有大有小，种类繁多。金眶鸻等小型鸻类喜欢在滩涂或河流的边上活动。它们长得小巧可爱，两条腿像细棍儿似的，跑得飞快，因此当地人叫它们“河溜儿”。它们的巢建在地面上，通常是一个简单的凹坑，散落着几片干草、蚌壳等。

在湖中小岛中央的一片小柳树林中，黑翅长脚鹬的卵就产在沙地的凹坑内，并且沿岸边分布。黑翅长脚鹬是鸻鹬类中的“大美人”。雄鸟身体主要为黑色，但背、肩等处都闪耀着绿色的金属光泽。最特别的是它长着一双粉红色、特别长而细的腿，可以在齐腹深的水中缓慢行走、觅食，步履轻盈，姿态十分优美。

冬季水面结冰后，大部分水鸟已经南迁越冬，水域周围的泥滩地、草滩地和农田则成为剩余水禽的主要栖息地和取食地。靠近康西草原的官厅水库则是灰鹤、豆雁和赤麻鸭等鸟类的夜宿地。

环颈鸻的亲鸟具有强烈的护幼行为。在繁殖期间，亲鸟辛勤工作不是为了自己，而是为了养育和保卫自己的后代。由于环颈鸻在地面筑巢，当捕食动物接近它的巢，使其后代面临危险的时候，亲鸟会装作一瘸一拐和翅膀受伤的样子离开鸟巢，并煞有介事地把一只翅膀垂下，好像已经折断。这样，它就可以把捕食动物的注意力吸引到自己身上，而使安卧巢中的一窝卵或雏鸟脱离危险。等捕食动物的利爪快要够到自己时，它会突然放弃伪装，腾空飞起。当然，这样做是要冒一定风险的。

文◎ 李湘涛

金眶鸻

棕头鸥

斑嘴鸭

赤麻鸭

灰头麦鸡

鸳鸯

“鸳鸯于飞，毕之罗之。……鸳鸯在梁，戢其左翼。”这是出自《诗经·小雅·鸳鸯》中的诗句，可见鸳鸯很早就被我们的祖先所认识。东汉古诗“文采双鸳鸯，裁为合欢被”（《客从远方来》），则说明鸳鸯在汉朝就已被人们当作了爱情的象征。

鸳鸯是一种中型水鸟，雄鸟和雌鸟的羽色差异很大。雄鸟羽色鲜艳华丽，额和头顶的中央呈闪光的绿色，头后长着耸立的由棕红色、绿色、白色所构成的羽冠，眼后有明显的白色眉纹，上胸和胸侧是富有光泽的紫褐色，腹部白色，肩部两侧有白色镶着黑边的羽毛。最为奇特的是，鸳鸯翅膀上有一对栗黄色的扇子状的直立羽屏，前半部镶以棕色，后半部镶以黑色，如同一对精致的船帆，被人们称作“剑羽”或“相思羽”。雌鸟比雄鸟略小，没有羽冠和扇状直立羽，头部为灰色，背部羽毛呈灰褐色，腹面白色，显得清秀而素净。

鸳鸯在我国长江流域以南的广大地区越冬，在我国东北和华北北部繁殖。从前，鸳鸯仅在迁徙季节途经北京，属于罕见的旅鸟。但从20世纪90年代以后，它不仅在怀柔的怀沙河、怀九河和黄花城一带的北部山区繁殖，成为夏候鸟；还在不封冻的城市公园水域中越冬，成为冬候鸟；更有一些种群不再离开城区，似乎已经成为北京的留鸟。

随着水域环境的逐渐改善，出现在北京城里的鸳鸯越来越多。在动物园、紫竹院、什刹海、大观园、玉渊潭等公园里都能见到鸳鸯，甚至在护城河等河

流水域，有时也会看到它们。

鸳鸯经常成双入对，在水面上相亲相爱，悠闲自得，风韵迷人。它们时而跃入水中，引颈击水，追逐嬉戏；时而又相互频频曲颈点头，像跳交谊舞一样不停地在水面上转圈。互致爱意之后，雌鸟便浮于水面，伸直颈部，翘起尾部，雄鸟则从雌鸟的后侧跃伏在它的背上，用暗红色的喙轻衔雌鸟枕部的羽毛，保持着身体的平衡，开始交配。然后，它们各自昂首展翅，进行水浴，再爬上岸来，抖落身上的水珠，用喙精心地梳理华丽的羽毛。

此情此景，曾引发多少文人墨客的翩翩联想，留下许多诗篇，比如“得成比目何辞死，愿作鸳鸯不羡仙。”（卢照邻《长安古意》）“鸳鸯戏莲纹”成为我国瓷器、丝织品、金银器、铜镜等传统工艺品中的常见纹饰；“鸳鸯戏水图”“鸳鸯莲蓬图”更是我国国画、民间年画主要题材之一，表现了夫妻和美、富贵多子等美好寓意。

鸳鸯在人们的心目中是永恒爱情的象征，是一夫一妻、相亲相爱、白头偕老的表率。其实，这只是人们看见鸳鸯在清波明湖之中的亲昵举动，通过联想将自己的幸福理想赋予了美丽的鸳鸯。事实上，鸳鸯在生活中并非总是成对生活的，配偶更非终生不变。一旦交配过后，它们的“蜜月”便结束了。雄鸟马上就离开雌鸟，凭借其俊俏的外表到处拈花惹草去了。孵卵和抚育后代的艰苦重担，完全由雌鸟独自承担。看来，把鸳鸯视为爱情之象征，实在是一种误会。

文◎ 李湘涛

圆尾斗鱼

众所周知的斗鱼，指的是进口的泰国斗鱼，也称暹罗斗鱼。身体颜色绚丽多彩，有红的、蓝的、黄的、绿的、黑的……或是单纯一种色调，或是多种颜色组合，变幻莫测，异彩纷呈。而且图案的位置、大小和颜色深浅，几乎每尾鱼都不一样，令人眼花缭乱。此外斗鱼背鳍、臀鳍和尾鳍特别宽大，在水中游动时，像一片片飘逸舞动的彩绸，非常美丽、优雅。整条鱼展开还不及成人的一个手掌大小，所以常常被人们养在小巧精致的玻璃器皿中，放在书桌上、门厅柜上，既起到点缀作用，还充满生机。

北京土生土长的斗鱼，外表跟泰国斗鱼比起来差远了，没有那么漂亮。无论是在延庆的白河，还是通州的北运河，看到的都是身体扁而薄、略呈长方形、暗褐色的小鱼，名叫圆尾斗鱼。与泰国斗鱼一样，属于鲈形目斗鱼科，天性好斗。只要是两只雄鱼相遇，那就宛如两个有世代宿仇的仇人，双方都会全力张开鳃盖和胸、腹、背、臀、尾鳍，伺机攻击撕咬对方，时而左右追逐，时而上下翻滚，一定要拼个你死我活，否则绝不罢休。斗鱼这个名声，可不是浪得虚名的。不过好斗的家伙不一定身强力壮，泰国斗鱼是经过长期人工培育的品种，个体长达10厘米左右，而野生未经过人工驯养的圆尾斗鱼，一般只有4 ~ 5厘米长。真不知道这小小的身板，哪来那么大的气性！

圆尾斗鱼跟所有斗鱼科的种类一样，也是用泡泡巢这种独特的方式繁育后代。它们一般生活在河流、湖泊、库塘等静水或缓流处，喜欢繁茂的水草。

到了繁殖季节，雄鱼就在水草间吐泡泡，漂在水面上的一个个小泡泡好似水草间的泡沫，不会引人注意。这个小小的泡泡巢还有一个优点，即借助水面反光，让泡泡中那些透明微小的卵粒看上去模糊不清，有利于完全没有运动能力的卵粒藏匿，从而避开水中或者河岸边那些喜欢吃鱼卵的小动物。

做完泡泡巢这个“大工程”后，雄鱼开始追逐雌鱼。如果雌鱼怀的卵已经发育成熟，就不会逃离，并在雄鱼的诱导下，游向泡泡巢。它们在巢的下方开始交配，雄鱼将整个身体弯曲至“U”形，并紧紧拥裹雌鱼，挤压它的腹部。待排出的卵子与精子结合，受精卵慢慢浮上水面后，雌鱼离开，留下雄鱼细心照料它们的后代。

雄鱼在照料的过程中，可不仅仅是守在巢边，防止天敌偷袭以及其他可能发生的危险；它们还会温柔地把水中飘散的卵粒含入口中，并一粒粒送回泡泡巢里，使鱼卵堆叠在一起，同时还要修补那些易碎的小泡泡。若有坏死的受精卵，也要仔细地一一剔除，防止病害进一步扩散。就算什么意外都没有，雄鱼也需要用鳍搅动水流，为卵粒孵化提供充足的氧气。所以小鱼孵化的过程，是雄鱼不眠不休的守护、劳作的过程。这样经过48小时后，就开始有小鱼从卵中孵化出来，从尾巴尖挂于泡沫下面，漂浮在水面。而守护一旁的雄鱼，就要不停地用嘴将掉下的幼鱼带回泡泡中，此时的幼鱼靠吸收鱼卵中自带的卵黄囊生存。直到3天后卵黄囊吸收完毕，幼鱼独立游动了，才一只只脱离雄鱼的监护，游向自己的生命旅程。

小小斗鱼的毅力和耐心，非一般鱼类可比，其骁勇好战的性格也是源于对配偶的争夺，可算是动物界爱家护家的“楷模”。

文◎杨静

中华鳖

中华鳖是北京野外栖息的唯一一种本地产的龟鳖类，也就是属于龟鳖目的爬行动物。虽然文献上还记载有另外一种——乌龟，但大多数学者并不认为其在北京有分布，如果偶尔遇到，则可能是有人放生的。

龟鳖类是一类特点鲜明的动物类群，至于什么特点，大家都知道——穿着“马甲”。它们的躯体被包裹于坚固的甲壳之内，头、四肢和尾可以从甲壳的边缘伸出。龟鳖类的这个特点，是动物中独一无二的。

龟鳖类的栖息环境是多种多样的，有陆栖，有淡水栖，还有在海洋中生活的。鳖类只是龟鳖目的一个科，全世界共有23种，主要在淡水中营底栖生活，趾间有蹼。它们的背甲用皮肤取代了坚硬的壳，边缘则形成了“裙边”，便于隐藏于水底淤泥下。这些特征与同在淡水中栖息的龟类也有所不同。

中华鳖分布很普遍，也最常见。民间则称它为甲鱼、水鱼、团鱼、元鱼、王八等。它的眼睛很小，吻端延长呈管状的肉质吻突，头部为淡青色，背面呈橄榄绿色，都散布有黑色的斑点。我国食用鳖类的历史很长，因此，中华鳖在北京及全国各地都有人工养殖。

中华鳖主要为夜行性，也冬眠，栖息于河湖、水库、池塘等水流平缓的水域

中，有时上岸活动，以鱼、虾、螺以及水草等为食。它的性情比较凶猛，正如俗话所说“王八咬人不撒嘴”。它们生性好斗，打起架来六亲不认，一定要拼个你死我活。

在我国历史文化中，鳖大多是与龟合并在一起，或者说是以龟的名称来体现的。龟鳖类曾是古人最为尊崇的神灵动物之一，也是“龙、凤、麟、龟”这些被称为“四灵”的神奇动物中唯一在自然界真实存在的物种。在我国5000多年浩瀚的文明史中，龟一直作为被崇拜的对象。古人认为，龟鳖类具有天、地、人三才之象。它们的背甲近圆形，有“天象”；腹甲似方形，有“地象”；它们的头很像男人的生殖器，伸缩自如，有“人象”，因此也成为古时生殖崇拜的象征之物。

鳖在民间常被用来骂人。这时鳖也是常与乌龟“捆绑”在一起的，但“王八”一词被用得更多一些，也更狠毒，并衍生出“王八蛋”“王八羔子”等。关于这个词的来历，有一种说法是：古人画龟鳖时，为了简便，只画三横一竖再加上“八”字形的脚。这使我想起了打扑克牌“拱猪”时常画的“小王八”。可见古人称鱼鳖为“王八”是充满趣味的，并无恶意。

文◎ 李湘涛

中华蟾蜍

蟾蜍，北京人称其为癞蛤蟆，还叫它“疥堵”“疥堵子”“疥了哈子”。这些名字都不知何意，书写上也只能用同音字来替代，但从音调来看，似乎都带有令人厌恶的含义。

这也难怪，因为蟾蜍的长相的确不敢恭维。就拿北京最常见的蟾蜍——中华蟾蜍来说，它身体壮硕，但黑绿色的皮肤非常粗糙，整个背面都长满了大大小小的圆形“疙瘩”（专业名词称为瘰粒）。

其实，这些“疙瘩”是它的皮肤腺，其中最大的一对位于头侧鼓膜上方，称为耳后腺。这些腺体能分泌出一种具有强烈毒性的白色浆液——西方人称为“蟾蜍泡沫”，中医叫“蟾酥”，是它们自卫的武器。蟾酥有毒，误入人、畜眼睛会引起眼睛红肿甚至失明。人、畜如过量误食蟾蜍及其卵，或伤口接触毒液，均可引起中毒，严重时会导致呼吸及循环系统衰竭，甚至危及生命。

因此，无论古今中外，蟾蜍都是令人害怕的一种动物。在西方，它作为巫术中最得力的动物，在历史上一直以丑陋、有毒的夜行动物的形象出现，令人毛骨悚然。相传，触摸它们可能会使人长疣粒，被它们盯视可能会使人患上癫痫病。在我国，蟾蜍是五毒（蝎子、蛇、壁虎、蜈蚣、蟾蜍）之一。民间认为农历五月是五毒出没之时，俗话说“端午节，天气热，五毒醒，不安宁”。所以每到端午节，人们都要用各种方法来“驱五毒”。自汉朝起就有“端午捕蟾蜍”的习俗，据说当时是为了“辟兵”，但实际上是为了取蟾酥用来做中药。

从汉朝起，捉蟾蜍的习俗已经流传了2000多年。也就是说，这种一年一次的大劫难，蟾蜍种群已经经历了2000多次。如果不是它有超凡的生命力和繁殖力，恐怕早就灭绝了吧。因此，人们都传说它是有灵性的动物，每到农历五月初五，它就会找一个安全的地方藏起来。

传说嫦娥在偷了不死药以后，就到了月亮上，变为蟾蜍，所以她居住的广寒宫又称为蟾宫。在汉朝画像石中，月宫里面就伏着一只蟾蜍。人们还把蟾蜍和月亮的盈亏联系到一起。古人认为，月亮由圆变缺是因为吴刚所伐、蟾蜍所食所致。正如《淮南子·说林训》所云：“月照天下，蚀于詹诸。”《说文解字》中也有类似的记载：“詹诸，月中虾蟆，食月。”唐朝李白还有“蟾蜍蚀圆影，大明夜已残”（《古朗月行》）的诗句。

关于蟾蜍的另一个传说，是蟾蜍呼出的气有毒。原来，蟾蜍有很长的舌头，舌根生在下颌前端。捕虫时它们将黏滑的舌头迅速翻转，射出口外将昆虫捕获，瞬间收回，将飞虫卷入口中。可能是古人很难看清楚这个过程，但见蟾蜍一张口，虫便入其口中，便由此以为蟾蜍是呼出毒气，才捕获飞虫的吧。

视觉对蟾蜍的捕食行为十分重要。它的大脑能够对视野中物体的大小、运动强度和速度做出正确的判断。当移动的物体出现在它任何一只眼睛的视野范围内时，它的头部立即转向这个物体所在的方位，悄悄爬向猎物，用双眼注视猎物，并完成捕捉动作。有趣的是，它把猎物吞咽下去以后，还不会忘记用前肢擦一擦嘴。

中华蟾蜍有冬眠习性。与青蛙不同，它通常的移动方式是匍匐行走，而不是跳跃，行动显得缓慢而笨拙。它也不善于游泳。

无论在人们眼里是受崇拜的神灵，还是一群令人恶心的家伙，蟾蜍捕食害虫的能力都是无可争议的。

文◎ 李湘涛

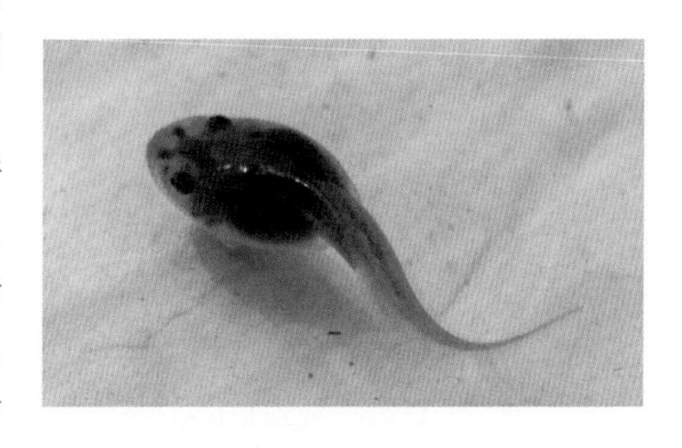

中华多刺鱼

每次路过房山十渡或是在十渡附近小住，我总会到河边走走看看。我心里惦记的，是一种名不见经传的小鱼。不管是打鱼的、钓鱼的，还是河边戏水的，都不在乎它，我也不知道当地人对它的俗称，所以从未向人打听过，只是默默牵挂着。看着十渡景区一年年的变化，明知这种小鱼可能没多少容身之处了，可我却无能为力，心里真不是滋味。

这种鱼叫作中华多刺鱼，不大，也就5～6厘米长，一根小手指那么粗。由于平常一直在水草丛中活动，因此身体透着油亮的草绿色，与环境融为一体。最突出的特征是背上有9根直立向上、又硬又尖的小刺，这是它们的防身之宝。这种小鱼生活在近岸的水草丛中，游速比较慢，小孩抓虾摸鱼的时候，常会把它们网上来。小小的鱼儿没什么肉，还有几根令人讨厌的直刺，所以即使抓到了，也是当场扔掉，大人小孩都看不上它。

可以想象，千百年来，如果没有人类的打扰，这种小鱼会一直在幽静的水草丛中，不慌不忙地经营自己的生活。背上那几根小小的直刺，保证它们免受任何水中猎手的袭击，日子会过得悠闲惬意，舒适得就像很多上班族向往的那种田园生活。

这种小鱼还有一种独特的护幼行为。从动物学的角度来看，鱼类属于比较低等的脊椎动物，大多数鱼类繁育后代的方式都很粗放，直接将鱼卵产在完全开放、毫无防护措施的水中。能否孵出幼鱼，以及柔弱的小鱼能否顺利长大，完全是靠运气。作为父母的鱼儿产完卵，排完精，就再也不见踪影。而这种小小的中华多刺鱼，却将鱼类父母的本领发挥到了极限。它们居然会用小嘴叼来细细的水草，在水下草茎较粗的位置，来回穿梭，编出一个小小的巢，保护自己的后代安全成长。这种行为在北方淡水河流的鱼类中，是极为罕见的。就好比广袤的草原养育的是豪放的、粗犷的、迅速的生灵，而中华多刺鱼却是细腻的、精致的、缓慢的，如同生活在温暖南方的食物丰富、环境舒适的小溪里的精灵。其实中华多刺鱼是典型的北方物种，北京已经是它们在亚洲大陆分布区的最南端。

初次见到优雅游动的中华多刺鱼，已是大约20年前的事了。当时，老师向有关学者介绍它的生活习性以及生存状况，希望能够引起相关部门重视，保护当地环境，并开展人工驯化和繁殖研究。可惜对于亟待发展经济的北京郊区，研究和保护这种鱼实在是“太不值得”了，所以未能实现目标。但从那时起，我就开始关注这种鱼，想知道这种鱼的命运如何，也想看看在四五月份和暖的日子里，中华多刺鱼在水中忙碌穿梭、编织育儿巢的情景。

20年后的今天，这种曾经在颐和园旁边的小河中也能随手抓到的小鱼，不仅北京很少见了，而且在地球上也已经濒于灭绝。前些年有报告中写着中华多刺鱼在北京西郊、西北郊等地有分布，但实际上只在怀柔的河流中有发现。好在中华多刺鱼于2012年被列入北京市二级水生野生动物保护名单，并且建立了怀沙河—怀九河水生野生动物保护区。但愿在不久的将来，北京会是中华多刺鱼永久生活的乐园。

文◎杨 静

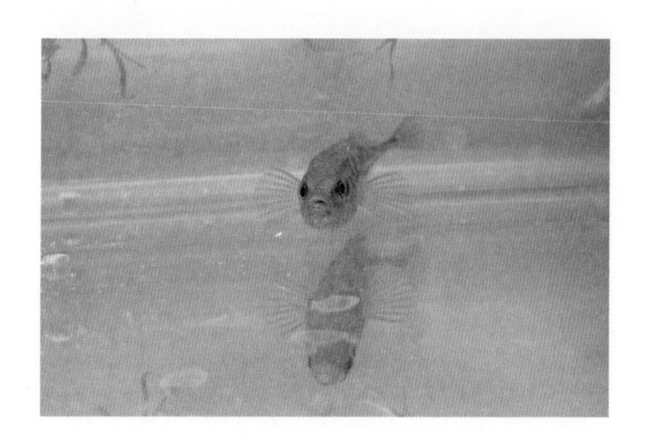

图书在版编目(CIP)数据

北京自然故事／李湘涛等著. — 北京：商务印书馆，2019
（自然感悟丛书）
ISBN 978-7-100-17101-4

Ⅰ. ①北… Ⅱ. ①李… Ⅲ. ①动物-介绍-北京 ②植物-介绍-北京 Ⅳ. ①Q958.521②Q948.521

中国版本图书馆 CIP 数据核字（2019）第 031523 号

北京自然故事
李湘涛　等著

商 务 印 书 馆 出 版
（北京王府井大街36号　邮政编码 100710）
商 务 印 书 馆 发 行
北京中科印刷有限公司印刷
ISBN 978-7-100-17101-4

2019 年5月第1版　　开本 889×1250　1/32
2019 年5月北京第1次印刷　　印张 12 5/8

定价：68.00元